SAMMLUNG GÖSCHEN BAND 764/764a

HEBRÄISCHE GRAMMATIK

von

D. DR. GEORG BEER

Zweiter Band

FORMENLEHRE II
SYNTAX UND FLEXIONSTABELLEN

Zweite, völlig neubearbeitete Auflage

von

D. RUDOLF MEYER
o. Professor an der Universität Jena

WALTER DE GRUYTER & CO.
vormals G. J. Göschen'sche Verlagshandlung · J. Guttentag,
Verlagsbuchhandlung · Georg Reimer · Karl J. Trübner · Veit & Comp.

BERLIN 1955

Archiv-Nr. 11 07 64

Satz: Walter de Gruyter & Co., Berlin W 35
Druck: Paul Funk, Berlin W 35

Printed in Germany

Inhaltsverzeichnis

Dritter Teil: Formenlehre

D. Das Verbum

1. Die Verbalbildung

2. Die Flexion des starken Verbums

a) Das gewöhnliche starke Verbum

b) Das starke Verbum mit Laryngalen

3. Die Flexion des schwachen Verbums

4. Das Verbum mit Suffixen

E. Partikeln

Vierter Teil: Satzlehre

A. Der Satz und seine Teile

1. Der Satzbau

2. Syntax des Nomens

3. Syntax des Verbums

B. Besondere Arten von Hauptsätzen

C. Der abhängige Satz

Anhang

Abkürzungsverzeichnis

(Nachtrag)

Grammatische Bezeichnungen

cop.	= copulativum	subj.	= subjunktivisch
Energ.	= Energicus	suff.	= suffigiert
intrans.	= intransitiv	trans.	= transitiv
juss.	= jussivisch	Var.	= Variantenlesart
Subj.	= Subjunktiv		

Die AF.-Formen sind nicht mehr E. L. Sukenik, מגלות גנוזות (Jerusalem 1948), sondern M. Burrows, The Dead Sea Scrolls of St.Mark's Monastery I (New Haven 1950); II, 2 (1951). entnommen. Für die Hilfe bei den Korrekturen dieses Bandes danke ich Herrn Lektor Dr. A. Heerdegen und meiner Assistentin Dr. E. Oßwald in Jena.

Dritter Teil: Formenlehre

D. Das Verbum

1. Die Verbalbildung

§ 62. Einführung

1. Das altkan. Stadium des Verbums, bisher nur andeutungsweise aus EA. bekannt, wird neuerdings weitgehend durch das Ugar. (§ 4, 1) aufgehellt. Vormas. ist, neben Sek. und den pal. punktierten Formen, AF. (§ 5, 1) mit seiner starken Verwandtschaft zum Sam. von Bedeutung. Ebenso wie das Nomen hat auch das Verbum eine Vereinfachung erfahren; darüber hinaus besteht eine beträchtliche Spannung zwischen den vormas. und den schließlich gültig gewordenen Formen.

2. Stärker als beim Nomen tritt in der Verbalbildung die Trilitteralität hervor (§ 3, 2c). Vom Grundstamm (Qal) sind die abgeleiteten Stämme zu unterscheiden (§ 3, 2d). Der Grundstamm hat drei Perf.-Typen: qatal, qatil und qatul. Hiervon ist qatal dem Westsem. eigentümlich und bezeichnet in der Regel einen aktivischen Verbalstamm, während qatil und qatul neutrischen Charakter haben. Zu diesen sog. Perf.-Bildungen gehören die Imperf.-Formen in folgender Entsprechung: qatal — i̯aqtul bzw. i̯aqtil und qatil bzw. qatul — i̯iqtal. Doch gibt diese Regel nur die allgemeinen Richtlinien; so kann der Präformativvokal *a* des aktivischen Imperf. schon im Altkan. mit *i* wechseln[1]). Auch gibt es Übergänge hinsichtlich des Vokals in der zweiten Silbe; vgl. hierzu § 68, 2a. Da die meisten Verben im Grundstamm das Schema qatal— i̯aqtul aufweisen, ist dieser Typus vornehmlich benutzt.

3. Es gibt zwei Konjugationen (§ 3, 2d): erstens eine Präformativkonjugation, herkömmlich als Imperf. be-

[1]) F. M. Th. Böhl, Die Sprache der Amarnabriefe, 49; ferner § 23,2a.

zeichnet, mit einer Beugung durch Präformative und erst in zweiter Linie durch Endsilben; zweitens eine Afformativkonjugation, das Perf., das durch Afformative abgewandelt wird. Das Imperf. ist sprachgeschichtlich älter als das Perf. mit seinen jüngeren nominalen Flexionselementen.

§ 63. Imperfektum und Imperativ

1. Zusammen mit dem Imp. ergibt das Imperf. altkan. ein geschlossenes Konjugationssystem mit Kurzimperf. **i̯aqtul* und Imp. **q(u)tul* als Basis; vgl. das akkad. Prät. *iprus* und den Imp. *purus*[1]). Das Imperf. hat *i̯*-, *t*-, *ʾ*-, *n*- als Präformative.

2. Das Akkad. besitzt ein Präs.-Fut. *ipar(r)as*, dem westsem. **i̯aqat(t)alu* entsprechen würde. Hatte dasselbe bisher nur im äth. Ind. *i̯eqátel* ein westsem. Gegenstück, so scheint auch das Ugar., freilich nicht absolut zwingend nachweisbar, die Bildung **i̯aqat(t)alu* zu besitzen; vgl. § 3, 2d[2]). Der Typus i̯aqat(t)al (§ 70, 1g) würde dem Nominalstamm qattāl (§ 38, 5) entsprechen, der adj. Gewohnheiten, subst. Berufe bezeichnet.

3. a) Neben Kurzimperf. und Imp. gibt es altkan. den Ind. **i̯aqtulu*, den Subj. **i̯aqtula* und den Energ. **i̯aqtulannā* bzw. **i̯aqtulan*. Wie beim Nomen und Pronomen (§ 43, 2) unterscheidet das Ugar. Sg., Du. und Pl.[3]):

Indikativ

3. M.	Sg.	**i̯aqtulu*	Pl.	**(i̯/t)aqtulūna*
3. F.		**taqtulu*		**(i̯/t)aqtulnā*
2. M.		**taqtulu*		**taqtulūna*
2. F.		**taqtulīna*		**taqtulnā*
1. c.		**ʾaqtulu*		**naqtulu*
3. c.	Du.	**(i̯/t)aqtulāni*		

1) Das akkad. Paradigma ist *prs* „scheiden".

2) H. Bauer, Die alphabetischen Keilschrifttexte von Ras Schamra (1936), 67 Anm. 1; anders Gordon, § 9, 6 Anm. 3.

3) Nach Gordon, § 9, 6—11. 16.

Subjunktiv

3. M.	Sg.	**i̯aqtula*	Pl.	**(i̯/t)aqtulū*
3. F.		**taqtula*		**(i̯/t)aqtulnā*
2. M.		**taqtula*		**taqtulū*
2. F.		**taqtulī*		**taqtulnā*
1. c.		*ʾaqtula*		**naqtula*
3. c.	Du.	**(i̯/t)aqtulā*		

Kurzimperfektum

3. M.	Sg.	**i̯aqtul*	Pl.	**(i̯/t)aqtulū*
3. F.		**taqtul*		**(i̯/t)aqtulnā*
2. M.		**taqtul*		**taqtulū*
2. F.		**taqtulī*		**taqtulnā*
1. c.		*ʾaqtul*		**naqtul*
3. c.	Du.	**(i̯/t)aqtulā*		

Imperativ

2. M.	Sg.	**q(u)tul*	Pl.	**q(u)tulū*
2. F.		**q(u)tulī*		**q(u)tulā (?)*

Vom Energ. auf *-annā* oder *-an* lassen sich nur Sg. 3. M. **i̯aqtulan(nā)*, 3. F. und 2. M. **taqtulan(nā)*, 1. c. *ʾ*aqtulan-(nā)* sowie Pl. 1. c. **naqtulan(nā)* nachweisen.

b) Der Ind. stellt eine Weiterbildung des Kurzimperf. durch auslautendes *-u* in den endungslosen Formen dar; dagegen sind 3. c. Du. um *-ni*, 2. F. Sg., 2. und 3. M. Pl. um *-na* vermehrt, wobei der Endvokal analog zum Arab. angesetzt ist. Der Subj. endet in den afformativlosen Formen auf *-a*, so daß Ind. und Subj. dem Arab. gleichen. Beim Energ. ist nicht mehr feststellbar, ob er, wie das Arab., über beide Endungen *-annā* und *-an* oder nur über eine von beiden verfügt. Die Präformative *i̯-* und *t-* in 3. c. Du. sowie 3. M. und F. Pl. sind oft nicht fest (s. u. 4b). Der Imp. der 2. F. Pl. hat anscheinend *-ā* statt zu erwartendem *-nā* als Endung; vgl. akkad. *pursā*.

Auch kann 2. M. Sg. durch -*ā* zu **q(u)tulā* erweitert werden[1]), das man herkömmlich aus -*an* ableitet[2]).

4. a) Im Hebr. ist die Präformativkonjugation stark reduziert[3]). Hier herrscht im wesentlichen nur e i n Modus, der in den Endungen dem alten Kurzimperf. entspricht. Dieses hebr. Imperf. umfaßt bei verhältnismäßig wenig Ausnahmen alle im Altkan. entwickelten Modi, insbesondere Ind. und Subj.; auch besitzt es keinen Du. mehr:

Imperfektum

3. M.	Sg.	*i̯*——	י×××	Pl.	*i̯*——*ū*	י×××ו
3. F.		*t*——	ת×××		*t*——*nā̊*	ת×××נָה
2. M.		*t*——	ת×××		*t*——*ū*	ת×××ו
2. F.		*t*——*ī*	ת×××י		*t*——*nā̊*	ת×××נָה
1. c.		ʼ——	א×××		*n*——	נ×××

Imperativ

2. M.	Sg.	——	×××	Pl.	——*ū*	×××ו
2. F.		——*ī*	×××י		——*nā̊*	×××נָה

b) Das Präformativ *i̯*- < **i̯a*, ursprünglich wohl ein altes Demonstrativelement (vgl. *-*i̯a* „mein"; § 30, 3c[4]), bezeichnet an sich 3. M. F. im Sg. und Pl.; doch hat offenbar sehr früh in 3. F. Sg. eine Differenzierung durch die Verwendung des Demonstrativelementes **tā* stattgefunden[5]), das man als F. auffaßte (vgl. die F.-Endung -*at*; § 42, 3). Dieses F.-Präformativ hat bereits altkan. wie auch akkad. im Sg. seinen festen Platz. Dagegen lassen sich Schwankungen bei den Präformativen 3. M. F. Pl. und Du. beobachten: Im Gegensatz zum einheitlichen Gebrauch von *i̯*- im Akkad. steht altkan. noch *i̯*- neben *t*- im Pl. und Du., während sich hebr. *i̯*- für 3. M., *t*- für 3. F. durchgesetzt hat. Selten hat

---

1) Gordon, § 9, 16. 2) GVG I, 554. 3) Bergstr. II, § 5
4) GVG I, 564. 5) GVG I, 565f.

3. F. Pl. noch *i̯*-: וַיֵּחַ֫מְנָה „und sie (F.) wurden brünstig“ (Gn. 30, 38). Das gleiche Element **tā* liegt offenbar dem Präformativ *t*- in 2. M. Sg. und 2. M. F. Pl. zugrunde. Die Genusbezeichnung des an sich neutralen *t*- (vgl. nominales *ta*-; § 40, 7) erfolgt in 2. F. Sg. durch die Endung -*ī*; vgl. auch das Personalpronomen 2. F. Sg. (§ 30, 2b). Im Pl. haben 2. und 3. M. die nominale Pl.-Endung -*ū* (§ 45, 2c), während 2. und 3. F. die auch beim entsprechenden Personalpronomen (§ 30, 2b) begegnende Endung -*nā* bzw. tib. -*nå* aufweisen. Darüber hinaus entspricht ugar. 3. c. Du. -*ā* dem Nomen im Du. (§ 45, 2b), und der altkan. Ind. berührt sich in 3. c. Du. -*āni* und 2. 3. M. Pl. -*ūna* mit dem Du. abs. -*āmi* (arab. -*āni*) und dem Pl. abs. -*ūma* (arab. -*ūna*) beim Nomen (§ 45, 2b. c). Pronominale Elemente ohne Ergänzung durch Afformative sind 1. c. Sg. ʾ- < *ʾ*a* und 1. c. Pl. *n*- < **nā* (§ 30, 3c).

c) Der Imp. 2. F. Sg., 2. M. F. Pl. ist nur differenziert nach Genus und Numerus, wobei im Gegensatz zu ugar. -*ā* (s. o. 3a. b) hebr. die 2. F. Pl. in der Regel auf -*nā* bzw. tib. -*nå* endet.

5. Das hebr. Verbum verfügt über modale Reste, die durch das Ugar. in ihrem geschichtlichen Zusammenhang verständlich werden.

a) Alter Ind. liegt vor beim sogenannten Nun paragogicum der 2. F. Sg. sowie 2. und 3. M. Pl.; z. B. P. מַה־תְּחִילִין „was gebierst du unter Schmerzen?“ (Jes. 45, 10), K. יִדְרְכוּן „sie treten“ (Ps. 11, 2), P. יִלְקֹ֑טוּן[1]) „sie lesen auf“ (Ps. 104, 28), K. תִּשְׁמְרוּן „ihr beobachtet“ (Dt. 6, 17), P. תְּכָרֹ֑תוּן „ihr haut um“ (Ex. 34, 13). Modale Bedeutung haben -*īn* < *-*īna* und -*ūn* < *-*ūna* nicht mehr; vgl. Juss. יִכְרְעוּן „sie mögen sich beugen“ (Hi. 31, 10) und Subj. אֵת אֲשֶׁר תַּעֲשִׂין „was du (F.) tun sollst“ (Ru. 3, 4).

[1]) Atnaḥ (§ 22, 3b) in der Ultima deutet pausalgebundene Vokalqualitäten oder aus dem Schriftbild nicht erkennbare Längen an.

b) Der Subj. ist infolge des Wegfalls von auslautendem -*a* nicht mehr zu erkennen; der Verlust des Gefühls für modale Unterschiede bewirkt zum Teil, daß alter Ind. als Subj. fungiert (s. o. a); vgl. לְמַ֫עַן יַאֲרִכוּן יָמֶ֫יךָ „damit dein Leben lang währe“ (Ex. 20, 12).

c) Das altkan. Kurzimperf. hat teils juss., teils erzählenden Charakter; dementsprechend unterscheidet man Juss. und Imperf. cons. (§ 100, 3a). Der Juss. ist formal erkennbar in den Kurzformen III וי: וְיִ֫בֶן „und er möge bauen“ (Esr. 1, 3; vgl. § 82, 2b), ferner in den afformativlosen Formen des Hi. mit *ī* und der Stämme II וי mit *ī* oder *ū* als Imperf.-Vokal; z. B. יַכְרֵת „er rotte aus“ (§ 71, 1b), יָקֹם „er stehe auf“, יָקֵם „er errichte“ (§ 80, 6a). Selten begegnet hierbei Pänultimadruck, so tib. vor Maqqef: יָשָׁב־נָא „er möge zurückkehren“ (2 S. 19, 38). Zuweilen hat auch der Juss. alte Ind.-Endungen (s. o. a.).

Das Hauptmerkmal des Imperf. cons., das im allgemeinen mit dem Juss. übereinstimmt, ist tib. der altertümliche Pänultimadruck, wie er in der Regel in den Formen mit geschlossener Ultima und zugleich offener und langer Pänultima (ausgenommen 1. Sg.) vorliegt; z. B. וַיֵּ֫שֶׁב „und er setzte sich“ (§ 78, 3a), וַיָּ֫סָב „und er umging“ (§ 79, 2a), וַיָּ֫קָם „und er stand auf“, וַיָּ֫קֶם „und er errichtete“ (§ 80, 6a), וַיִּ֫בֶן „und er baute“ (§ 82, 2c); vgl. § 21, 2c. Auch beim Imperf. cons. findet man mitunter alte Ind.-Endungen, so in וַתִּקְרְבוּן „und ihr nähertet euch“ (Dt. 1, 22); doch wird man besser diese Formen überhaupt dem alten Ind. zuweisen, der altkan. der normale Erzählungsmodus ist und als solcher auch in AF. nachwirkt.

d) Alter Energ. begegnet vor allem in der Koh.-Endung *-ā* bzw. tib. *-å*: אֵלְכָה „ich will gehen" (Gn. 45, 28), נֵלְכָה „laßt uns gehen" (Gn. 22, 5). Abgesehen von der Verstärkung in 2. M. Sg. Imp. K. קְטְלָה, P. קַטְּלָה (s. 3 b), könnte alter Energ. z. B. הַגִּידָה־נָּא < **haggidannā* „verkündige doch" (Gn. 32,30) zugrundeliegen[1]); das darin enthaltene Element *-*nā* wäre dann in enklit. ־נָא (§ 87, 5) verselbständigt. Selten steht der Energ. in der 3. Person: יָחִישָׁה „er beschleunige doch!" (Jes. 5, 19); häufiger beim Imperf. cons.: וָאֶשְׁלְחָה „und ich sandte hin" (Gn. 32, 6).

AF. bietet oft den Energ. für mas. Imperf. cons.; vgl. ואומרה *u̯a'ōmårā* „da sprach ich" für *וָאֹמַר „und ich sprach" (Jes. 40, 6). Der Energ. steht auch für einfaches Imperf.; vgl. AF. אפעולה *'ep'ólā* mit tib. אֶפְעַל „ich mache" (Jes. 43, 13), AF. אתמוכה בו *'etmókā bō*[2]) mit tib. אֶתְמָךְ־בּוֹ „ich stütze ihn" (Jes. 42, 1). Als Stilvariante zu Imperf. und Imperf. cons. entspricht er ugar. Sprachgebrauch[3]).

Der Energ. lebt außerdem, und zwar meist in Pausa, beim suff. Verbum mit dem sogenannten Nun energicum (§ 84, 2d) fort; vgl. § 24, 2b.

6. In der hebr. Grammatik unterscheidet man als Modi: 1. Imperf., umfassend Ind. und Subj., 2. Imperf. cons., 3. Juss. als Modus der Aufforderung, in Verbindung mit Negationen als Proh. bezeichnet, 4. Koh. als Modus der Selbstaufforderung, 5. Imp.; hiervon gehören Juss. (Proh.), Koh. und Imp. eng zusammen und bilden ein einheitliches Bedeutungssystem (§ 100, 4). Man beachte, daß der Begriff „Imperf." sowohl im allgemeinen Sinne der Konjugation wie auch im speziellen des Modus gebraucht wird.

---

[1]) Gordon, § 9, 8 Anm. 1.

[2]) Obwohl AF. Spirierung vorauszusetzen scheint, wird hier nur mit *bgdkpt* umschrieben.

[3]) Gordon, § 9, 9.

§ 64. Perfektum

1. a) Entsprechend seiner ursprünglich nominalen Natur verfügt das Perf. an sich nicht über Modi (doch s. § 101, 5. 6). Die Flexionselemente dieser Afformativkonjugation sind teils pronominaler, teils nominaler Herkunft. Ugar. ergibt sich folgendes Flexionsbild[1]):

3. M.	Sg.	*qatala*	Pl.	*qatalū*
3. F.		*qatalat*		*qatalū/ā*
2. M.		*qataltā*		*qataltumū/-tim(m)ā*
2. F.		*qataltī*		*qataltinnā*
1. c.		*qataltī/ū*		*qatalnā/ū*
3. M.	Du.	*qatalā (?)*		
3. F.		*qataltā*		
1. c.		*qatalnāi̯ā (?)*		

b) Pronominal sind folgende Afformative (vgl. § 30, 2b): 2. M. Sg. *-tā* < **'antā*, 2. F. Sg. *-tī* < **'antī*, 1. c. Sg. *-tī/-tū* < **'anākī/ū* mit Angleichung von *k* an *t* in 2. Sg.; 2. M. Pl. *-tumū/-ti(m)mā* < **'antumū / 'antim(m)ā*, 2. F. Pl. *-tinnā* < **'antinnā*, 1. c. Pl. **-nā/ū*; 1. c. Du. *-ny̯* = **-nāi̯ā* (?[2]). Nominal sind: 3. F. Sg. *-at* (§ 42, 3), 3. M. Pl. *-ū*, 3. M. Du. *-ā* und 3. F. Du. *-tā* (§ 45, 2b. c). Für 3. F. Pl. ist unentschieden, ob man ugar. *-ū* oder *-ā*, wie selten im Hebr. und stets im Akkad., Aram. und Äth., anzusetzen hat[3]). 3. M. Sg. lautet, entgegen dem endungslosen akkad. Stativ, altkan. auf *-a* aus, so in ugar. *śn'a* = **śani'a* (hebr. שָׂנֵא) „er haßt".

2. a) Das stark vereinfachte hebr. Perf.[4]) kennt keinen Du. mehr; beim isolierten Verbum ist Elision von *-a* in 3. M. Sg. eingetreten, ebenso von *-ī* nach tib. Regel in 2. F. Sg.; in 3. F. Sg. begegnet Wandel *-at* > *-ā* bzw. tib. *-å* wie beim Nomen (§ 42, 3b). Der Auslautvokal in 1. c. Sg. ist stets *-ī*, in 1. c. Pl. *-ū*. 3. F. Pl. ist mit 3. M. Pl. im allge-

1) Nach Gordon, § 9, 4 und S. 120. 2) Gordon, §§ 6, 21; 9, 4.
3) Gordon, § 9, 4. 4) Bergstr. II, § 4.

meinen (s. u. b) zu *-ū* zusammengefallen. In 2. M. F. Pl. setzen tib. *-tæm* (babyl. *-ṯäm*) *-tæn* (babyl. *-ṯän*) den Wandel *-timmā* > *-tæm* und *-tinnā* > *-tæn* voraus (§ 30, 2b); zur Nebenform **-tumū* beim suff. Verbum s. § 84, 2f.

b) Dementsprechend lautet das tib. Schema:

3. M.	Sg.	——	×××	Pl.	—— *ū*	××× וּ
3. F.		—— *å*	×ָ××ה			
2. M.		—— *tå*	×××תָּ		—— *tæm*	×××תֶּם
2. F.		—— *t*	×××תְּ		—— *tæn*	×××תֶּן
1. c.		—— *tī*	×××תִּי		—— *nū*	×××נוּ

Reste älterer Formen sind beim suff. Verbum in MT. und im tib. System erkennbar. So lautet 3. F. Sg. אָזְלַת < **ʾazalat* „sie ging weg“ (Dt. 32, 36), zuweilen als Aramaismus aufgefaßt. In 2. F. Sg. begegnet häufig das Ketib *-tī*, das tib. stets *-t* gelesen wird; vgl. לִמַּדְתִּי mit Ketib לִמַּדְתִּי und Qere לִמַּדְתְּ „du (F.) lehrtest“ (Jer. 2, 33). Dieses Ketib entspricht der sam. Aussprache, צחקתי *ṣaʾáqtī*, tib. P. צָחָקְתְּ „du (F.) hast gelacht“ (Gn. 18, 15), und dem öfter vokalisierten Afformativ *-tī* in AF.; vgl. AF. שכחתי *šakáḥtī* mit tib. שָׁכַחַתְּ „du (F.) hast vergessen“ (Jes. 17, 10). Für 3. F. Pl. findet sich altes *-ā* z. B. in P. נִתְפָּשָׂה „sie (F.) sind erobert worden“ (Jer. 48, 41), wofür das babyl. Qere P. נִתְפָּשׂוּ als Normalform fordert[1]). In 2. M. Pl. bietet AF., ebenfalls durch Vokalisierung erkennbar, vielfach altertümliches *-tímmā*, so in ושאבתמה *u̯aša'abtímmā*, tib. וּשְׁאַבְתֶּם „und ihr werdet schöpfen“ (Jes. 12, 3); vgl. hierzu sam. *ʾamartímmā* „ihr habt gesagt“ (Dt. 1, 39). Vielleicht darf man aus MT. והשלכתנה — nach G. ein Ho. **u̯ᵉhåšlaḵténå* „und ihr werdet geworfen werden“

[1]) Zum Problem vgl. Bergstr. II, § 4b.

für tib. Hi. וְהִשְׁלַכְתֶּנָה (Am. 4, 3) — auf altes, sonst nicht mehr erhaltenes *-*tínnā* in 2. F. Pl. schließen.

c) Weit stärker als in der Pleneschreibung des MT. tritt in AF. der Auslautvokal 2. M. Sg. hervor: AF. אמרתה *'amártā*, tib. אָמַרְתָּ „du (M.) hast gesprochen" (Jes. 14, 13). Demgegenüber herrscht in Sek. und pal. Elision des Endvokals vor[1]); vgl. Sek. ναθαθ mit tib. נָתַתָּה „du (M.) hast gegeben" (Ps. 18, 41), Sek. αφαχθ mit tib. הָפַכְתָּ „du (M.) wandtest" (Ps. 30, 12), pal. הית *hāi̯īṯ* mit tib. הָיִיתָ „du (M.) bist gewesen" (Ps. 90, 1), ferner *carath* bei Hieronymus für tib. קָרָאתָ „du (M.) hast gerufen" (Jer. 3, 12). Seltener begegnen auf dieser Stufe voll auslautende Formen: Sek. βαραθα, tib. בָּרָאתָ „du (M.) hast geschaffen" (Ps. 89, 48). Da andererseits Hieronymus altes -*tī* in 2. F. Sg. *carathi*, tib. קָרָאת „du (F.) hast gerufen", noch gehört hat, ist anzunehmen, daß in der Festlegung der Aussprache beider Afformative, u. zw. -*tå* für 2. M. Sg. und -*t* für 2. F. Sg., junge Systematisierung vorliegt; vgl. auch §§ 30, 2b; 46, 2c.

§ 65. Infinitiv und Partizipium

1. Entsprechend dem Altkan. hat das Hebr. zwei herkömmlich als Inf. cstr. und Inf. abs. bezeichnete Infinitive.

a) Der Inf cstr.[2]) gleicht dem Imp. und kann mit Gen.- und Akk.-Suffixen (§ 84, 2g) sowie Präfixen verbunden werden. Als Grundformen gelten qatal, qitil, qutul (§ 35, 1b. 6. 7), wobei starkes M. qitil nicht belegt ist. Doch scheint die Vokalisation von AF. mit ihrem vom tib. System ab-

[1]) P. Kahle, The Cairo Geniza, 101f.
[2]) Bergstr. II, § 11.

weichenden Silben- und Akzentverhältnissen[1]) eine Vermutung von C. H. Gordon[2]) zu bestätigen, wonach der Inf.-Imp. zum Typus qtu(i/a)l gehört. Die F.-Ableitungen, soweit auf *-å* <*-at* gebildet, erscheinen sekundär als Segolate oder auch Kurzformen qatlat <qatalat: קָרְבָה „sich nähern" (Ex. 36, 2), חֶמְלָה „schonen" (Ez. 16, 5), אַשְׁמָה „sich verschulden" (Lv. 22, 16), יִרְאָה „[sich] fürchten" (Dt. 4, 10), אַהֲבָה „lieben" (Dt. 10, 15); vgl. § 35, 1b; 55, 1. Aber auch hier weist AF. auf qtu(i/a)lat hin; vgl. tib. שָׁמְעָתוֹ mit AF. שמועתו *š(o)mo'atō* „sein Hören" (Jes. 30, 19), woraus der St. abs. *שמועה *š(o)mó'ā* folgt. Diese Vokalisation haben noch die seltenen Formen auf *-ṯ* und *-å*, letztere, soweit der dritte Radikal sekundär verdoppelt ist (§ 28, 3a): יְבֹשֶׁת „trocknen" (Gn. 8, 7) *אֲפֻדָּה „Anlegen des Efod" (Ex. 28, 8). Im jüngeren Althebr. und im Mittelhebr. begegnet der Inf. mit Präformativ *m-*, *מַהְפֵּכָה „zerstören" (Am. 4, 11); vgl. §§ 5, 4; 40, 4.

b) Der Inf. abs.[3]) lautet unabhängig vom jeweiligen Stamm qatāl > קָטֹל (§ 37, 1); vgl. ugar. *sp'u* = **sapā'u* „essen"[4]).

2. Das Qal hat ein akt. und ein pass. Partizipium[5]).

a) Das Part. Akt. vom Typus qatal lautet qātil > קֹטֵל (§ 36, 2); den neutrischen Stämmen qati/ul entspricht ein Part., das zugleich Adj. ist: qatil > קָטֵל, qatul > קָטֹל (§ 35, 2. 3). Ben Ascher stellt z. B. in F. Sg. קֹטְלָה, M. Pl. קֹטְלִים die Lesung *qōṭlå*, *qōṭlīm* (vgl syr. *kāṯbā*, *kāṯbīn* „schreibend") oder *qōṭᵉlå*, *qōṭᵉlīm* zur Wahl. Letztere wird in dieser

[1]) R. Meyer, ThLZ 75 (1950), 724ff.
[2]) Gordon, § 9, 16 Anm. 2; R. Meyer, Vetus Testamentum 3 (1953), 225 ff.
[3]) Bergstr. II, § 12.
[4]) Gordon, § 9, 23.
[5]) Bergstr. II, § 13.

Grammatik unter Verwendung von Meteg (§ 16, 2a) — קֹֽטְלָה, קֹֽטְלִים — aus etymologischen Gründen empfohlen.

b) Das Part. Pass. hat die Form qatūl > קָטוּל (§ 37, 5a) und ist zu unterscheiden vom Part. קֻטָּל und קִטוֹל < qutal des Pass. Qal (§ 68, 3c).

§ 66. Die Stammesmodifikationen

1. Nach § 3, 2d stehen neben dem Grundstamm abgeleitete Stämme.

a) Das Nif‘al[1]), formal ein Refl. zum Qal, ergänzt dasselbe in der Regel als Refl. und Pass., auch wird es reziprok gebraucht: יָעַץ „er riet", Ni. נוֹעַץ „er beriet sich, er ließ sich beraten". Seltener steht es in gleicher Beziehung zum Intensiv- oder Kausativstamm. Auch begegnet es selbständig, נֶאֱמַן „er war zuverlässig", selten denominiert: נֶאֱחַז „er setzte sich in Besitz" von אֲחֻזָּה „Besitz".

b) Als Intensiv dienen Pi‘el mit dem Pass. Pu‘al und das oft selbständige Refl. Hiṯpa‘el; vgl. Qal סָפַר „er zählte" mit Pi. סִפֵּר „er erzählte". Das Pi. kann oft Kausativ zum Qal, seltener zum Ni. sein; so Qal גָּדַל „er ist (war) groß", Pi. גִּדֵּל „er vergrößerte". Oft steht es selbständig, *נֵהֵל „er führte", oder denominiert: *אִשֵּׁר „er pries glücklich" zum Pl. cstr. אַשְׁרֵי „Heil!"

c) Das Hif‘il mit Pass. Hof‘al ist vor allem Kausativ zu trans. oder intrans. Qal, z. B. אָבַד „er ging zugrunde", Hi. הֶאֱבִיד „er richtete zugrunde", daneben Ni. נִשְׁבַּע „er schwor", Hi. הִשְׁבִּיעַ „er ließ schwören". Auch fungiert es

[1]) Die Bezeichnungen stammen vom veralteten Paradigma פָּעַל „machen".

selbständig: הִסְתִּיר „er verbarg“, intrans. הֶאֱרִיךְ „er war lang“, und vielfach denominiert: הִרְשִׁיעַ „er erklärte zum Frevler“ von רָשָׁע „Frevler“.

d) Hierzu kommen noch einige seltene Ableitungen, besonders zum Intensivstamm.

2. Das Nif‘al. Im Ni. ist der Grundstamm um *na-* erweitert, der zweite Stammvokal im Imperf. ist *i*, und der Inf. abs. נִקְטֹל ist mit *ō* < *ā* analog קָטֹל (§ 65, 1b) gebildet: Imperf. **i̯anaqatil*[1]) > **i̯anqatil* > יִקָּטֵל, Imp.-Inf. **naqatil* > (**nqatil*) > *'*inqatil* > הִקָּטֵל mit *h* anstatt א protheticum, Inf. abs. הִקָּטֹל mit Angleichung von הִקָּטֵל an die Nebenform נִקְטֹל, Perf. **naqatala* > **naqtala* > נִקְטַל, Part. נִקְטָל.

3. Der Intensivstamm. Die Intensivbildung erfolgt im Hebr. gewöhnlich durch Gemination des mittleren Radikals.

a) Das Pi‘el mit *i* als zweitem Imperf.-Vokal lautet: Imperf. **i̯aqattil* > יְקַטֵּל, Imp.-Inf. **qattil* > קַטֵּל (§ 38, 3b), Inf. abs. **qattāl* > קַטֹּל (§ 38, 5a) neben קַטֵּל, Perf. **qattala* > קִטַּל und קִטֵּל, Part. **maqattilu* > מְקַטֵּל. Der Inf. cstr. hat zuweilen F.-Ableitungen: יַסְּרָה „züchtigen“ (Lv. 26, 18; § 38, 3b), *בַּקָּשָׁה „begehren“ (Esr. 7, 6; § 38, 5c).

b) Das Pu‘al ist analog zum Pass. Qal (§ 68, 3) durch *u* in der ersten Stammsilbe gekennzeichnet: Imperf. **i̯aquttal* > יְקֻטַּל, Perf. **quttala* > קֻטַּל, Part. **maquttalu* > מְקֻטָּל. Vom Inf. begegnet nur einmal ein Inf. abs. קֻטֹּל als sicher: גֻּנֹּב „gestohlen werden“ (Gn. 40, 15).

c) Das Hitpa‘el hat präformatives *t-* und wohl ursprünglich, das *i* des Perf. ausgenommen, *a* als zweiten Stammvokal, also den Typus taqattal. Das tib. übliche *e* ist analog zum

[1]) Ausgangsform ist das Kurzimperf. (§ 63, 4a).

Pi. entstanden. Das zweite Präformativ *h-* in Perf. und Imp.-Inf. geht wohl auf א protheticum nach Verlust des ursprünglichen Präformativvokals zurück: Imperf. **i̯ataqattal* > **i̯atqattal* > יִתְקַטַּל und יִתְקַטֵּל, Imp.-Inf. **taqattal* > (**tqattal*) > *ʾitqattal* > הִתְקַטַּל und הִתְקַטֵּל, Perf. **taqattala* > (**tqattal*) > *ʾitqattal* > הִתְקַטַּל und הִתְקַטֵּל, Part. **mataqattilu* > **matqattilu* > מִתְקַטֵּל.

4. Der Kausativstamm. Im Kan. sind *š-*, *ʾ-*, *h-* Kausativpräfixe. Ugar. steht meist *š-*, seltener *ʾ-*[1]); südkan., moab. und hebr. ist *h-*, phön. sekundäres *i̯-*[2]) belegt.

a) Das Hifʿil hat ursprünglich *a* als Präformativvokal, doch steht daneben *i* bereits im Südkan.; vgl. auch § 23, 2a. Der zweite Stammvokal im Imperf. und Imp.-Inf. lautet *i* wie im Pi.; innervokalisches *h* des Präformativs ist im Imperf., Part. und mitunter beim präfigierten Inf. (§ 22, 3b) elidiert: Imperf. **i̯ahaqtil* > **i̯aqtil* > יַקְטִיל; der Imp.-Inf. **haqtil* begegnet im Inf. cstr. als הַקְטִיל, im Imp. und Inf. abs. als הַקְטֵל; das Perf. lautet **haqtala* > הִקְטִיל, das Part. **mahaqtilu* > **maqtilu* > מַקְטִיל.

b) Im Hofʿal steht das *u* des Pass. sehr oft als *å*; daher Imperf. יָקְטַל und יֻקְטַל < **i̯ahuqtal*, Inf. cstr. *הָקְטֶלֶת, Inf. abs. הָקְטֵל, Perf. הָקְטַל und הֻקְטַל < **huqtala*, Part. meist מָקְטָל < **mahuqtalu*.

§ 67. Die Flexionsklassen

1. Abgesehen von den Flexionselementen der beiden Konjugationen, die unabhängig von Stammesmodifikationen und Wurzeln sind, setzt das bisher vorgeführte Bildungsschema

[1]) Gordon, § 9, 34.
[2]) J. Friedrich, Phön.-pun. Grammatik, § 146ff.

das normale dreiradikalige oder starke Verbum voraus. Diese Klasse umfaßt die bei weitem meisten Verben, übt zum Teil auf andere Stämme Analogiezwang aus und weist dadurch vielfach Besonderheiten auf, daß Laryngale (und ר) mit ihren lautgeschichtlich bedingten Schwächen (§ 22, 3) als Radikale fungieren. Man teilt daher die Klasse des dreiradikaligen Verbums unter in gewöhnliche (§§ 68—72) und in laryngalhaltige starke Verben (§§ 73—75).

2. Demgegenüber steht die in sich uneinheitliche Gruppe der schwachen Verben, die entweder durch Assimilation oder Elision des einen oder anderen Radikals das starke Beugungsschema sprengen oder aber auf zweiradikalige Basen zurückgehen (§§ 76—83).

2. Die Flexion des starken Verbums

a) Das gewöhnliche starke Verbum

§ 68. Der Grundstamm

1. a) Der Grundstamm oder das Qal[1]), קַל „leicht", (Tab. XIIa) hat eine aktivische Flexion vom Typus qatal—i̯aqtul, selten i̯aqtil, und eine neutrische qati/ul—i̯iqtal. Unter aktivischen Stämmen versteht man primäre oder denominierte Wurzeln, die eine Handlung ausdrücken, gleichgültig, ob das betreffende Verbum trans. ist, also einen Objektsakk. regiert, oder nicht. Die neutrische Flexion findet sich besonders bei Stämmen, die einen Zustand oder eine Eigenschaft, einen Vorgang, eine Sinneswahrnehmung ausdrücken: זָקֵן „er ist (war) alt" (זָקֵן „alt, Greis"), יִזְקַן „er wird alt"; אָפֵס „er hörte auf"; שָׁמַע< *šamiʿa (= ugar.) „er hörte", שָׂמַח < *šamiḫa (= ugar.) „er war erfreut"[2]). Mitunter gehen neutrische Stämme sekundär in aktivische über. Auch können neu-

[1]) Bergstr. II, § 14; BL. §§ 40—45.

[2]) Vgl. P. שָׁמֵעַ, שָׂמֵחַ.

trische Stämme trans. sein, so bedeutet יָרֵא „er fürchtet sich“ und „er fürchtet (jem.)“; ebenso begegnen intrans. aktivische Stämme: שָׁבַת „er hörte auf“ mit Imperf. יִשְׁבֹּת (doch auch תִּשְׁבַּת „sie soll ruhen“, Lv. 26, 34). Da die aktivische Flexion dominiert, treten neutrische Formen besonders im Perf. stark zurück.

b) Wenn auch durch die mas. Überlieferung stark verdeckt, läßt sich, wie bereits altkan.[1]), neben dem Akt. ein inneres Pass. bei trans. Formen nachweisen.

2. Das Aktivum Qal. a) Tib. lautet das Imperf. i̯aqtul:

	Singular		Plural	
3. M.	K. יִקְטֹל	P. יִקְטֹ֑ל	K. יִקְטְלוּ	P. יִקְטֹ֑לוּ
3. F.	תִּקְטֹל	תִּקְטֹ֑ל	תִּקְטֹלְנָה	תִּקְטֹ֑לְנָה
2. M.	תִּקְטֹל	תִּקְטֹ֑ל	תִּקְטְלוּ	תִּקְטֹ֑לוּ
2. F.	תִּקְטְלִי	תִּקְטֹ֑לִי	תִּקְטֹלְנָה	תִּקְטֹ֑לְנָה
1. c.	אֶקְטֹל	אֶקְטֹ֑ל	נִקְטֹל	נִקְטֹ֑ל

Aktivisches i̯aqtil, südkan. wohl beim starken Verb noch vorhanden[2]), ist hebr. sehr selten; vgl. P. וַיַּטְמִ֑נוּ „und sie verbargen“ (2 R. 7, 8) neben gewöhnlichem וַיִּטְמֹן „und er verbarg“ (Gn. 35, 4), Juss. יַאְמֵץ <**i̯a'miṣ* (Sek. ιαεμας) „er möge stark sein“ (Ps. 31, 25). Neutrisches i̯iqtal (qatil) findet sich in K. וַיִּזְקַן „und er alterte“ (2 Ch. 24, 15), P. יִצְדָּק, „er ist gerecht“ (Hi. 4, 17); K. יִלְבְּשׁוּ (Ps. 35, 26), P. יִלְבָּ֑שׁוּ „sie (M.) bekleiden sich“ (Ez. 26, 16); K. P. תִּשְׁפַּלְנָה (Jes. 5, 15), P. *תִּשְׁפָּ֑לְנָה „sie (F.) sinken nieder“. Seltenes i̯iqtal zu qatul liegt in וַתִּקְטַן (קָטֹן) „und sie war klein“ (2 S. 7, 19) vor.

---

[1]) Gordon, § 9, 27.
[2]) E. Ebeling, Das Verbum der Amarnabriefe (1910), 47.

Daneben steht noch vielleicht ursprüngliches *i̯uqtal* in אוּכַל (יָכֹל) „ich ertrage“ (Jes. 1, 13).

Zu den erstarrten Ind.-Endungen *-īn* < **-īna* in 2. F. Sg., *-ūn* < **-ūna* in 2. und 3. M. Pl. s. § 63, 5a.

Der Vokal beim Präformativ ist babyl. stets *i*, tib. lautet er in 1. Sg. c. *æ*; vgl. babyl. *ʾirḥäṣ* mit tib. אֶרְחַץ „ich wasche“ (MB. 53). In Sek. scheint *e* (§ 23, 2b) vorzuherrschen; sam. steht *i* neben *e*[1]). Der Stammvokal ist aktivisch K. *o*. und P. *ō*, vor Maqqef *å*, אֶתְמָךְ־בּוֹ „ich stütze ihn“ (Jes. 42, 1); neutrisch steht K. *a*, P. *å*. Zu einigen Vokalvarianten vgl. tib. יִשְׁלַט mit babyl. *i̯išlot* „er wird herrschen“ und tib. יִדְלֹף mit babyl. *i̯id̲läf* „es träufelt“ (MB. 53). Für *o* und *a* kann in Sek. *e* stehen: ουϊαλεζ < **u̯ai̯aʿloz*, tib. וַיַּעֲלֹז „und er frohlockte“ (Ps. 28, 7); ϊεγδελ < **i̯igdal*, tib. יִגְדַּל „er zeigt sich groß“ (Ps. 35, 27). Sam. begegnet stets *a* neben *e*[2]): *i̯ifqad*, tib. יִפְקֹד „er wird heimholen“ (Gn. 50, 24); *ūi̯efqed*, tib. וַיִּפְקֹד „und er ordnete bei“ (Gn. 40, 4). Demgegenüber betont AF. durch fast regelmäßige Vokalisierung mit ו den Stammvokal *o* sowohl in tib. drucklosen wie in Drucksilben: AF. יחמול *i̯eḥmol*[3]), tib. P. יַחְמֹל „er schont“ (Jes. 30, 14); AF. ימשולו *i̯emšólū*, tib. K. יִמְשְׁלוּ „sie herrschen“ (Jes. 3,4), vgl. §§ 21, 2a; 23, 2a; AF. אתמוכה בו *ʾetmókā bō*, tib. אֶתְמָךְ־בּוֹ „ich stütze ihn“ (Jes. 42, 1). Zu 3. c. Pl. vgl. auch Sek. ιεφφολου, tib. K. יִפְּלוּ „sie fallen“ (Ps. 18, 39).

b) Der Juss. gleicht dem gewöhnlichen Imperfektum.

c) Das Imperf. cons. bietet demnach keine Besonderheiten. Es wird gebildet unter Voransetzung von Waw cons. (§ 88, 1), wobei das folgende Präformativ sekundär verdoppelt ist,

---

1) F. Diening, Das Hebr. bei den Samaritanern, [illegible].
2) F. Diening, a. a. O.
3) Zur Laryngalelision in AF. vgl. R. Meyer, ThLZ 75 (1950), 721ff.

ausgenommen א, vor dem Ersatzdehnung eintritt (§ 28, 3b): וַיִּלְכֹּד, וַיִּלְכָּד־ „und er eroberte“ (Jdc. 8, 12. 14); וַיִּלְבַּשׁ „und er bekleidete sich“ (1 S. 28, 8); וָאֶשְׁבֹּר „und ich zerbrach“ (Lv. 26, 13). Zuweilen ist Waw cons. in 1. c. Sg. und Pl. mit der Energ.-Endung verbunden: וָאֶשְׁלְחָה „und ich sandte hin“ (Gn. 32, 6), וַנִּפְתְּחָה „da öffneten wir“ (Gn. 43, 21). Diese Formen entsprechen einem älteren Stadium in AF., wo für einfaches Imperf. cons. oft der Energ. als Erzählungsmodus fungiert (§ 63, 5d).

d) Der Koh., gebildet von 1. c. Sg. und Pl., lautet aktivisch K. אֶשְׁמְרָה, P. אֶשְׁמֳרָה „ich will bewahren“ (Ps. 39, 2; 59, 10); neutrisch K. נִשְׁכְּבָה „wir wollen uns legen“ (Jer. 3, 25), P. נִקְרֳבָה „laßt uns herantreten“ (Jes. 41, 1). Zu babyl. K. *ʾäʿäzóḇā* „ich will verlassen“ (MB. 54) und Ketib אשקוטה *ʾæšqóṭȧ* ist AF. אשקוטה *ʾešqóṭā* für tib. K. אֶשְׁקֳוטָה „ich will ruhig sein“ (Jes. 18, 4) zu vergleichen.

e) Der aktivische Imp. hat folgende Formen:

	Singular		Plural	
2. M.	K. קְטֹל	P. קְטָל	K. קִטְלוּ	P. קְטָלוּ
2. F.	קִטְלִי	קְטָלִי	קְטֹלְנָה	קְטָלְנָה

Neutrisches *a* bzw. *ȧ* tritt hervor in 2. M. Sg. K. קְטַל, P. קְטָל; 2. F. Sg. P. קְטָלִי; 2. M. Pl. P. קְטָלוּ; 2. F. Pl. K. קְטַלְנָה. P. קְטָלְנָה *q^{e}ṭălnȧ*. Zuweilen endet 2. F. Pl. auf -*ȧ*: פְּשֹׁטָה „legt ab“, רְגָזָה „zittert“ (Jes. 32, 11); vgl. hierzu ugar. *q(u)tulā* (§ 63, 3b). Für fehlerhaftes שְׁמַעַן (Gn. 4, 23) lies שְׁמַעְןָ, *$š^{e}$máʿnȧ*.

Die Stellung des Stammvokals zwischen zweitem und drittem Radikal ist wohl ursprünglich. Derselbe lautet, wie beim Imperf., K. *o*, P. *ō*, vor Maqqef *ȧ*, זְכָר־נָא „gedenke doch!“ (2 R. 20, 3), bzw. K. *a* und P. *å*. Gleiche Vokalverteilung haben z. B. Energ. K. מלוכה *m^e^lóḵå* (Jdc. 9, 8 Ketib) für tib. Qere מָלְכָה *målḵå* „herrsche doch!“ und 2. F. Sg. K. מלוכי *m^e^lóḵī* (Jdc. 9, 12 Ketib) für tib. Qere מָלְכִי *målḵī* „herrsche!“; vgl. babyl. *š^e^fóṭā*, tib. שָׁפְטָה „richte!“ (MB. 52); A. F. 2. M. Pl. דרושו *d(o)róšū*, tib. K. דִּרְשׁוּ „sucht!“ (Jes. 1, 17); sam. *ūšebárū*, tib. וְשִׁבְרוּ „und kauft ein!“ (Gn. 42, 2). Vokalverteilung entgegen der späteren tib. Regel kennt auch noch Hieronymus[1]) in *hedalu* für tib. K. חִדְלוּ „hört auf“ (Jes. 2, 22) und vereinzelt Sek. εζακ[ου], tib. K. חִזְקוּ „seid stark!“ (Ps. 31, 25).

Der Stammvokal in erster Silbe lautet im allgemeinen *i*, im aktivischen Energ. 2. M. Sg. *å*, dementsprechend vor Suffixen (§ 84, 2e), doch gibt es Ausnahmen; z. B. מָשְׁכוּ (Ez. 32, 20) neben מִשְׁכוּ „zieht!“ (Ex. 12, 21), מִכְרָה für *מָכְרָה „verkaufe doch!“ (Gn. 25, 31). Das Schwa in מָשְׁכוּ *måšḵū* ist quiescens (§ 13, 2).

f) Das aktivische Perf. wird folgendermaßen flektiert:

	Singular		Plural	
3. M.	K. קְטַל	P. קָטָל	K. קִטְלוּ	P. קָטָלוּ
3. F.	קִטְלָה	קָטָלָה		
2. M.	קְטַלְתָּ	קְטָלְתָּ	קְטַלְתֶּם	קְטַלְתֶּם
2. F.	קְטַלְתְּ	קְטָלְתְּ	קְטַלְתֶּן	קְטַלְתֶּן
1. c.	קְטַלְתִּי	קְטָלְתִּי	קְטַלְנוּ	קְטָלְנוּ

Das qatil-Perf. mit K. *e*, P. *ē*, findet man nur in 3. M. Sg. K. קְטֵל, P. קָטֵל; 3. F. Sg. P. קָטֵלָה, 3. c. Pl. P. קָטֵלוּ. Doch

1) C. Siegfried, ZAW 4 (1884), 47.

steht auch hier zuweilen *a*, z. B. K. אָהַב (אָהֵב) „er liebte" (Gn. 37, 3), sogar P. קָמַל (קָמֵל) „er ist welk" (Jes. 33, 9); zu *i* bei qatil-Formen vgl. וִירִשְׁתֶּם „und ihr (M.) werdet in Besitz nehmen" (Dt. 4, 1). Andererseits begegnet *i* auch in qatal-Formen, יְלִדְתִּיךָ (יָלַד) „ich habe dich gezeugt" (Ps. 2, 7). In den seltenen qatul-Formen steht K. *o*, P. *ō* und vor dem Druck *å*, abgesehen von 3. F. K. יָכְלָה „sie vermochte" (Gn. 36, 7) und 3. c. Pl. יָכְלוּ (Gn. 13, 6). Analog zum Perf. cons. (s. u. g.) וְיָכָלְתָּ „du (M.) wirst bestehen" (Ex. 18, 23) müssen die nicht belegten Formen 2. M. und F. Pl. *יְכָלְתֶּם und *יְכָלְתֶּן lauten.

Zu den älteren Afformativen s. § 64, 2b. Falsche Analogiebildung zum Imperf. auf *-ūn* (§ 63, 5a) ist wohl יָדְעוּן „sie kannten" (Dt. 8, 3).

In P. 2. F. Sg. und P. 3. c. Pl. קָטָלָה, קָטָלוּ liegen altertümliche Vokalqualität und Druckverteilung vor; vgl. sam. *kabédā* mit tib. K. כָּבְדָה „sie ist schwer" (Gn. 18, 20), sam. *malákū* mit tib. K. מָלְכוּ „sie herrschten" (Gn. 36, 31). Gleiche Verhältnisse begegnen in AF.; vgl. § 23, 2a.

g) Aus dem Perf. ist ein sekundärer Modus, das sog. Perf. cons., entwickelt. In 1. c. und 2. M. Sg. haben die K.-, jedoch nicht die P.-Formen nach Waw cons. Ultimadruck: וְאָכַלְתָּ „und du (M.) wirst essen" (Gn. 3, 18), וְשָׁפַכְתִּי „und ich werde ausgießen" (Ez. 14, 19); vgl. § 21, 2b.

h) Beim Inf. cstr. herrscht qtul (qutul) > קְטֹל vor; selten ist qtal (qatal) > קְטַל, z. B. לִשְׁכַּב „sich zu legen" (Gn. 34, 7); nicht belegt ist qtil (qitil) beim starken Verbum (§ 35, 6). Der Stammvokal *o* ist kurz, wird aber vielfach sekundär gedehnt. Das Schwa der ersten Silbe ist nach Präfixen quiescens (§ 13, 2). Nach לְ „zu" steht fast regelmäßig Dagesch lene (§ 14, 4b) in *bgdkpt*: לִכְתֹּב „um zu schreiben" (Dt. 31, 24), daneben aber auch לִנְתוֹץ *lintoṣ* „um einzureißen" (Jer. 1, 10); vgl. ferner babyl. *lišṭōṭām* mit tib. לִשְׁתּוֹתָם „um sie zu trinken" (MB. 58). Nach בְּ „in" und כְּ „wie" erfolgt im allgemeinen Spirierung, andererseits auch explosive Aussprache: בִּנְפֹל *binfol* „beim Fallen" (Jes. 30, 25), dagegen בִּשְׁכֹּן „beim Wohnen" (Gn. 35, 22), כִּזְכֹּר „entsprechend der Erinnerung" (Jer. 17, 2).

Endungen bewirken meist sekundäre Segolate mit *å*, daneben *u*, *i*, *a* als Stammvokal, so in den F.-Ableitungen קָטְלָה, קֻטְלָה, קִטְלָה, קַטְלָה. Hierzu und zu seltnerem קְטֹלֶת, קְטֻלָה s. § 65, 1a.

i) Zum Inf. abs. s. § 65, 1b.

k) Das Part. Akt. lautet aktivisch קֹטֵל (§ 49, 3a) F. קֹטְלָה, קֹטֵלָה, קֹטֶלֶת (§ 54, 2. 3). Zuweilen steht es bei qati/ul: אֹהֵב (אָהֵב) „liebend". Neutrisch gehört zu qatil קָטֵל, zu qatul קָטֹל (§ 50, 3. 4): יָשֵׁן „schlafend" (1 S. 26, 7), יָגוֹר „fürchtend" (Jer. 22, 25). Manchmal steht hier Part. קֹטֵל neben קָטֵל, קָטֹל als Nomen: שֹׁכֵן „wohnend", aber שָׁכֵן „Anwohner". Andererseits kann auch Part. קָטֵל neben קָטֹל als reinem Nomen stehen: קָרֵב „sich nähernd" (Nu. 1, 51), קָרוֹב „nahe".

l) Zu Part. Pass. קָטוּל s. § 48, 1; zu F. קְטוּלָה vgl. § 54, 3.

3. Passivum Qal. Das innere Pass.[1]), gekennzeichnet durch *u* beim Präformativ des Imperf. sowie in der ersten

[1]) Bergstr. II, § 15.

Silbe des Perf. und Part., tib. oft unter sekundärer Gemination des folgenden Konsonanten (§ 28, 3a), ist südkan. belegt[1]) und ugar. wahrscheinlich[2]). Hebr. ist es rudimentär bei scheinbaren Pu.- und Ho.-Formen erhalten, die synt. das Pass. zu einem sonst nur im Qal begegnenden Stamm darstellen. Da das Pass. bereits mittelhebr. ausgestorben ist, sind wohl zahlreiche Pass.-Formen dank mas. Fixierung im Imperf. Ni. aufgegangen.

a) Das Imperf. lautet הֲיֻקַּח ,,wird es genommen?" (Ez. 15, 3), תּוּשַּׁד (שָׁדַד) ,,du (M.) wirst beraubt" (Jes. 33, 1).

b) Perf.-Formen sind z. B. לֻקַּח ,,er wurde genommen" (Gn. 3, 23), יֻלַּד (AF. יולד) ,,er ist geboren" (Jes. 9, 5), P. חֻבָּ֫שׁוּ (AF. חובשו) ,,sie sind verbunden" (Jes. 1, 6).

c) Das Part., zu unterscheiden von קָטוּל (s. o. 2 l), gehört zum Stamme qutal (§ 35, 5) und lautet entweder קֻטָּל oder קֻטֹּל: אֻכָּל ,,verzehrt" (Ex. 3, 2); יִלּוֹד ,,geboren" (Ex. 1, 22), Pl. יִלֹּדִים (Jos. 5, 5).

§ 69. Das Nif'al

1. Das Nif'al[3]) (Tab. XIIb) hat in sämtlichen Modis *i* als Präformativvokal.

2. a) Abweichend hiervon hat das Imperf. 1. c. Sg. tib.; nicht babyl. (vgl. § 68, 2a), teils *i*, teils *æ*: אִדָּרֵשׁ ,,ich lasse mich suchen" (Ez. 14, 3), P. אֶבָּהֵ֫ל ,,ich erschrecke" (Hi. 23, 15); so auch P. אִשָּׁבֵ֫עַ ,,ich schwöre" (Gn. 21, 24) neben cons. וָאֶשָּׁבַע (1 R. 2, 8). Zu diesem *æ* vgl. Sek. *e* < *a*: ιεχχον mit tib. יִכּוֹן ,,er steht fest" (Ps. 89, 38). Stets *i* hat K. אִמָּלְטָה ,,ich will mich retten" (Gn. 19, 20).

---

[1]) F. M. Th. Böhl, Die Sprache der Amarnabriefe, 60ff.
[2]) Gordon, § 9, 27. [3]) Bergstr. II, § 16; BL. § 44.

Der erste Stammvokal ist unveränderlich tib. *å*, babyl. *ā* < *a*. Der zweite Vokal lautet meist tib. K. *e*, P. *ē*; babyl. K. *ä*, P. *ē* < *i*: tib. יִנָּחֵם, babyl. *ịinnaḥäm* „er läßt es sich gereuen"; tib. P. יִקָּבֵ֑רוּ, babyl. *ịiqqābērū* „sie werden begraben" (MO. 194). Vor נָה steht meist *a*, תִּקָּטַ֫לְנָה, bisweilen auch sonst in Pausa, וַיִּגָּמַ֑ל „und er wurde entwöhnt" (Gn. 21, 8), oder bei Pänultimadruck: תֵּעָ֫זַב אָ֑רֶץ „die Erde wird verlassen" (Hi. 18, 4). Vor dem Druck steht Schwa, meist auch in P.-Formen: K. יִקָּטְלוּ, P. יִקָּטְל֑וּ neben יִקָּטֵ֑לוּ. Bei sonstiger Enttonung, z. B. Zurückweichen des Akzents (§ 21, 3a), steht *æ*: יִכָּ֫שֶׁל בָּהּ „er strauchelt an ihr" (Ez. 33, 12).

b) Das Imperf. cons. hat oft Pänultimadruck; וַיִּלָּ֫חֶם „und er kämpfte" (Nu. 21, 23); daneben וַיִּקָּטֵל.

c) Der Imp. lautet הִקָּטֵל, הִקָּטְלוּ; im Energ. 2. M. Sg. הִשָּׁבְעָה „schwöre doch" (Gn. 21, 23). Vor Maqqef und bei Zurückweichen des Akzents steht *æ*: הִשָּׁמֶר־נָא (1 S. 19, 2), הִשָּׁ֫מֶר לְךָ (Gn. 24, 6), zuweilen auch sonst: הִשָּׁמֶר (2 R. 6, 9) „hüte dich!"

d) Das Perf. mit Stammvokal K. *a* (babyl. *ä*), P. *å* (babyl. *ā*) bietet keine Besonderheiten: K. נִקְטַל, P. נִקְטָ֑ל; 3. F. Sg. K. נִקְטְלָה, P. נִקְטָ֑לָה; 2. M. Pl. נִקְטַלְתֶּם; Perf. cons. וְנִפְקַדְתָּ֫ „und du (M.) wirst heimgesucht werden" (1 S. 20, 18), gewöhnlich jedoch וְנִקְטַלְתָּ֫, וְנִקְטַלְתִּ֫י; andererseits stets וְנִקְטַ֫לְנוּ.

e) Der Inf. cstr. הִקָּטֵל wird wie der Imp. flektiert. Zur Elision von *h* nach Präfixen, וּבִכָּשְׁלוֹ „und bei seinem Stolpern" (Prv. 24, 17), vgl. § 22, 3b.

f) Der Inf. abs. lautet im Zusammenhang mit dem Imperf. meist הִקָּטֹל, הִקָּטֵל; in Verbindung mit dem Perf. נִקְטֹל.

g) Zur Flexion des Part. M. נִקְטָל s. § 49, 2a; zu F. נִקְטָלָה, נִקְטֶלֶת s. § 54, 3.

§ 70. Der Intensivstamm

1. Pi'el[1]). a) Im Imperf. ist der Präformativvokal ${}^{e}<a$, ausgenommen 1. c. Sg. tib. ʾ^{a}-, babyl. ʾ*e*-; vgl. tib. אֲבַקֵּשׁ mit babyl. ʾ*ebäqqeš* „ich suche" (MB. 59). Sam. steht stets *e*: tib. תְּבַקֵּשׁ, sam. *tebáqqueš* „du (M.) suchst" (Gn. 37, 15). Der zweite Stammvokal ist in der Regel tib. K. *e* (babyl. auch *ä*), P. *ē* sowohl tib. wie babyl.; bei vokalischen Endungen mit Druckverlagerung steht Schwa: K. יְקַטְּלוּ, dagegen P. יְקַטֵּלוּ, vielfach unter Wegfall des Dagesch forte besonders in ל, מ, נ, ק als zweitem Radikal (§ 28, 3b): וַיְנַקְשׁוּ „und sie küßten" (Ps. 38, 13). In 2. und 3. F. Pl. תְּקַטֵּלְנָה begegnen auch *a* und *æ*, letzteres auch vor Maqqef und, neben *i*, vor schwerem Suffix (§ 84, 3); z. B. K. תְּעַכַּסְנָה „sie schmücken sich mit Fußspangen" (Jes. 3, 16), P. תְּרַטַּשְׁנָה „sie strecken zu Boden" (Jes. 13, 18); cons. וַתְּחַלֶּלְנָה „und ihr entweihtet" (Ez. 13, 19), וַיְנַשֶּׁק־לוֹ „und er küßte ihn" (Gn. 29, 13). Sek. hat meist ε, vgl. ιδαββερ mit tib. יְדַבֵּר „er redet" (Ps. 49, 4), aber auch η, so ιδαββηρου für tib. P. יְדַבֵּרוּ „sie reden" (Ps. 35, 20). Zum vokalischen Einsatz für *i̯*- in ιδαββερ wie auch babyl. *īqäu̯u̯ä*, tib. יְקַוֶּה „er hofft" (MO. 165) vgl. § 22, 4b.

---

[1]) Bergstr. II, § 17; BL. § 45.

b) Die übrigen Modi werden regelmäßig gebildet; z. B. Koh. אֲבַקְשָׁה „ich will suchen“ (Ps. 122, 9).

c) Der Imp. lautet 2. M. Sg. K. קַטֵּל, P. קַטֵּל *qaṭṭēl*, 2. M. Pl. K. קַטְּלוּ, P. קַטֵּלוּ. Zum Wegfall des Dagesch vgl. וּבַקְשׁוּ „und sucht!“ (Jer. 5, 1), dagegen in der Regel בַּקְּשׁוּ „sucht!“ (1 S. 28, 7). Ferner חַלְּצָה „rette doch!“ (Ps. 6, 5), דַּבֶּר־נָא „rede doch!“ (Ex. 11, 2).

d) Im Perf. ist der erste Stammvokal tib. und babyl. *i* <*a*, in Sek. entweder ε, so auch sam. *e*, oder α; vgl. Sek. ελλελθ mit tib. חִלַּלְתָּ „du (M.) hast entweiht“, Sek. μαγ[γ]αρθ mit tib. מִגַּרְתָּה „du (M.) hast gestürzt“ (Ps. 89, 45); sam. *débber* mit tib. דִּבֶּר „er hat gesprochen“ (Gn. 12, 4). Der veränderliche zweite Vokal lautet tib. K. *a*, *e* und auch *æ*, babyl. K. *ä*, dagegen stets P. *ē*: 3. M. Sg. K. קִטַּל, קִטֵּל, קִטֶּל, hierzu דִּבֶּר „er redete“, כִּבֶּס „er wusch“, כִּפֶּר „er sühnte“; P. קִטֵּל *qiṭṭēl*, so auch P. דִּבֵּר, כִּבֵּס, כִּפֵּר. Bei Druckverschiebung steht Schwa: 3. M. Pl. K. קִטְּלוּ, dagegen P. קִטֵּלוּ; unter Wegfall des Dagesch forte (s. o. a.) 3. F. Sg. K. בִּקְשָׁה „sie suchte“ (Qoh. 7, 28). Vor konsonantisch anlautendem Afformativ steht *a*; Sek. hat meist ε neben α, das Sam. *e* neben *i*: vgl. Sek. φεθ[θ]εθα mit tib. פִּתַּחְתָּ „du (M.) hast geöffnet“ (Ps. 30, 12), Sek. μαγ[γ]αρθ mit tib. מִגַּרְתָּה (s. o.); sam. *šekkeltímmā* (§ 64, 2 b) mit tib. שִׁכַּלְתֶּם „ihr habt kinderlos gemacht“ (Gn. 42, 36), sam. *berríktī* mit tib. בֵּרַכְתִּי „ich habe gesegnet“ (Gn. 17, 20).

e) Zu Inf. cstr. und abs. s. § 66, 3 a.

f) Zur Flexion des Part. M. מְקַטֵּל und F. מְקַטֶּלֶת s. §§ 49, 1. 3 a; 57, 2 a.

g) Manche jetzigen Pi.-Bildungen sind vielleicht primär Formen des ausgestorbenen Präs.-Fut. Qal (§ 63, 2); z. B. יְדַבֵּר < *_iadab(b)aru_ „er redet", *יְזַמֵּר < *_iazam(m)aru_ „er musiziert"[1]).

2. Pu'al[2]). a) Der erste Stammvokal lautet neben _u_ zuweilen _å_; vgl. שָׁדְּדָה (Nah. 3, 7) mit שֻׁדְּדָה (Jer. 49, 3) „sie ist zerstört", כָּרַּת _kårrat_ (§ 8, 12) „er ist abgeschnitten" (Ez. 16, 4). Der zweite veränderliche Vokal ist K. _a_, P. _å_: Imperf. 3. M. Sg. K. יְקֻטַּל, P. יְקֻטָּל, 3. M. Pl. K. יְקֻטְּלוּ, P. יְקֻטָּלוּ; Perf. 3. M. Sg. K. קֻטַּל, P. קֻטָּל, 3. c. Pl. K. קֻטְּלוּ, P. קֻטָּלוּ. Zum Inf. abs. קֻטֹּל s. § 66, 3b; zum Part. מְקֻטָּל vgl. § 49, 2a.

b) Zu Pass.-Formen wie לֻקֳּחָה (§ 13, 5) „sie wurde genommen" (Gn. 2, 23) s. § 68, 3.

c) Mittelhebr. ist das Pu., abgesehen vom Part. מְקֻטָּל, fast ausgestorben.

3. Hitpa'el[3]). a) Präformatives _t_ erleidet vor Sibilanten Metathesis (§ 28, 2), desgleichen partielle oder totale Assimilation neben ז, צ, ד, ט, ת, bisweilen auch כ, נ, ר (§ 24, 2a. 3a). Der Präformativvokal ist _i_, dagegen sam. und in Sek. _e_. Aramaisierend ist א für ה in אֶשְׁתּוֹלְלוּ „sie sind zur Beute geworden" (Ps. 76, 6), אֶתְחַבַּר „er hat sich verbündet" (2 Chr. 20, 35).

Der zweite Stammvokal, mit Ausnahme des _e_ < _i_ beim Part., ist ursprünglich _a_ (§ 66, 3c), jetzt tib. K. _e_ und _a_, letzteres auch im Imperf. und Imp.; vor Maqqef _æ_ und vor betontem Afformativ _i_; babyl. begegnet K. _ä_ in allen Formen außer Part. _meqäṭṭel_. Der P.-Vokal ist tib. stets _å_, babyl. in der Regel _ā_.

---

1) Vgl. auch B. Landsberger, OLZ 29 (1926), 972, Anm. 2.
2) Bergstr. II, § 17; BL. § 45.
3) Bergstr. II, § 18; BL. § 45.

b) Zum Imperf. vgl. K. יִתְקַטֵּל, יִתְקַטַּל, aber P. יִתְקַטָּל; z. B. P. יִתְגַּדָּל „er zeigt sich groß“ (Da. 11, 37). Vor Maqqef יִתְעַלֶּם־ „er verbirgt sich“ (Hi. 6, 16). 3. M. Pl. K. יִתְקַטְּלוּ, P. יִתְקַטָּ֫לוּ, unter Fortfall des Dagesch (s. o. 1a) וְיִתְהַלְלוּ „und sie rühmen sich“ (Jes. 45, 25); 2. und 3. F. Pl. תִּתְקַטֵּ֫לְנָה neben תִּתְקַטַּ֫לְנָה, so auch P. תִּתְקַטֵּ֫לְנָה[1]).

c) Entsprechend steht im Imp. הִתְקַטֵּל neben הִתְקַטַּל; zu letzterem vgl. הִתְחַזַּק „zeige dich stark“ (1 R. 20, 22).

d) Perf. 3. M. Sg. K. הִתְקַטֵּל neben הִתְקַטַּל, so in הִתְחַזַּק „er zeigte sich stark“ (2 Chr. 13, 7); vor Maqqef *æ*, z. B. הִתְהַלֶּךְ־נֹחַ „Noah wandelte“ (Gn. 6, 9); P. הִתְקַטָּל. Ferner 3. c. Pl. K. הִתְקַטְּלוּ, P. הִתְקַטָּ֫לוּ. Vor konsonantisch anlautendem, drucklosen Afformativ steht *a*, z. B. 1. c. Sg. הִתְקַטַּ֫לְתִּי, dagegen bei Ultimadruck *i*, so im Perf. cons. וְהִתְקַדִּשְׁתֶּם „und ihr sollt euch heilig erweisen“ (Lv. 11, 44), וְהִתְגַּדִּלְתִּ֫י „und ich will mich groß erweisen“ (Ez. 38, 23); daneben *a*. in וְהִתְהַלַּכְתִּ֫י „und ich will wandeln“ (Lv. 26, 12).

e) Der Inf. hat tib. stets *e* als zweiten Stammkonsonanten; so Inf. cstr. K. לְהִתְהַלֵּךְ „zu wandeln“ (Sach. 1, 10) und P. לְהִתְעַלֵּם „sich zu verbergen“ (Dt. 22, 3). Aramaisierend ist הִתְחַבְּרוּת „sich verbünden“ (Da. 11, 23).

f) Das Part. M. K. מִתְקַטֵּל, P. מִתְקַטֵּל; F. מִתְקַטֶּ֫לֶת wird wie das Part. Pi. flektiert; vgl. §§ 49, 1. 3a; 57, 2a.

g) Ein sekundär als Hitp. aufgefaßtes *t*-Refl. Qal begegnet in הִתְפָּקְדוּ „sie wurden gemustert“ (Jdc. 20, 17); vgl. § 72. 1a.

---

1) So nach BL. § 45 b′.

Nicht zum Hiṯp. gehören אַל־תִּשְׁתָּע „fürchte dich nicht“ (Jes. 41, 10) und Koh. וְנִשְׁתָּעָה „und wir wollen uns fürchten“ (Jes. 41, 23), da hier das Qal der Wz. שׁתע < altkan. *ṯtʿ* vorliegt[1]).

h) Das Mittelhebr. hat statt Hiṯp. meist die an Ni. angeglichene Mischform נִתְקַטֵּל; vgl. וְנִכַּפֵּר (§ 24, 3) „und es wird gesühnt“ (Dt. 21, 8).

4. Zum Intensivstamm s. Tab. XIIb.

§ 71. Der Kausativstamm

1. Hifʿil[2]). a) Das Imperf. hat tib. *a*, babyl. *ä* als Präformativvokal; sam. und in Sek. herrscht *e* bzw. *e* < *a* vor. Der zweite Stammvokal lautet *ī* < *i*; in Sek. ι, sam. *e* neben *i* vor Afformativen. Die Dehnung *i* > *ī* ist analog dem Hi. II יו (§ 80, 6) erfolgt; z. B. יָקִים „er stellt auf“. In AF. ist, wie im Sam., der Vokal wahrscheinlich noch kurz: יַשְׁלִיךְ, tib. *jašlīḵ*, AF. *jášlik* „er wirft“ (Jes. 2, 20); vgl. tib. וַיַּשְׁלִכוּ mit sam. *ūješlíkū* „und sie warfen“ (Gn. 37, 24). Bei gelegentlich defektiver Schreibweise ergeben sich unter Übereinstimmung von P.- und K.-Formen: 3. M. Sg. יַקְטִיל, 2. F. Sg. תַּקְטִילִי, 3. M. Pl. יַקְטִילוּ; 2. F. Pl. ist, obgleich nicht belegt, als *תַּקְטֵלְנָה analog 3. F. Pl. zu erschließen.

b) Der endungslose Juss. hat K. *e*, P. *ē* < *i*, vor Maqqef und bei sonstiger Drucklosigkeit *æ*; babyl. begegnet öfter *ä* für *e*: K. יַכְרֵת „er rotte aus“ (Ps. 12, 4), P. *יַכְרֶת, יַבְעֶר־ „er zündet an“ (Ex. 22, 4[3]); babyl. *ʾäl täsṯär*, tib. אַל תַּסְתֵּר „verbirg nicht!“ (MB. 63).

---

[1]) A. Alt, Die Welt des Orients 4 (1949), 281.
[2]) Bergstr. II, § 19; BL. § 46. [3]) Koehler, 140.

c) Sinngemäß lautet das Imperf. cons. וַיַּקְטֵל; vgl. וַיַּבְדֵּל, wofür sam. *ūi̯ébdel* „und er trennte“ (Gn. 1, 4) die ältere Akzentlage (§ 21, 2a) bietet. 1. c. Sg. וָאַקְטִיל stimmt mit dem Imperf. überein, ebenso z. B. 1. c. Pl. וַנַּקְטִ֫ילָה mit Energ.-Afformativ (§ 68, 2c).

d) Der Koh. lautet 1. c. Sg. אַקְטִ֫ילָה, 1. c. Pl. נַקְטִ֫ילָה.

e) Im Imp. 2. M. Sg. sowie 2. F. Pl. steht K. *e*, P. *ē*: הַקְטֵל, הַקְטֵ֫לְנָה; vor Maqqef *æ*, הַסְכֶּן־נָא „befreunde dich doch!“ (Hi. 22, 21); sonst *i*: 2. M. Sg. Energ. הַקְשִׁ֫יבָה „höre doch!“ (Jer. 18, 19), 2. M. Pl. הַקְטִ֫ילוּ.

f) Das Perf. hat tib. und babyl. *i* < *a* beim Präformativ, in Sek. *e* und sam. *a* neben *e*. Der zweite Vokal lautet tib. und babyl. *ī* in 3. M. Sg., ebenso in 3. F. Sg. vor *-ā* und 3. c. Pl. vor *-ū*; vor konsonantischem Afformativ K. *a*, P. *å* (babyl. *ā*). Sek. bietet entsprechend ι und ε, das Sam. *e* neben *i*. Wie im Imperf. geht auch hier die Dehnung *ī* < *i* < *a* (§ 66, 4a) auf Analogiewirkung des Hi. II יו zurück, z. B. הֵקִים „er hat aufgestellt“: 3. M. Sg. tib. הִמְטִיר, sam. *ámter* „er ließ regnen“ (Gn. 2, 5), tib. הִרְעִים, Sek. εριμ „er ließ donnern“ (Ps. 29, 3); 3. F. Sg. tib. הִלְבִּ֫ישָׁה, sam. *elbíša* „sie bekleidete“ (Gn. 27, 16); 2. M. Sg. tib. הִסְכַּ֫לְתָּ, sam. *eskílta* „du (M.) hast töricht gehandelt“ (Gn. 31, 28), tib. הִסְתַּ֫רְתָּ, Sek. εσθερθα „du (M.) hast verborgen“. (Ps. 30, 8); 2. M. Pl. cons. וְהִשְׁכַּמְתֶּם, sam. *u̯aškemtímmā* (§ 64, 2b) „ihr sollt zeitig aufbrechen“ (Gn. 19, 2).

g) Der Inf. cstr. lautet הַקְטִיל, vereinzelt הַקְטֵל, z. B. הַסְתֵּר „verbergen“ (Prv. 25, 2). Zu der in AF. häufigen Elision von ה nach לְ „zu“ vgl. § 66, 4a. Der Inf. abs. ist הַקְטֵל.

h) Das Part. מַקְטִיל wird im M. nach § 47, im F. מַקְטֶלֶת nach § 57, 2a flektiert.

i) Einige Hi.-Formen im Imperf. gehören wohl ursprünglich dem rudimentären Imperf. Qal i̯aqtil (§ 68, 2a) an.

2. Hof'al[1]). Der Präformativvokal ist meist å, daneben *u*: Imperf. יָקְטַל, יֻקְטַל; Inf. abs. הָקְטֵל; Part. meist מָקְטָל, doch מָשְׁחָת „mißraten" (Mal. 1, 14); Inf. cstr. F. הֻלֶּדֶת „geboren werden" (Gn. 40, 20), wohl sekundäre Bildung zum mißverstandenen Inf. Qal. mit Pass.-Bedeutung; vgl. § 102, 1c.

3. Zum Kausativstamm s. Tab. XIIb.

§ 72. Seltene Stämme

1. Einige dreiradikalige Formen weisen auf ausgestorbene Stämme hin[2]).

a) Ein Refl. Qal mit infigiertem *t* begegnet ugar., moab. und phön.[3]); vgl. ugar. *ʾimtḫṣ* = **ʾimtaḫiṣu*[4]) „ich werde kämpfen". Das hebr. *t*-Refl. Qal ist teils akt., teils pass. vokalisiert und hat Pass.-Bedeutung: הִתְפָּקְדוּ, הָתְפָּקְדוּ „sie wurden gemustert" (Jdc. 20, 15; Nu. 1, 47); Imperf. cons. 3. M. Sg. וַיִּתְפָּקֵד (Jdc. 21, 9).

b) Zur Nebenform qātal > קוֹטֵל des Intensivs (vgl. den arab. III. Stamm *qātala*) gehört wohl z. B. שֵׁרֵשׁ „er schlug Wurzeln" (Jes. 40, 24), Pass. P. שֹׁרָשׁוּ „sie sind festgewurzelt" (Jer. 12, 2), denominiert von שֹׁרֶשׁ „Wurzel". Die Mischform מִנֹּאָץ „verlästert" (Jes. 52, 5) stellt anscheinend Part. Pō'al

---

1) Bergstr. II § 19; BL. § 46.
2) Zu § 72 vgl. Kautzsch, § 55; Bergstr. II, § 20; BL. § 38.
3) J. Friedrich, Phön.-pun. Grammatik, § 150.
4) Gordon § 9, 28f.

מְנֹאָץ < *manāʾaṣu (AF. מנואץ) und Hiṯp.[1]) מִנָּאֵץ (§ 24, 3a) zur Wahl.

c) Angeblich kausatives Tifʿel (Tifʿal) gibt es nicht; zu Part. Pass. מְתֻרְגָּם „übersetzt“ s. u. 4a.

d) Kausatives Šafʿel begegnet ugar. als Imperf. *i̯ašaqtil, Imp. *šaqtil, Perf. *šaqtala, Part. *mašaqtilu[2]), hebr. ist ša- nur noch nominales Präformativ; vgl. § 40, 6. Dagegen stellt הִשְׁתַּחֲוָה „er warf sich nieder“ wohl ein t-Refl. zum Šafʿel der Wz. *ḫu̯i̯ dar; vgl. § 82, 5c.

2. a) Dreiradikalige Reduplikationsformen mit verdoppeltem dritten Radikal bezeichnen eine Eigenschaft (vgl. arab. IX. Stamm: *iḥmárra* „rot sein“) und begegnen nur im Perf.: אֻמְלַל „er ist welk“ (Jo. 1, 10), vgl. *אֻמְלָל „verschmachtet“ (§ 39, 1c), רַעֲנָנָה „sie ist grün“ (Hi. 15, 32), vgl. רַעֲנָן „grün“ (§ 39, 1a).

b) Wiederholung des zweiten und dritten Radikals (§ 39, 2) weist z. B. סְחַרְחַר „er bewegte sich heftig“ (Ps. 38, 11) auf.

3. Wiederholungen zweiradikaliger Stämme (§ 39, 3) werden als Pilpel-Polpal- und Hiṯpalpel-Formen gewöhnlich nach Pi., Pu., Hiṯp. flektiert: יְכַלְכֵּל „er versorgt“ (Sach. 11, 16), Inf. כַּלְכֵּל (1 R. 4, 7), babyl. *k̲älk̲äl* (MO. 191), Perf. כִּלְכַּל (2 S. 19, 33), Pass. כָּלְכְּלוּ (1 R. 20, 27), suff. Imp. סַלְסְלֶהָ „halte sie hoch“ (?; Prv. 4, 8) Part. מְכַרְכֵּר „tanzend“ (2 S. 6, 14). Weiteres s. §§ 79, 4b; 80, 5c.

4. Vierradikalige Stämme werden a) nach Pi., Pu., Hiṯp. flektiert; so suff. Imperf. יְכַרְסְמֶנָּה „er frißt sie ab“ (Ps. 80, 14); zu תְּתַחֲרֶה „du läufst um die Wette“ (Jer. 12, 5), denominiert von תַּחֲרָה „Streit“ (Sir. 40, 5), einer t-Bildung zu חָרָה „ent-

---

[1]) Nach Bergstr. II, § 20b (Anm.).
[2]) Gordon, 122.

brannt sein" (§ 40, 7), s. u. 5. — Part. Pass. מְכֻרְבָּל „bekleidet" von aram. כַּרְבְּלָא „Mütze" (Da. 3, 21), מְתֻרְגָּם „übersetzt, verdolmetscht" (Esr. 4, 7) von akkad. *targumānu* „Dolmetsch" sind Lehnwörter.

b) Hi.-Flexion hat Koh. אַשְׂמְאִילָה „ich will mich zur Linken wenden" (Gn. 13, 9), ferner 2. F. Sg. Imp. P. הַשְׂמִילִי (Ez. 21, 21), denominiert von שְׂמֹאל (§ 39, 4a).

5. Mittelhebr. sind Neubildungen sekundärer Stämme häufig, so von תְּחִלָּה „Anfang" (*Wz. ḥll*) Hi. הִתְחִיל „er fing an" (Joma 5, 5).

b) Das starke Verbum mit Laryngalen

§ 73. Kehllaut als erster Radikal

1. a) Nach § 22, 3 haben א, ה, ח, ע zahlreiche Besonderheiten. So begegnet vormas. Laryngalelision oder Schwachartikulation als ʾ, teilweise mit einem aus dem alten Kehllaut hervorgegangenen sekundären Vokal[1]), wohl dem Vorbild des tib. Ḥaṭeflautes: Sek. εεμεδεθ < **haʿmadtā* „du stelltest auf", tib. הֶעֱמַדְתָּ. Selten findet sich vormas. Starkartikulation, so ε für *ḥ* in Sek. αββωτεειμ, tib. הַבֹּטְחִים (§ 22, 3c), wo Epsilon offensichtlich für Laryngalis steht[2]).

b) Die mas. Tradition spiegelt diesen Lautstand wider. Tib. gilt im allgemeinen[3]): Für Schwa mobile steht gewöhnlich unter Laryngalis Ḥaṭef-Pataḥ; Imp. und Inf. I א haben meist Ḥaṭef-Segol. Silbenschließender Kehllaut hat entweder Schwa quiescens — so besonders vor Verschlußlauten, dazu öfter ח, ע und ה als א — oder bei aufgelöster Doppelkonsonanz einen Ḥaṭeflaut, der dem vorangehenden Vokal entspricht

[1]) Hieronymus nennt die Kehllaute nachgerade „Vokale" und spricht bei *ḥ* von einer duplex aspiratio; vgl. P. Kahle, The Cairo Geniza, 90f.

[2]) Etwas anders E. Brønno, Studien über hebr. Morphologie und Vokalismus, 8f.; 275f. [3]) Bergstr. II, § 21; BL. § 49.

(§ 29, 2a). Kommt Kehllaut mit Ḥaṭef vor Schwa zu stehen, erhält er entsprechenden Vollvokal (§ 29, 2b). Fortschreitender Akzent kann Wandel von Segol und Ḥaṭef-Segol zu Pataḥ bzw. Ḥaṭef-Pataḥ, zuweilen aber auch das Umgekehrte bewirken.

2. Qal. a) Die Stämme I lar. (Tab. XIII) haben im Imperf. i̯aqtul tib. bei I ה, ח, ע *a*, bei I א *æ* (babyl. I א *e*, I ה, ח meist *i*, I ע *ä*); in 1. c. Sg. steht tib. stets *æ*: יַחְשֹׁב „er denkt" (Jes. 10, 7), P. יַעְזֹרוּ „sie helfen" (Jes. 30, 7), אֶחְמוֹל „ich schone" (Jer. 13, 14); יַעֲזֹב „er verläßt", vgl. pal. *i̯azob̠* (Ps. 37, 28[1]), babyl. יעֲמֹד *i̯ämod̠* (nicht *i̯eʿämod̠*; § 29, 2a) „er steht auf" (MB. 54), יֶאֱסֹר, babyl. יאסֹר *i̯ēsor* „er bindet" (MB. 53). Zu i̯aqtil (§§ 68, 2a; 71, 1i) vgl. יַעְרִם „er ist listig" (1 S. 23, 22). Das Imperf. i̯iqtal, hat *æ*: *יֶחְדַּל, Sek. ιεδαλ „er läßt ab" (Ps. 49, 9), יֶחֱזַק „er erstarkt" (1 Chr. 28, 7). 3. M. Pl.: יַחְשְׁבוּ, יַעַמְדוּ, יֶחֶזְקוּ (§ 29, 2b). Zum Vokalwandel vgl. Imperf. cons. וַיַּחְדְּלוּ „und sie ließen ab" (Gn. 11, 8) mit P. יֶחְדָּלוּ (Ez. 2, 5), Koh. אַהַרְגָה „ich will töten" (Gn. 27, 41) mit P. אֶהֱרֹג (Am. 9, 1).

b) Imp. עֲמֹד, עִמְדָה־נָא (2 S. 1, 9) „tritt hin!"; אֱחֹז „ergreife!", חֲכַם „sei klug!"; 2. M. Pl. אֶהֱבוּ, Sek. αβου „liebt" (Ps. 31, 24); Energ. אֶסְפָה *ʾæsfå* „sammle doch!" (Nu. 11, 16).

c) Perf. 2. M. Pl. עֲזַבְתֶּם „ihr habt verlassen".

d) Inf. cstr. עֲבֹד „arbeiten"; nach לְ „zu": לַחְשֹׁב „zu denken" neben לַעֲבֹד „zu arbeiten".

---

[1]) P. Kahle, The Cairo Geniza, 92.

e) Part. Pass. F. עֲזוּבָה „verlassen“ für קְטוּלָה; zum Vokalwandel vgl. cstr. עֱרוּךְ־ (Jo. 2, 5) neben F. עֲרוּכָה (2 S. 23, 5) „zubereitet“.

3. Nif‘al. a) Imperf., Imp. und Inf. haben nach § 28, 3b Dehnung des Präformativvokals: יֵחָשֵׁב „es wird angerechnet“ (Lv. 7, 18), הֵאָסְפוּ „versammelt euch!“ (Gn. 49, 1); Inf. cstr. הֵאָסֵף (Gn. 29, 7), abs. הֵאָסֹף (2 S. 17, 11). Ebenso bei I ר: הֵרָפֵא „geheilt werden“ (Jer. 15, 18).

b) Im Perf., Inf. abs. נִקְטֹל und Part. ist *æ* die Regel; daneben auch *a*: נֶהְפַּךְ „er wendete sich“ (Lv. 13, 17), נַחְבֵּאתָ „du (M.) verbargst dich“ (Gn. 31, 27); נֶעֱזַב „er wurde verlassen“; Inf. abs. נַחְתּוֹם „besiegelt werden“ (Est. 8, 8), נַהֲפוֹךְ „sich wenden“ (Est. 9, 1); Part. M. נֶעְלָם (1 R. 10, 3), mit Vokalwandel (nur im Part.) F. נַעֲלָמָה „verborgen“ (Nah. 3, 11); נַעֲרָץ „furchtbar“ (Ps. 89, 8); נֶאֱמָן, Sek. νεεμαν, F. נֶאֱמֶנֶת, Sek. νεεμαναθ (Ps. 89, 38. 29), neben נֶאֱמָנָה, Pl. abs. נֶאֱמָנִים, cstr. נֶאֶמְנֵי „zuverlässig“ (§ 50, 7).

4. Hif‘il. a) Imperf., Imp., Inf., Part. haben *a*: אַעְלִים „ich verhülle“ (Jes. 1, 15), יַעֲבִיר „er läßt vorübergehen“, cons. וַיַּעֲבֵר; Imp. הַעֲבֵר; Inf. cstr. הַעֲבִיר, nach לְ „zu“ neben לְהַעֲבִיר auch לַעֲבִיר (2 S. 19, 19) mit in AF. besonders häufiger Elision des *h*; Part. מַעְלִים „verbergend“ (Hi. 42, 3), מַעֲבִיר „hindurchführend“ (Dt. 18, 10).

b) Das Perf. hat *æ*: הֶחְסִיר „er ließ mangeln“, הֶעֱמִיד „er stellte auf“; mit Vokalwandel z. B. in cons. וְהַחֲרַמְתֶּם „und ihr sollt bannen“ (1 S. 15, 3).

5. Hofʿal. Die erste Silbe hat *å*: Imperf. P. יָחֳרָם „er wird gebannt“ (Ex. 22, 19), Perf. הָהְפַּךְ „er wandte sich“ (Hi. 30, 15), Inf. abs. הָחְתֵּל „eingewickelt werden“ (Ez. 16, 4), Part. מָעֳמָד „aufgestellt“ (1 R. 22, 35).

§ 74. Kehllaut und Reš als mittlere Radikale

1. a) Die Kehllaute der Stämme II lar.[1]) (Tab. XIV) haben für Schwa quiescens Ḥaṭef-Pataḥ, so רַעֲנָנָה „sie ist grün“ (§ 72, 2a), meist auch im Imp. Qal mit Endungen (s. u. 2b). Für Schwa mobile steht fast stets Ḥaṭef-Pataḥ, so vielfach auch bei II ר, z. B. בָּרֲכוּ „segnet“ (Ps. 134, 2); daneben Ḥaṭef-Qameṣ, Inf. טָהֳרָה „reinigen“ (§ 55, 1), und selten Schwa, Part. Pl. מִתְיַחְשִׂים „registriert“ (Esr. 2, 62). Mit Ṣere kann Pataḥ unter der Laryngalis wechseln: 3. M. Sg. Imperf. Ni. יִלָּחֵם „er kämpft“, cons. וַיִּלָּחֶם, daneben וַיִּוָּעַץ „und er ratschlagte“ (1 R. 12, 6); 2. M. Sg. Imp. Hi. K. הַרְחֵק, P. הַרְחַק „entferne!“ (Prv. 4, 24; Hi. 13, 21), הַזְעֶק־ „rufe zusammen!“ (2 S. 20, 4), הַנְחַת „führe herab!“ (Jo. 4, 11). Zum Pi. s. u. 3.

b) In den Intensivstämmen herrscht an Stelle der Gemination tib. bei א Dehnung vor, doch wechseln oft Längen und Kürzen im gleichen Wort, wobei *i* meist kurz bleibt, dagegen *a* zu *å* gedehnt wird. Vor ה, ח, ע sind die Vokale öfter kurz als lang. Fast stets begegnet Dehnung vor ר, doch auch Pu. כָּרַּת *kårraṯ* „er wurde abgeschnitten“ (Ez. 16, 4); vgl. §§ 8, 12; 70, 2a. Babyl. sind *i* und *u* meist zu *ē* und *ō* gedehnt; *a* ist kurz vor ה und ח, schwankt vor א und ע, ist dagegen vor ר immer lang.

[1]) Bergstr. II, § 22; BL. § 50.

2. Qal. a) Das Imperf. hat meist *a*: וַיִּבְחַר, sam. *ūjébar* „und er wählte" (Gn. 13, 11), תִּבְעַר, Sek. θεβαρ „sie brennt" (Ps. 89, 47); daneben *o*, וַיֶּאֱחֹז „und er faßte", oder *a* neben *o*: יִמְעַל־ „er frevelt" (Prv. 16, 10), 3. F. Sg. תִּמְעֹל (Lv. 5, 15).

b) Der Imp. lautet גְּאַל־ „löse aus!" (Rt. 4, 6), P. וּטְהָר „und sei rein!" (2 R. 5, 10); נְעֹל „verriegele!". Ferner וְסַעֲדוּ, sam. *ūsádū* „und erquickt!" (Gn. 18, 5), אֶֽהֱבוּ „liebt!" (§ 73, 2b).

c) Das Perf. qatil hat neben *e*, טָהֵר „er ist rein", mitunter *a*: שָׁאַל <**ša'ila* (= ugar.[1]), sam. *šá'el*, „er hat gefragt" (Gn. 43, 7); doch 2. M. Pl. שְׁאֶלְתֶּם und suff. שְׁאִלְתִּיו „ich fragte ihn" (1 S. 1, 20).

d) Im Inf. cstr. steht meist *o*, ebenso *å*: רְחֹץ, רָחְצָה „waschen", טָהֳרָה „reinigen"; daneben *a* in אַהֲבָה (אֱהֹב) „lieben".

3. Piel. Zu II א vgl. Imperf. *יְבָאֵר[2]) „er erklärt", Imp. בָּאֵר, Perf. בֵּאֵר, doch Inf. abs. בַּאֵר (Dt. 27, 8). Weiterhin Imperf. cons. וַיְנַאֲפוּ „und sie brachen die Ehe" (Jer. 29, 23), doch *å* in 3. F. Pl. P. תְּנָאַפְנָה (Hos. 4, 13), Perf. P. וְנִאֲפוּ, doch Part. מְנָאֵף. Zu den übrigen Laryngalen vgl. Imperf. אֲטַהֵר „ich reinige", suff. Imp. טַהֲרֵנִי, Perf. טִהַר, Inf. cstr. לְטַהֵר „zu reinigen", Part. מְצַעֵק „schreiend". Andererseits יְתָעֵב „er verabscheut" und נֵהַלְתָּ „du (M.) führtest" neben Imperf. יְנַהֵל. Pänultimadruck hat nach § 21, 2c vor allem II ר im Imperf. cons., וַיְשָׁרֶת „und er diente" (Gn. 39, 4), und beim Zurückweichen des Akzents (§ 21, 3a), הִתְעָרֶב נָא „wette doch!" (2 R. 18, 23).

---

[1]) Vgl. Gordon, § 9, 3.

[2]) So nach יְמָאֵן „er weigert sich" (Ex. 22, 16).

§ 75. Kehllaut als letzter Radikal

1. Zur Klasse III lar.[1]) gehören die auf ה, ח und ע endenden Stämme (Tab. XV).

2. Auslautende Laryngalis hat tib. in der Regel K. *a*, P. *ā* beim Imperf. und Imp. Qal, selten *o* wie אֶסְלוֹחַ „ich vergebe" (Jer. 5, 7 Ketib), טְבֹחַ „schlachte!" (Gn. 43, 16); ebenso beim qatil-Perf. 3. M. Sg. K. שָׁמַע <**šamiʿa* „er hat gehört", doch P. שָׁמֵעַ (Jer. 36, 13).

3. a) Stets *a* haben das Perf. Hiṯp., fast ausschließlich das K.-Perf. Pi., ferner die K.-Formen im Imperf., Imp. des Ni., Pi., Hiṯp., außerdem im Juss., Imperf. cons. und Imp. des Hi.; dagegen steht *ē* in den P.-Formen, sowie *ī* regelmäßig im Perf. und Imperf. Hi.: Imp. Pi. K. שַׂמַּח (Prv. 27, 11), P. שַׂמֵּחַ „erfreue!" (Ps. 86, 4[2]); Perf. Hi. הִצְלִיחַ „er ließ gelingen". Der Inf. abs. hat meist langen Vokal, so Ho. הָמְלֵחַ „gesalzen werden" (Ez. 16, 4), selten Kürze, so Ni. הִשָּׁבַע „schwören" (Nu. 30, 3). Beim Inf. cstr. hat das Hi. stets langen Vokal, הַשְׁלִיחַ, fast immer auch das Qal, שְׁלֹחַ „schicken". Sonst wechselt *a* mit dem üblichen Flexionsvokal; vgl. *ē* im Pi. K. לְנַצֵּחַ „zu leiten" (Esr. 3, 9) mit *a* in K. בַּלַּע „verschlingen" (Hab. 1, 13).

b) Das Part. hat im St. abs. stets Länge und *a* im St. cstr. (§ 49, 3b). Zum Pataḥ furtivum nach *ē*, *ī*, *ō*, *ū*, z. B. פָּתוּחַ „geöffnet", vgl. § 13, 6.

4. Laryngalis hat Schwa quiescens vor konsonantischem Afformativ bei vorhergehendem Druck: שָׁלַחְתִּי „ich habe

---

[1]) Bergstr. II, § 23; BL. § 51.

[2]) P.-Form im Kontext nach kleinem Trenner Deḥi (§ 15, 2b).

geschickt" oder 1. c. Pl. שָׁלַחְנוּ, sonst nur vor Afformativ mit *t*: 2. M. Pl. שְׁלַחְתֶּם; vor *n* steht bei Druckverrückung meist Ḥaṭef-Pataḥ; vgl. suff. P. שְׁכַחֲנוּךָ „wir haben dich vergessen" (Ps. 44, 18). Zur Mischform 2. F. Sg. Perf. שָׁמַעַתְּ s. § 17, 1.

5. Vor den Suffixen 2. M. Sg., 2. M. F. Pl. hat der Kehllaut stets Ḥaṭef-Pataḥ: אֶשְׁלָחֲךָ „ich schicke dich" (Ex. 3, 10), Imperf. cons. 1. c. Pl. Pi. וַנְּשַׁלֵּחֲךָ (Gn. 26, 29).

6. Zur vormas. Aussprache der Laryngale vgl. den verbalen Eigennamen יִפְתַּח „Jeftah" (Wz. פָּתַח) mit ח = ε in G. Ιεφθαε (Jdc. 11, 14), dagegen AF. חתפת *tóptē*[1]), tib. תָּפְתֶּה „Feuerstätte", und Sek. εφθα für 1. c. Sg. אֶפְתַּח „ich öffne" (Ps. 49, 5); Sek. σεμ[μ]εθ <* *šammaḫtā* und tib. שִׂמַּחְתָּ „du hast erfreut" (Ps. 30, 2); sam. *ūlekātímmā*, tib. וּלְקַחְתֶּם „und ihr sollt nehmen" (Gn. 44, 29). Ferner begegnet Elision in Imp. Sek. σεμου (Hieronymus: *semu*) für tib. שִׂמְחוּ „freut euch!" (Ps. 32, 11) und Schwachartikulation in sam. *šemá'ū* für tib. שִׁמְעוּ „hört!"[2]) (Gn. 37, 6).

3. Die Flexion des schwachen Verbums

§ 76. Das Verbum mit Nun als erstem Radikal

1. Die Stämme i̯iqtal, i̯aqtil I נ (Tab. XVI), schon altkan. im wesentlichen der Trilitteralität unterworfen, sind wohl ursprünglich einsilbig[3]); vgl. **tin* mit נָתַן „er gab", aber ugar. und phön. *i̯tn*[4]). Der Stamm **qaḥ* hat als ersten Radikal *l*, somit לָקַח „er nahm".

---

[1]) Jes. 30, 33; hier steht *ḥ* für *h*, d. h. ohne Lautwert.
[2]) F. Diening, Das Hebr. bei den Samaritanern, 30.
[3]) Primär dreiradikalig nach Bergstr. II, § 25; BL. § 52; GVG I, § 267.
[4]) Gordon, § 9, 44; J. Friedrich, Phön.-pun. Grammatik, § 159.

2. a) Nach § 24, 3b wird נ dem folgenden Radikal assimiliert im Imperf. Qal (s. u. 3a); im Perf. Ni. נִגַּשׁ „er näherte sich“ — mit Pi. gleichlautend in נִחַם: Ni. „er bereute“, Pi. „er tröstete“ — und Part. Ni. נִגָּשׁ; im gesamten Hi., יַבִּיט „er blickt“, und Ho., הֻגַּד „es wurde gemeldet“, neben seltenerem הָנְחַ֫לְתִּי „man setzte mich in Besitz“ (Hi. 7, 3).

b) Assimilation unterbleibt nach § 24, 3b vor Kehllaut: יִנְהֹם „er knurrt“, יִנְאַץ „er verschmäht“, doch stets נִחַם (s. o.); beim Inf. qtul (qutul) mit festem נ: לִנְפֹּל „zu fallen“, לִנְחֹל (Imperf. יִנְחַ֫ל) „zu erben“; zuweilen auch sonst: P. יִנְצֹ֫רוּ „sie beobachten“ (Dt. 33, 9), תִּנְצְרֵ֫נִי (Ps. 140, 2) neben תִּצְּרֵ֫נִי (Ps. 32, 7) „du behütest mich“; Ni. נִלְקַח „er wurde genommen“ (1 S. 4, 22).

3. a) Das Imperf. i̯aqtul lautet יִפֹּל „er fällt“, cons. וַתִּדֹּר „und sie gelobte“, doch auch וַיִּדַּר (Gn. 28, 20), ferner יִפְּלוּ, Sek. ιεφφολου (Ps. 18, 39); i̯aqtil nur יִתֵּן, יִתֶּן־ „er gibt“, cons. וַיִּתֵּן, וַיִּ֫תֶּן, Koh. אֶתְּנָה „ich will geben“; i̯iqtal יִגַּשׁ „er nähert sich“, doch יִבּוֹל (נָבֵל) „er welkt“ (Jes. 34, 4). III lar. bildet יִטַּע „er pflanzt“, יִקַּח „er nimmt“, Koh. אֶקְחָה. Zum Pass. יֻתַּן, יֻקַּח vgl. § 68, 3a.

b) Der Imp. qtul (qutul) hat festes נ: נְצֹר „bewahre!“, נִפְלוּ „fallt!“, ebenso II lar. (s. o. 2b) נְהַג „führe!“ (2 R. 4, 24); ferner III lar. נִטְעוּ „pflanzt!“. Zweiradikalig sind qtil (qitil): תֵּן „gib!“, K. תְּנִי, P. תֵּ֫נִי (Jes. 43, 6); qtal (qatal): גַּשׁ, גֶּשׁ־ (Gn. 19, 9), גְּשָׁה־ (Gn. 27, 21) „nähere dich!“. In K. גֹּשׁוּ (Jos. 3, 9) wirkt vielleicht vormas. *q(o)tólū* (§ 68, 2e) nach.

Ferner קַח, קַח־, seltener לְקַח (Ex. 29, 1), F. קְחִי, לְקְחִי־נָא (1 R 17, 11) „nimm!“; שָׂא neben נְשָׂא (Ps. 10, 12) „erhebe!“.

c) Der Inf. qtil (qitil) und qtal (qatal) wird meist durch F.-*t* (§§ 42, 3a; 57, 1) erweitert: תֵּת <**titt* < **tint*, לָתֵת, לָתֶת־, selten נְתֹן (Nu. 20, 21), נְתָן־ (Gn. 38, 9); גֶּשֶׁת, לָגֶשֶׁת. So auch קַחַת, לָקַחַת. Formen mit נ gehen nach qtul (qutul): נְטֹעַ neben טַעַת „pflanzen“, שְׂאֵת, לָשֵׂאת und נְשֹׂא.

§ 77. Das Verbum mit schwachem Alef als erstem Radikal

1. a) Die Verba אָבַד „zu Grunde gehen“[1], אָבָה „wollen“ (fast nur in Negation), אָכַל „essen“, אָמַר „sagen“, אָפָה „backen“ (Tab. XVII) bilden nach § 22, 3a und § 23, 1a das Imperf. nach **i̯a'kul* > **i̯ākul* > **i̯ōkul* > K. יֹאכַל, P. יֹאכֵל mit Dissimilation nach § 27, 3[2]).

b) Der zweite Imperf.-Vokal ist bei אָבַד, אָכַל, אָמַר tib. meist K. *a*, P. *ē* (babyl. *ä* auch in P.-Formen, daneben P. יֹאבֵדוּ *i̯ōḇēḏū*): K. יֹאבַד, P. יֹאבֵד; Pl. K. יֹאמְרוּ (Sek. ιωμρου; Ps. 35, 25), P. יֹאבֵדוּ (Sek. ιοβαδου; Ps. 49, 11); תֹּאמַרְנָה. Zu תֹּאמְרוּן s. § 63, 5a. Stets *a* hat 1. c. Sg. אֹמַר, auch bei Zurückweichen des Akzents: אֹמַר לָךְ (Ps. 50, 12); Koh. אֹומְרָה (Ps. 42, 10).

---

[1]) Bei lexikalischer Aufzählung setzt man hebr. 3. M. Sg. Perf. für deutschen Infinitiv.

[2]) Bergstr. II, § 24; BL. § 53.

c) Das Imperf. cons. K. 3. M. F. Sg., 2. M. Sg., 1. c. Pl. hat Pänultimadruck: K. וַיֹּ֫אמֶר (Hi. וַיֹּ֫אמַר, וַיֹּ֫אכַל); P. וַיֹּאכַל, וַיֹּאמַר und 1. c. Sg. stets וָאֹכַל (§ 21, 2c).

d) Elision des א hat Inf. cstr. לֵאמֹר „nämlich"; zu babyl. *lekol*, tib. לֶאֱכֹל „zu essen" vgl. § 22, 3a.

e) Zu אָבָה, אָפָה vgl. § 83, 3.

2. a) Schwache und starke Flexion wechseln bisweilen bei אָהַב „lieben", אָחַז „ergreifen", אָסַף „sammeln": Imperf. 1. c. Sg. P. אֵהָב (Prv. 8, 17), cons. וָאֹהַב; mit Restitution des א: תְּאֵהֲבוּ (Prv. 1, 22), so abnorm im Sam.: *ja'úkel*, tib. יֹאכַל (Gn. 49, 27). Mit *ē (æ)*: תֹּאחֵז (Dt. 32, 41), cons. וַיֹּ֫אחֶז (2 S. 6, 6) neben יֶאֱחֹז (Jdc. 16, 3); תֹּסֵף „du sammelst" (Ps. 104, 29), cons. וַיֹּ֫סֶף (2 S. 6, 1), aber אֶאֱסֹף (Mi. 2, 12).

b) Zuweilen sind Ni., Pi. und Hi. schwach: Ni. Perf. 3. c. Pl. נֹאחֲזוּ (Nu. 32, 30) neben Part. נֶאֱחָז (Gn. 22, 13); Hi. Imperf. אָזִין „ich höre" (Hi. 32, 11) neben אַאֲמִין „ich vertraue" (Hi. 9, 16), Part. מֵזִין „zuhörend" (Prv. 17, 4). Part. Pi. מַלְּ֫פֵנוּ für *מְאַלְּ֫פֵנוּ „mein Lehrer" (Hi. 35, 11); vgl. hierzu AF. משריך *maššerēkā* und tib. מְאַשְּׁ֫רֶיךָ „deine Führer" (Jes. 3, 12).

c) Babyl. ist Imperf. Qal I א meist schwach: יאסר *jēsor*, tib. יֶאֱסֹר „er bindet", יאסף *jēsof*, tib. יֶאֱסֹף „er sammelt", doch 1. c. Sg. אאסף *'e'esof*, tib. אֶאֱסֹף (MB. 53).

§ 78. Das Verbum mit Waw oder Jod als erstem Radikal

1. Die Stämme I$\underset{\frown}{u}$ (Tab. XIX) und I$\underset{\frown}{i}$ (Tab. XVIII) sind verschiedenen Ursprungs[1]). Bei Vorherrschen der Trilitteralität weist z.B. der interjektionale Imp. I ו auf zweiradikalige Basen zurück (vgl. § 33, 1): Imp. הַב „gib!“, noch hebr. ohne Imperf. und Perf., *ṣiʾ > צֵא „hinaus!“. Dementsprechend fließen die Grenzen zu I נ (§ 76) und II וי (§ 80). Wortanlautendes $\underset{\frown}{u}$, ugar. zuweilen nachweisbar[2]), ist zu $\underset{\frown}{i}$ abgewandelt (§ 22, 4a).

2. a) Stämme I ו mit Imperf. Qal nach $\underset{\frown}{i}$aqtil sind: יָלַד „gebären“, יָרַד „herabsteigen“, יָשַׁב „sich setzen“; יָחַד „sich vereinigen“ (II lar.; § 74); יָדַע „wissen“ (angeglichen aus I י) und יָקַע „sich ausrenken (III lar.; § 75); יָצָא „hinausgehen“ (III א; § 83, 4).

b) Eine zweite Gruppe umfaßt Stämme I ו und I י mit Imperf. Qal $\underset{\frown}{i}$iqtal unter Kontraktion $i\underset{\frown}{i} > ī$ und $i\underset{\frown}{u} > ī$. Im Hi. haben einige Stämme I י $a\underset{\frown}{i} > ē$, doch dominiert im allgemeinen nach I ו $ō$ im Präformativ; vgl. § 22, 4c. Der Imp.-Inf. ist gewöhnlich dreiradikalig. Hierher gehören יָבֵשׁ „trocken sein“, יָגַע „müde sein“, Imperf. יִיטַב „gut sein“ (zum Perf. s. § 80, 3f), יָנַק „saugen“, יָסַד „gründen“, יָעַד (I ו) „bestimmen“, יָעֵף „müde sein“, יָעַץ (I ו) „raten“, יָפָה „schön sein“, *יָקַד (I ו, nur Imperf.) „brennen“ (intrans.), *יָקַץ „erwachen“ (nur Imperf.), יָקַר „wertvoll sein“, יָרֵא „fürchten“ (trans. und intrans.), יָשֵׁן „schlafen“, יָשַׁר „recht sein“.

c) Andere Stämme I י, besonders II צ, geminieren den zweiten Radikal analog I נ (§ 76, 2a), יַצִּיעַ „er breitet aus“

[1]) Bergstr. II, § 26; BL. § 55; GVG 1, §§ 268f.
[2]) Gordon, § 9, 44.

(Wz. *i̯ṣʿ*). Hierzu kommen zwischen I ו und I יו schwankende Formen.

3. Qal. a) Das Imperf. i̯aqtil von I ו hat festes *ē*: יֵשֵׁב <**i̯ašib* <**i̯aṯib* „er setzt sich“, 3. M. Pl. יֵשְׁבוּ, F. תֵּלַ֫דְנָה „sie gebären“, P. יֵשֵׁ֫בוּ; cons. וַיֵּ֫שֶׁב mit altem Pänultimadruck (§ 21, 2c). Imp. שֵׁב, Energ. שְׁבָה, Pl. שְׁבוּ (ugar. *ṯb* = **ṯibū*); ferner הַב „gib!“, דַּע „wisse!“, P. צֵ֫אוּ „geht hinaus!“. Inf. שֶׁ֫בֶת (§ 57, 1), K. לָשֶׁ֫בֶת, P. לָשָׁ֫בֶת, doch im St. cstr. לְשֶׁ֫בֶת אַבְרָם „der Niederlassung Abrahams“ (Gn. 16, 3); דֵּעָה neben דַּ֫עַת „wissen“, לָדַ֫עַת, doch suff. לְדַעְתָּהּ „sie zu erkennen“ (Gn. 38, 26); צֵאת „hinausgehen“.

b) Das Imperf. i̯iqtal von I י lautet: יִיבַשׁ „es trocknet“, P. יִינָ֫קוּ „sie saugen“; cons. וַיִּיקַץ „und er erwachte“, וַתִּיפִי (§ 82,5b) „und du warst schön“ (Ez. 16, 13), Koh. אִיעֲצָה (I ו) „ich will lehren“ (Ps. 32, 8). Imp. יְרָא „fürchte!“; Inf. יְבֹשׁ „trocknen“ neben יְבֹ֫שֶׁת (§ 65, 1a), לִיסֹד „zu gründen“ (Jes. 51, 16), יִרְאֹ „fürchten“, לִישׁוֹן „zu schlafen“ (Qoh. 5, 11).

c) Das Imperf. analog I נ begegnet z. B. in אֶצֹּק, אֶצָּק־ „ich gieße aus“ (Wz. *i̯ṣq*), suff. אֶצָּרְךָ „ich bilde dich“ (Jer. 1, 5; Ketib אצורך <**ʾeṣṣorḗḵā*; Wz. *i̯ṣr*), cons. וַתִּצַּת „und sie zündete an“ (Wz. *i̯ṣt*); daneben יִצֹק (Lv. 14, 26), וַיִּיצֶר „und er schuf“ (Gn. 2, 7). Im Imp. steht יְצֹק, Pl. יִצְקוּ, neben צַק (2 R. 4, 41); Inf. לָצֶ֫קֶת (Ex. 38, 27).

d) יָרַשׁ „in Besitz nehmen“ bildet das Imperf. nach I י: cons. וַיִּירַשׁ (Nu. 21, 24), Imp. P. יְרָ֫שָׁה (Dt. 33, 23); daneben

Imp. רֵשׁ, רְשׁוּ und Inf. לָרֶשֶׁת. Zur Wz. vgl. ugar. *i̯rṯ* im *t*-Refl. Qal: *'itrṯ* = **'ittariṯu* „ich werde bekommen"[1]). Ein Imperf. i̯aqtil nach I ו bildet יָרָה „schießen": יוֹרֶה < **i̯au̯rii̯* (s. auch § 82, 5c), dagegen suff. cons. וַנִּירָם „und wir beschossen sie" (Nu. 21, 30), Imp. יְרֵה, Pl. יְרוּ (Jer. 50, 14 Var.), Inf לִירוֹת (Ps. 11, 2) neben לִירוֹא (2 Ch. 26, 15). Das gleiche Imperf. i̯aqtil nach I ו hat יָסַף „hinzutun": cons. 3. F. Sg. וַתֹּסֶף (Gn. 4, 2), andererseits 2. M. Pl. Imp. סְפוּ; vgl. moab. Inf. לספת. Formen wie יוֹרֶה, יוֹסֵף können zu Qal und Hi. gehören. יָכוֹל „können" hat Imperf. יוּכַל (§ 68, 2a), Inf. יְכֹלֶת (Nu. 14, 16). יָגוֹר „fürchten" hat kein Imperfektum.

e) Das Pass. Qal (§ 68, 3) lautet im Imperf. יוּצַּר < **i̯ui̯ṣar* (§ 22, 4c) „er wird gebildet" (Jes. 54, 17), im Perf. יֻלַּד „er wurde geboren".

4. Nif'al. a) Das Ni. wird nach I ו flektiert: Imperf. יִוָּלֵד „er wird geboren", nur einmal יִיָּרֶה „er wird erschossen" (Ex. 19, 13); Perf. נוֹלַד und Part. נוֹלָד.

b) Gemination begegnet im Perf. נִצְּבָה „sie steht" (Ps. 45, 10) mit dem Imperf. Hitp. יִתְיַצֵּב (Wz. *i̯ṣb* oder *nṣb*), ferner נִצְּתָה „sie entzündete sich" und Part. נִצָּב.

5. Pi'el. Pi.-Formen gehen meist regelmäßig nach I י: Imperf. תְּיַבֵּשׁ „sie trocknet aus" (Hi. 15, 30), תְּיַבֶּשׁ־ (Prv. 17, 22); suff. mit Kontraktion *i̯*^{e}*i̯a* > *i̯a*: וַיַּבְּשֵׁהוּ „er trocknete es aus" (Nah. 1, 4). Part. Pu. מְיֻדָּע „vertraut, kund" (Rt. 2, 1 Ketib).

6. Hitpa'el. a) Formen nach I ו sind, bei teilweise ursprünglichem ו, Imperf. P. אֶתְוַדָּע „ich gebe mich zu erkennen"

1) Gordon, § 9, 44.

(Nu. 12, 6), Inf. הִתְוַדַּע (Gn. 45, 1); Perf. הִתְוַדָּה (III יו; § 82, 4c) „er gestand“.

b) Bildungen I י sind z. B. יִתְיָעֲצוּ „sie beraten sich“ (Ps. 83, 4) und denominiertes Part. Pl. מִתְיַהֲדִים „sich zum Judentum bekennend“ (Est. 8, 17).

7. Hif'il. a) Im Hi. herrscht die Flexion nach I ו vor: Imperf. אוֹרִיד „ich führe hinab“, Juss. יוֹרֵד, cons. וַיּוֹרֶד neben וַיּוֹשֵׁב „und er siedelte an“ (Gn. 47, 11), vgl. hierzu *e* neben *ä* beim babyl. Imperf. cons. (MO. 192); וַיֹּשַׁע „und er half“ (1 S. 23, 5). Imp. הוֹשַׁע; הוֹאֶל־נָא „geruhe doch!“ (Jdc. 19, 6). Perf. הוֹדַעְתָּ „du tatest kund“, הוֹדוּ „sie priesen“, הוֹבִישׁ „er ließ austrocknen“, suff. הֹרָנִי „er warf mich“ (Hi. 30, 19). Inf. cstr. הוֹשִׁיעַ, abs. הוֹשֵׁעַ „retten“. Part. מוֹשִׁיעַ „Retter“, Pl. מוֹרִים „werfend, Schützen“ (1 S. 31, 3).

b) Einige Verba I י haben *ē* <*ai*, selten *ai*: Imperf. תֵּינִק „sie säugt“, cons. וַתֵּינֶק; Imp. הֵינִקִי. Perf. 3. F. Sg. הֵינִיקָה; ferner הֵיטִיב „er tat Gutes“ (Gn. 12, 16) neben 2. M. Sg. הֵטִיבֹתָ (1 R. 8, 18) und הֵקִיץ „er erwachte“ (Wz. *iqṣ*) nach II ו (§ 80, 6c). Inf. cstr. הֵינִק. Part. F. מֵינֶקֶת; daneben Pl. מַיְמִינִים „sich rechts befindend“ (1 Ch. 12, 2).

c) Gemination analog I נ findet sich bei Stämmen II צ, z. B. im Imperf. תַּצִּיג „du stellst auf“ (Wz. *iṣg*, nur im Hi. und Ho.), cons. וַיַּצֵּג, Koh. אַצִּיגָה; וַיַּצִּיקוּ „und sie gossen aus“, וַיַּצִּתוּ „und sie zündeten an“; ferner יַצִּיעַ „er breitet aus“

(Jes. 58, 5). Imp. הַצִּ֫יגוּ, Perf. הִצִּ֫יתָ, Inf. cstr. הַצֵּג (Dt. 28, 56), Part. מַצִּיג neben F. P. מוּצָּ֫קֶת nach I ו (2 R. 4, 5 Qere).

8. Hof'al. a) Ho.-Formen haben *ū* in erster Silbe: Imperf. אוּבַל ,,ich werde geführt“ (Wz. *ibl*, nur Hi. und Ho.); Perf. הוּרַד ,,er wurde hinabgestürzt“, auch הוּצַק ,,er wurde ausgegossen“ (Ps. 45, 3); Part. F. מוּדַ֫עַת. Selten begegnet *ō*: הוֹדַע ,,es wurde erkannt“ (Lv. 4, 23).

b) Gemination haben Imperf. P. יֻצָּג ,,er wird zurückgelassen“ (Ex. 10, 24), der wohl sekundär gebildete Inf. הֻלֶּ֫דֶת ,,geboren werden“ (Gn. 40, 20), Part. מוּסָּד ,,gegründet“ (Jes. 28, 16).

9. Wie I ו wird auch הָלַךְ ,,gehen“ im Qal und Hi. flektiert.

a) Qal. Imperf. יֵלֵךְ <*ịalik (= ugar.) ,,er geht“, יֵלֶךְ־ (Ex. 34, 9), P. יֵלָךְ (Hi. 27, 21); cons. וַיֵּ֫לֶךְ, P. וַיֵּלַךְ (Gn. 24, 61). Der interjektionale Imp. ist wohl primär zweiradikalig: לֵךְ <*lik ,,geh!“, לֶךְ־; energ. לְכָה, לְךְ־נָא < *likannā (§ 63, 5d). Inf. לֶ֫כֶת, לָלֶ֫כֶת ,,zu gehen“. Zu יַהֲלֹךְ ,,er geht“ (Jer. 9, 3), Inf. הֲלֹךְ (Ex. 3, 19) vgl. bereits moab. ואהלך ,,und ich ging“ und altphön. הלך ,,geh!“[1]).

b) Hif'il. Nach ugar. Šaf'el *'ašhlk* = **'ašahlik* ,,ich lasse gehen“ ist das Hi. aus der vollen Wz. *hlk* analog Hi. I ו entstanden: Imperf. **ịahahlik* > **ịālik* (§ 22, 3b) >**ịōlik* (§ 23, 1) > יוֹלִיךְ, cons. וַיּ֫וֹלֶךְ, P. וַיּוֹלַךְ; Perf. **hahlaka* > **hālaka* > **hōlaka* > הוֹלִיךְ (§ 27, 2).

[1]) J. Friedrich, Phön.-pun. Grammatik, § 163.

§ 79. Stämme mit verdoppeltem zweiten Radikal

1. a) Die Stämme II gem. (Tab. XX) gehen wohl in der Hauptsache auf zweiradikalige, kurzvokalige Basen mit vornehmlich langem Endradikal zurück[1]).

b) Stark flektieren die verbalen Stämme II gem., so das Perf. Qal 3. M. Sg. סָבַב[2]), die vokalisch endenden 3. F. Sg. סָֽבְבָה, 3. c. Pl. סָֽבְבוּ sowie Part. סֹבֵב; ferner Inf. abs. Qal in der Regel סָבֹב und zuweilen auch Inf. cstr. סְבֹב neben סֹב. Gleiche Flexion haben Pi., Pu., Hiṯp. bzw. Polel, Polal, Hiṯpolel. Selten sind sonstige starke Bildungen.

c) Zweiradikalig sind die denominalen Stämme: Perf. Qal 3. M. Sg. סַב, 3. F. Sg. סַ֫בָּה, 3. c. Pl. סַ֫בּוּ, Part. סַב, zugleich Adj. (vgl. § 33, 3c). Manchmal stehen סָבַב und סַב bei verschiedener Bedeutung nebeneinander; z. B. צָרַר „er band zusammen“ (Prv. 30, 4), צָֽרֲרוּ „sie befehdeten“ (Nu. 33, 55), andererseits צַר „er ist eng“ (Jes. 49, 20); vgl. adj. צַר „eng“. Ferner werden schwach flektiert Imperf., Imp. und meist Inf. Qal, gesamtes Ni. und Hi. Endungslose Formen haben tib. einfachen Konsonanten, יָסֹב <*_i̯asubb_, im Babyl. anscheinend Gemination (MB. 37); vgl. § 28, 3b. Vor vokalischem Afformativ erfolgt Gemination, יָסֹ֫בּוּ. Zwischen einsilbigem Stamm und konsonantisch beginnendem Afformativ steht ein sog. Trennungsvokal; u. zw. _ō_ im Perf., סַבּ֫וֹתִי, und _æ_ im Imperf., תְּסֻבֶּ֫ינָה; vgl. hierzu תִּגְלֶ֫ינָה (§ 82, 2a).

d) Wohl aram. beeinflußt sind Formen I gem. im Imperf. Qal: יִסֹּב, יִסַּב; Perf. Ni. I lar. נִחַר (Ps. 69, 4), P. נִחָֽרוּ „sie

[1]) Bergstr. II, § 27; BL. § 58.
[2]) Paradigma für II gem. ist סָבַב „umgeben“.

sind entzündet“ (Ps. 102, 4; babyl. *nāḥắrū* neben *nēḥắrū*[1]) und Part. Pl. נֵאָרִים „verflucht“ (Mal. 3, 9); ferner Imperf., Imp. und Inf. Hi., יַחֵל „er entweiht“ (Nu. 30, 3), sowie Ho. bzw. Pass. Qal. P. יוּסַּב „er wendet sich“ (Jes. 28, 27); vgl. hierzu syr. *nebboz* „er plündert“. Imperf. Qal יִסֹּב, יִסַּב gleicht Imperf. Ni. יִסֹּב, יִסַּב. Jedoch kommen anscheinend gleichlautende Qal- und Ni.-Formen derselben Wz. nicht nebeneinander vor.

e) Die Grenzen zwischen II gem. und II יו (§ 80), aber auch I נ (§ 76) und I יו (§ 78) sind fließend. So sind Pass. Qal und Ho. nach I יו (§ 78, 3e. 8) gebildet.

f) Altertümlicher Pänultimadruck begegnet im Qal, Ni., Hi., Ho. bei *ā*, *ī* und *ū* im Auslaut, ferner — außer 1. c. Sg. — im Imperf. cons. Qal und Hi. bei offener Präformativ- und geschlossener Stammsilbe (§ 21, 1c).

2. Qal. a) Das aktivische Imperf. **i̯asubb* > יָסֹב, יָסָב־ ist meist trans., doch auch תָּרֹן „sie jubelt“ (Jes. 35, 6); 3. M. Pl. יָסֹבּוּ, 2. 3. F. Pl. תְּסֻבֶּינָה. Ferner cons. וַיָּסָב neben seltenem וַיָּרֻם „und es faulte“ (Ex. 16, 20); וַיָּסֹלּוּ „und sie schütteten auf“ (Hi. 19, 12). Seltenes, im Hi. aufgegangenes **i̯asibb* > יָסֵב begegnet in יָגֵן „er wird beschützen“ (Jes. 31, 5), תְּצִלֶּינָה „sie gellen“ (1 S. 3, 11), cons. וַיָּגֶל „und er rollte“ (Gn. 29, 10). Neutrisches **i̯isabb* > יֵסַב ist intrans.: יֵחַם „es ist heiß“ (Dt. 19, 6) neben יָחֹם (Jes. 44, 16) und וַיָּחָם (2 R. 4, 34), יֵצַר „es ist eng“ (Prv. 4, 12); zu יֵרַע לָנוּ „es ist verderblich für uns“ (2 S. 20, 6) s. § 21, 3a; cons. וַתֵּקַל „und sie war gering“ (Gn. 16, 4), וָאֵקַל (Gn. 16, 5), וַיֵּצֶר „und es war eng“ (Gn. 32, 8).

[1]) MO. 193.

Aramaisierend sind יִסֹּב, אֶסֹּב, יִסְּבוּ, תִּסֹּבְנָה, cons. וַיִּקֹּב „und er lästerte“ (Lv. 24, 11); neutrisch יִמַּל „es verwelkt“ (Hi. 18, 16), יִתַּמּוּ „sie sind vollzählig“ (Nu. 14, 35), P. יִתָּמּוּ (Ps. 102, 28), cons. וַיִּתְּמוּ (Dt. 34, 8); תִּצַּלְנָה „sie gellen“ (2 R. 21, 12). Zu P. יִדֹּם „er verstummt“ vgl. ιαδομ in Sek. (Ps. 30, 13), andererseits babyl. *u^e^ịiddom* (MB. 56); ferner sam. *ūịittam*, tib. וַיִּתֹּם „und es hörte auf“ (Gn. 47, 15).

Zu starkem, angeblich jungen יֶחֱנַן „er ist gnädig“ (Am. 5, 15) vgl. ugar. *ịqll* = **ịaqlul*[1]) und pun. *ythmum*[2]), tib. *אֶתְמֹם „ich vollende“.

b) Der Imp. lautet סֹב < **subb*: גֹּל „wälze“ (Ps. 22, 9), גּוֹל (Ps. 37, 5), aber auch גַּל (Ps. 119, 22); F. Sg. רֹנִּי (Jes. 12, 6), רָנִּי (Jes. 54, 1); Pl. M. שֹׁעוּ (AF. שׁוֹעוּ) „seid blind!“ (Jes. 29, 9), רָנּוּ (AF. רוֹנוּ; Jes. 44, 23); 2. F. Pl. fehlt. Energ. עוּזָּה für *עֻזָּה „erweise dich doch mächtig!“ (Ps. 68, 29). Interjektional ist Imp. P. הָס (Jdc. 3, 19), Pl. הַסּוּ „still!“ (Neh. 8, 11), sowie K. הַס (Hab. 2, 20).

c) Das Perf. ist aktivisch סָבַב, K. סָבְבָה, P. סָבָבָה; K. סָבְבוּ, P. סָבָבוּ, doch auch P. דָּמּוּ „sie schwiegen“ (Ps. 35, 15); סַבּוֹתָ, סַבּוֹתֶם, סַבּוֹנוּ. Neutrisch steht K. תַּם, P. תָּם; K. תַּמּוּ, P. תָּמּוּ (2. R. 7, 13) neben דָּלְלוּ „sie sind schwach“ (Jes. 19, 6); ferner דַּלּוֹתִי „ich bin arm“ (Ps. 116, 6) neben K. תַּמְנוּ, P. תָּמְנוּ „wir sind vernichtet“ (Nu. 17, 28; Jer. 44, 18). Das Perf. cons. wird wie das einfache Perf. betont, andererseits

---

1) Gordon, § 9, 49.
2) J. Friedrich, Phön.-pun. Grammatik, § 165.

begegnet זַמֹּתִי (Ps. 17, 3) für und neben זַמֹּתִי (Jer. 4, 28). Dreiradikalig ist זָמַמְתִּי (Sach. 8, 14).

d) Der Inf. cstr. lautet meist סֹב: לָבֹז „zu rauben" (Jes. 10, 6), סָב־: בְּרָן־ „beim Jubeln" (Hi. 38, 7) und suff. *su(å)bb-* (§ 85, 4); daneben לִגְזֹז „zu scheren" (Gn. 31, 19). Inf. abs. אָרוֹר „verfluchen" (Jdc. 5, 23).

e) Zu Part. Akt. סֹבֵב und Pass. סָבוּב s. § 68, 2 k. l.

f) Als Pass. Qal sind z. B. Imperf. יוּאָר „er wird verflucht"[1], Perf. cons. P. וּבְזָּזוּ „und sie werden ausgeplündert" (Jer. 50, 37), זֹרוּ (AF. זוררו; Wz. *zrr*) „sie wurden ausgepreßt" (Jes. 1, 6) anzusehen (§ 68, 3).

3. Nif'al. a) Das Imperf. lautet יִסַּב < *i̯ansabb < *i̯anasabb und יִסֹּב < *i̯ansubb < *i̯anasubb: יִגַּל „es wälzt sich" (Am. 5, 24); K. יִדַּמּוּ, P. יִדָּמּוּ „sie kommen um" (Jer. 49, 26; 1 S. 2, 9), תִּמַּקְנָה „sie (F.) schwinden" (Sach. 14, 12); I lar. auch תֵּחֵל „sie entweiht sich" (Lv. 21, 9); ferner וַיִּסֹּב „und er wendete sich" (Gn. 42, 24).

b) Zum Imp. הִסַּב vgl. הִבָּרוּ „reinigt euch!" (Jes. 52, 11).

c) Perf.-Formen sind נָסַב < **nasabba*, zuweilen tib. und babyl. mit *e* für *a*, sowie נָסֹב < **nasubba*: נָסַבָּה[2]), נָסַבּוּ, נְסַבּוֹתֶם; zu נָמַסּוּ „sie zerflossen" (Ps. 97, 5) vgl. babyl. *nāméssū* (MB. 66). נָסֹב steht in וְנָבֹזּוּ „und sie werden geplündert" (Am. 3, 11). Die Ähnlichkeit des Ni. mit Qal I נ bedingt

[1]) Nu. 22, 6. [2]) Daneben נָסֵבָּה.

sekundäre Qal Formen: נֵזְלּוּ (Wz. *zll*) „sie erbebten“ (Jdc. 5, 5). Zu aramaisierendem Perf. I lar. s. o. 1d.

d) Im Inf. abs. steht הִבּוֹז „ausgeplündert werden“ (Jes. 24, 3) neben הִמֵּס „zerfließen“ (2 S. 17, 10); cstr. nur הִמֵּס (Ps. 68, 3).

e) Im Part. stehen — analog zum Perf. נָסַב, נָסֵב, נָסֹב — נָמֵס, babyl. *nāmäss* (MB. 66), und *נָרֹץ „zerknickt“ (vgl. Qoh. 12, 6); F. נְקַלָּה im Adv. עַל־נְקַלָּה „leichthin“ (Jer. 6, 14).

4. Intensivstämme. a) Zu Pi., Pu., Hiṯp. bilden die Stämme II gem. nach § 27, 2 starkes Polel, Polal, Hiṯpolel mit langem ersten Stammvokal: סוֹבֵב, סוֹבַב, הִסְתּוֹבֵב. Zuweilen haben Pi. und Polel von gleicher Wz. verschiedene Bedeutung; z. B. יְהַלֵּל „er rühmt“, יְהוֹלֵל „er macht zum Toren“ (Qoh. 7, 7). Das Polel ist nicht mit dem Typus qātal > קוֹטֵל (§ 72, 1b) identisch.

b) Außerdem begegnen Reduplikationsformen Pilpel, Polpal, Hiṯpalpel (§ 72, 3), z. B. לְחַרְחַר „zu erhitzen“ (Prv. 26, 21), וַיִּתְמַרְמַר „und er erboste sich“ (Da. 8, 7), P. הִתְגַּלְגָּלוּ „sie wälzten sich“ (Hi. 30, 14).

5. Hifʿil. a) Das Imperf. bildet יָסֵב < *i̯asibb < *i̯ahasibb: K. יָפֵר, P. יָפֵֽר „er macht ungültig“ (Nu. 30, 13; Jes. 14, 27); P. תָּחֵֽלּוּ „ihr beginnt“ (Ez. 9, 6), תָּפֵ֫רוּ (Jer. 33, 20); 3. F. Pl. *תְּחִלֶּ֫ינָה. Ferner cons. וַיָּ֫חֶל (Gn. 9, 20) und Koh. נָסֵ֫בָּה „laßt uns herbeischaffen!“ (1 Chr. 13, 3), aramaisierend (s. o. 1 d) cons. וַיַּסֵּ֫בּוּ „und sie brachten“ (1 S. 5, 8).

b) Imp.-Formen sind הָסֵב, הָפֵר, babyl. *hāfär* (MO. 192) „mache ungültig!“ (Ps. 85, 5), Energ. הָפֵ֫רָה (1 R. 15, 19) und

P. הָשַׁע „verklebe!" (Jes. 6, 10); F. הָסֵבִּי, Pl. הָבֵרוּ „schärft!" (Jer. 51, 11); 2. F. Pl. fehlt.

c) Im Perf. steht הֵסַב <*hasabba neben הֵסֵב: הֵדַק „er zermalmte" (2 R. 23, 15), הֵחֵל „er begann" (Gn. 6, 1); ferner הֵסַבּוּ (1 S. 5, 9), הֵחֵלּוּ (1 S. 3, 2); הֲסִבֹּתָ (1 R. 18, 37), הַחִלּוֹתָ (Dt. 3, 24); cons. וַהֲדִקּוֹת „und du (F.) wirst zermalmen" (Mi. 4, 13). Beim Perf. cons. schwankt der Druck; vgl. וַהֲסִבּוֹתִי (Ez. 7, 22) mit וַהֲזִכּוֹתִי „und ich will reinigen" (Hi. 9, 30).

d) Der Inf. cstr. gleicht dem Imp.: מֵהָחֵל „vom Beginn" (Dt. 16, 9), P. לְהָבַר „zu reinigen" (Jer. 4, 11). Inf. abs. הָפֵר „ungültig machen" (Nu. 30, 13), הָדֵק „zermalmen" (Ex. 30, 36).

e) Das Part. hat wie das Perf. *e* neben *a*: מֵפֵר (Jes. 44, 25) neben pal. *mēfar*, babyl. *mēfär* (MB. 65), und מֵצַל „beschattend" (Ez. 31, 3).

5. Hofʿal. Das nach I יו gebildete und im Imperf. mit Pass. Qal formengleiche Ho. begegnet z. B. im Imperf. יוּדַק „er wird zermalmt" (Jes. 28, 28); Perf. הוּתַל „er wurde irregeführt" (Jes. 44, 20); Part. מוּסַב־ „sich wendend" (Ez. 41, 7), F. Pl. מְסַבֹּת (Ex. 28, 11), מוּסַבֹּת (Nu. 32, 38).

§ 80. Zweiradikalige Stämme mit langem Vokal

1. a) Die Klasse II יו mit schwachem ו und י (Tab. XXI) fußt wohl vornehmlich auf langvokaligem qāl, qīl, qūl in der Präformativkonjugation, wobei der Vokalismus des starken Verbums einwirkt[1]). Nach i̯aqtul ist am häufigsten יָקוּם

[1]) Bergstr. II, § 28; BL. § 56.

<**ia-qūm* „er steht auf"[1], daneben steht nach iaqtil יָבִין <**ia-bīn* „er versteht" sowie seltenes neutrisches iiqtal, יֵבֹשׁ <**ii-bāš* „er schämt sich". Außerhalb des Schemas findet sich altertümliches יָבֹא <*ia-bā'* „er tritt ein" (§ 83, 6); vgl. sam. 3. M. Pl. *iabā'ū*, tib. יָבֹ֫אוּ (Gn. 6, 4).

Daneben liegt nominales qāl, qīl z. B. in קָם <**qāmu* „aufrecht", מֵת <**mītu* „tot" als Adj. und Part. vor, wobei strittig ist, ob der lange Vokal primär oder durch Kontraktion entstanden ist. Hierauf fußt das Perf. קָם, primär „er ist aufgestanden", מֵת, ursprünglich „er ist tot". Letzteres entspricht neutrischem qatil (§ 68, 1a), allerdings mit Imperf. יָמוּת, ersteres erscheint wie aktivisches qatal. Die aktivischen Formen lauten: Imperf. II ו: יָקוּם (iaqtul), II י: יָבִין (iaqtil); Perf. קָם (qatal), Part. קָם.

b) Man betrachtet oft die Formen II וי als primär dreiradikalig; z. B. Perf. *qām* <**qāma* <**qauama*. Wenn auch vorgeschichtlich starke Formen II וי möglich sind, so läßt doch bereits die ugar. Frühstufe des Westsem. mit Ausnahme der Stämme II וי, die zugleich III וי (§ 82, 1c) sind, nur schwache Formen erkennen.

Erst unter aram. Einflusse entstehen starke Bildungen II ו, גָּוַע „er verschied" (Nu. 20, 29), und II י, so cons. וְאָיַבְתִּי „und ich werde befeinden" (Ex. 23, 22), die mittelhebr. besonders als II י häufig sind; z. B. Pi. קִיְּמוּ „sie bestätigten" (Est. 9, 27).

c) Nur wenige der seltenen Stämme II י sind rein erhalten, z. B. דִּין „richten", שִׁית „setzen, legen, stellen" (s. u. d). Öfters begegnet auch hier ein Imperf. II ו, z. B. von שִׂים

[1]) Daher steht קוּם für II וי als Paradigma.

,,setzen, stellen" יָשׂוּם neben תָּשִׂים (Ex. 4, 11; Gn. 6, 16) oder Part. Pass. שׂוּם neben שִׂים (s. u. 3h). Die Formengleichheit des Imperf. mit dem Hi. bewirkt mitunter ein sekundäres Perf. Hi., so bei בִּין ,,bemerken, einsehen": הֵבִין. Bei nur wenigen Abweichungen stimmen die Stämme II י im Perf., Inf. abs., Part. Akt. Qal zu II ו; ebenso gleichen sich Ni., die Intensiv- und Kausativstämme.

d) Die Grenzen der Klasse II וי zu II gem. (§ 79), zuweilen auch I וי (§ 78) und I נ (§ 76) sind fließend. Mitunter scheinen kurzvokalige Stämme in II וי aufgegangen zu sein; vgl. etwa שִׁית ,,setzen, stellen" mit שֵׁת <*šitu ,,Gesäß" (§ 33, 3a) oder אוֹר ,,leuchten", wohl denominiert von *ʾurru (= akkad.; ugar. bereits ʾar = *ʾāru > hebr. אוֹר nach § 23, 1) ,,Licht".

2. Im Vokalismus des Imperf.-Stammes Qal und Hi. spiegelt sich teilweise das Altkan. (§ 63, 3). Langer Vokal steht im Ind., dazu im vokalisch endenden Kurzimperf. und Imp.; gekürztes *u*, *i*, *a* im endungslosen Kurzimperf. und Imp., ebenso vor dem Afformativ *-nå* in 2. 3. F. Pl. (§ 63, 4b).

3. Qal. a) Das Imperf. hat veränderliches *ā*, tib. *å* < *a* (§ 23, 2a) oder *ē* < *i*, das mit *å* wechseln kann — vgl. cons. וַתָּאֹרְנָה ,,und sie leuchteten" (1 S. 14, 27 Qere und Var.) — beim Präformativ; im endungslosen oder vokalisch auslautenden Stamm *ū* (babyl. und tib. hierfür zuweilen *ō*), *ī*, *ō* < *ā* (§ 23, 1): יָקוּם neben seltenem תָּחֹס ,,sie schone" (Dt. 7, 16), יָשִׁיר, יֵאֹר; יָקוּמוּ, יָשִׁירוּ, יֵבֹשׁוּ ,,sie schämen sich", יְשׁוּבוּן ,,sie kehren um" (§ 63, 5a); יָבֹא ,,er tritt ein", יָבֹאוּ. Vor *-nā* bzw. *-nå* steht *o*<*u*: תָּשֹׁבְנָה ,,sie kehren um" (§ 20, 2b), *e* < *i*: תָּגֵלְנָה ,,sie jauchzen" (§ 23, 2b); *ō* (nach § 22, 3a): תָּבֹאנָה <**tabaʾna*. Häufiger ist *-ǣnå* mit Trennungsvokal

(vgl. § 79, 1c; 82, 2a): תְּקוּמֶינָה, תְּבֹאֶינָה, sam. *tabā'innā*[1]). Formen mit Afformativ haben Pänultimadruck (§ 21, 2c).

b) Der Jussiv hat K. *o*, *e*, P. *ō*, *ē* im Stamm: יָקֹם, יָשֹׁב־נָא mit Zurückweichen des Akzents (§ 21, 3a); תָּשֵׂם, doch P. auch תָּלֵן „du sollst nächtigen" (Jdc. 19, 20), אַל־תָּשֶׂם „setze nicht!" (1 S. 9, 20).

c) Endungsloses Imperf. cons. hat außer 1. c. Sg. וָאָקוּם tib. im Kontext Pänultimadruck (§ 21, 2c), nicht dagegen babyl. und pausal: וַיָּקָם, וַיָּשֶׂם; III lar. וַיָּנַח „und er ruhte" zu יָנוּחַ, III ר: וַיָּצַר „und er belagerte" zu *יָצוּר (1 R. 20, 1).

d) Koh.-Formen sind: אָקוּמָה, אָשִׁירָה, נָבוֹאָה.

e) Der Imp. hat langen Vokal: קוּם, שִׂים; ferner קוּמָה, שִׂימָה, בֹּאָה; Pl. קוּמוּ, שִׂימוּ, בֹּאוּ; קֹמְנָה.

f) Perf. und Part. קָם haben *ā* für kan. *ō*; vgl. phön. *qōm* <**qōma* (§ 23, 1) <**qāma* (= ugar.) und hierzu seltenes *ō* beim Part., so Pl. קוֹמִים (2 R. 16, 7). Der *ā*-Vokalismus fußt vielleicht auf restituierendem Einfluß der Wüstenstämme (vgl. auch § 22, 4c): Perf. קָם, קָמָה, קָמוּ; קַמְתִּי (vgl. *נַחְתִּי „ich bin ruhig" mit südkan. *nuḫti* = **nóḫtī*; EA. 147, 56), קַמְתֶּם, קַמְנוּ mit K. *a*, doch P. קָמְתִּי. Statt *á* begegnet *ī* z.B. in רִיבוֹתָ „du strittest" (Hi. 33, 13) neben רַבְתָּ (Thr. 3, 58). Zum Bindevokal *ō* <*ā* vgl. vielleicht ugar. *b'at* = **bā'ātī*, dagegen hebr. בָּאתִי <**ba'tī*.

[1]) F. Diening, Das Hebr. bei den Samaritanern, 36.

Die Denominative טוֹב „gut sein" mit Imperf. I י: יִיטַב (§ 78, 2b), בּוֹשׁ „sich schämen", אוֹר „leuchten" haben *o*-Vokalismus. מֵת „er starb" bildet Sg. 3. F. מֵ֫תָה, 2. M. מַ֫תָּה, K. 1. c. מַ֫תִּי, cons. P. וָמַתִּי (Gn. 19, 19); Pl. K. 1. c. מַ֫תְנוּ, P. מָֽתְנוּ.

Zum Perf. cons. vgl. וְקָ֫מוּ; andererseits auch gewöhnliches Perf. בָּ֫זָה „sie verachtete" (2 R. 19, 21).

g) Inf. cstr.: קוּם, דִּין „richten", בּוֹא; bei II י z. B. שׂוּם neben seltenerem שִׂים, לוּן neben לִין „übernachten". Zuweilen begegnet *ō*: מוֹט „wanken" (Ps. 38, 17), מוֹת „sterben" (Nu. 16, 29) neben מוּת, נ֫וֹחַ „ruhen" neben נ֫וּחַ. Der Inf. abs. lautet קוֹם, שׂוֹם, בּוֹא; neben רֹב „kämpfen" auch רִיב.

h) Das Part. Akt. lautet קָם, שָׂם, בָּא, F. בָּאָה *bāʾå* (3. F. Sg. Perf. בָּ֫אָה); מֵת und Pl. בֹּשִׁים „sich schämend". Pass.-Formen sind מוּל „beschnitten" (Jer. 9, 24), Pl. מֻלִים (Jos. 5, 5); ferner שִׂים neben F. שׂוּמָה (2 S. 13, 32).

i) Ein Imperf. Pass. ist z. B. יוּדַשׁ „er wird gedroschen" (Jes. 28, 27).

k) Das Ugar. hat ein *t*-Refl. *ı̯ttn* = **ı̯aṯṯīnu* „er pißt"; das Hebr. bildet hieraus ein Hi. von sekundärer Wz. *štn*, Part. מַשְׁתִּין (1 S. 25, 22).

4. Nifʿal. Im Ni. herrscht *ō* < *ā*-Vokalismus.

a) Imperf.-Formen sind יִקּוֹם < **ı̯anaqām*: יִנּ֫וֹעַ „er wird geschüttelt" (Am. 9, 9), יֵעוֹר „er bricht auf" (Jer. 6, 22); Pl. יִקּ֫וֹמוּ, 2. 3. F. Pl. ist nicht belegt.

b) Der Imp. lautet הִקּוֹם, הִקּ֫וֹמִי.

c) Das Perf. נָקוֹם <*naqāma, Pl. נָקוֹמוּ, hat tib. ū < ō (§ 23, 1c) bei betontem Trennungsvokal, נְבֻנוֹתִי „ich bin klug“ (Jes. 10, 13), dagegen 2. M. Pl. וּנְקֹטֹתֶם „und ihr werdet euch ekeln“ (Ez. 20, 43) mit Nebendruck nach § 16, 2a.

d) Der Inf. cstr. ist הִקּוֹם; ebenso der Inf. abs. הִקּוֹם neben נָסוֹג „weichen“ (Jes. 59, 13) nach dem Perf.; vgl. § 69, 2f.

e) Das Part. lautet נָכוֹן, F. נְכוֹנָה „fest“; Pl. נְבוֹנִים „klug“, doch נְבֻכִים „verwirrt“ (Ex. 14, 3) nach § 23, 1c.

5. Intensivstämme. a) Die Intensivbildung erfolgt analog II gem. (§ 79, 4a) durch stark flektiertes Polel: Imperf. יְקוֹמֵם, Perf. קוֹמֵם, Part. מְקוֹמֵם; sowie durch Polal und Hiṯpolel.

b) Zu starken Pi.-Bildungen s. o. 1b.

c) Reduplikationsformen (§ 72, 3) bildet z. B. כִּיל <*kil (?) „umfassen“: cons. וְכִלְכַּלְתִּי „ich werde versorgen“; Pass. וְכָלְכְּלוּ; Refl. יִשְׁתַּקְשְׁקוּן „sie überrennen sich“ (Nah. 2, 5) zu שׁוּק oder שָׁקַק. Ferner AF. יזדעזעו ịizdaʿzáʿū „sie erzittern“[1]) zu זוּעַ „zittern“, mittelhebr. Niṯpalpel.

6. Hifʿil. a) Das Imperf. יָקִים <*ịahaqīm hat den Vokalismus wie II י Qal: אָבִיא, יָקִימוּ, יְקִימוּן. Konsonantische Afformative treten teils direkt, teils mit Trennungsvokal an den Stamm: תְּשִׁבְנָה „sie (F.) geben zurück“ (Hi. 20, 10), תְּבִיאֶינָה „sie (F.) bringen“ (Lv. 7, 30).

Der Juss. lautet יָאֵר „er erleuchte“, das Imperf. cons.

[1]) Manual of Discipline, Taf. VIII, Z. 8; Hinweis von Prof. D. Dr. L. Rost.

וַיָּקֶם, וַיָּסַר (wie Qal) „und er entfernte“, וַיָּבֵא „und er brachte“; Koh. אָקִימָה.

b) Imp.-Formen sind: הָקֵם, הָקִימָה; Pl. הָקִימוּ; der Präformativvokal *å* < *a* ist nach § 23, 2a veränderlich.

c) Der Präformativvokal des Perf. הֵקִים < **haqāma* ist *ē* für *å* < *a* mit Reduktion zu ᵃ und ᵆ bei Druckverlagerung; babyl. lautet er *ē* oder *ī* (= sam.), nur im Perf. cons. auch *ä* (MO. 192). Konsonantische Afformative werden zuweilen unmittelbar, meist jedoch mit Trennungsvokal angefügt: הֵנַפְתָּ neben הֲנִיפוֹתָ „du hast geschwungen“, cons. וְהֵמַתָּה, הֲמִתֶּם (§ 28, 1); הֵבֵאתָ neben הֲבִיאוֹתֶם; הֲקִימוֹתָ, הֲקִימוֹתֶם, הֲקִימֹונוּ; mit Ḥaṭef-Segol: הֱשִׁיבוֹתָ, הֱשִׁיבֹונוּ; mit Stammvokal *ē* statt *ī*: הֲשֵׁבֹתֶם, cons. וַהֲשֵׁבֹתֶם (1 S. 6, 7).

d) Der Inf. cstr. lautet הָקִים, abs. הָקֵם.

e) Zum Part. מֵקִים, Pl. מְמִיתִים vgl. § 48, 1a.

7. Hofʿal. Das Ho. wird nach I ו (§ 78, 8) gebildet: Imperf. יוּמַת „er wird getötet“, Perf. הוּקַם, Part. מוּמָת; Flexion nach §§ 49, 1; 54, 3.

8. Analog zu den Stämmen II gem. (§ 79, 1e; vgl. § 78, 2c) findet sich auch Gemination des ersten Radikals, so Perf. Ni. נִמֹּל „er wurde beschnitten“, Pl. נִמֹּלוּ (Gn. 17, 26f.), Part. Pl. נִמֹּלִים (Gn. 34, 22). So besonders oft im Hi., zuweilen in verschiedener Bedeutung: Imperf. יַנִּיחַ „er setzt nieder“, dagegen יָנִיחַ „er läßt lagern“, Imp. הַנַּח, הַנִּיחוּ, Perf. הִנִּיחַ neben הִנִּחַ, Part. מַנִּיחַ; Ho. Part. מֻנָּח „freigelassen“ (Ez. 41,9).

§ 81. Das Verbum mit Alef als drittem Radikal

1. a) Die Stämme III א[1]) (Tab. XXII) sind primär dreiradikalig; so noch ugar. *ml'a* = **mali'a* „er ist voll". Auslautendes ' ermöglicht hier Feststellung der Modi, z. B. Subj. *'iqr'a* = **'iqra'a* „ich rufe"[2]).

b) Nach § 22, 3a wird hebr. wie phön.[3]) א am Wort- und Silbenschluß bei Dehnung des vorhergehenden Vokals elidiert: **maṣa'a* > **maṣa'* > *máṣā* (AF.) > מָצָא „er fand"; **qara'tā* (so auch altbyblisch) > קָרָ֫אתָ, Hieronymus *carath*) „du riefst"; vgl. pun. 1. c. **carōthī*. Vor konsonantischem Afformativ haben Imperf. und Imp., dazu Perf. Ni., Pi., Hiṯp. und Hi. Formen nach III י״ (§ 82, 2).

Am Silbenanfang ist א konsonantisch, z. B. P. מָלֵ֫אוּ „sie sind voll". Nach vorhergehendem Schwa ist א meist, vielfach durch Restitution, konsonantisch, daneben aber auch elidiert: מָֽלְאוּ < **mali'ū*, entsprechend sam. K. *malé'ū*, zuweilen מָלוּ wie AF. *malū*[5]) und Sek. κερου, tib. קָֽרְאוּ „sie riefen" (Ps. 49, 12); ferner שְׂאֵת „tragen", aber stets לָשֵׂאת wie sam. *šāt* und Sek. *σαθ[6]). Statt Schwa erhält א Ḥaṭef-Pataḥ, und kurzer vorhergehender Vokal wird zu Pataḥ, so בֹּֽרַאֲךָ „dein Schöpfer".

Bei Elision kann א als Vokalbuchstabe (§ 9, 2) dienen oder ganz ausfallen, z. B. יָצָ֫אתִי neben יָצָ֫תִי „ich ging hinaus" (Hi. 1, 21).

---

1) Bergstr. II, § 29; BL. § 54; Paradigma III א ist מָצָא „finden".
2) Gordon, § 9, 7.
3) J. Friedrich, Phön.-pun. Grammatik, § 172.
4) F. Diening, Das Hebr. bei den Samaritanern, 20.
5) R. Meyer, ThLZ 75 (1950), 721f.
6) Nur suff. 1. c. Sg. σαθι שְׂאֵתִי belegt (Ps 89, 51).

c) Zwischen III א und III י״ bestehen auch orthographische Überschneidungen: אֶרְפָּא, Wz. *rp'*, neben אֶרְפָּה „ich heile" (Jer. 3, 22).

2. a) Das Imperf. lautet gewöhnlich i̯iqtal: יִמְצָא, Pl. K. יִמְצְאוּ, P. יִמְצָ֫אוּ, 3. F. תִּמְצֶ֫אןָ; I lar. יֶחֱטָא „er sündigt", K. תֶּחֶטְאוּ, P. תֶּחֱטָ֫אוּ; cons. 2. M. Sg. וַתֶּחֱטָא (Ez. 28, 16).

b) Imp. מְצָא, מִצְאוּ *miṣ'ū*.

c) Die Perf.-Typen sind qatal מָצָא und qatil מָלֵא (s. o. 1a): טָֽמְאָה und טָמֵאת „sie war unrein"; בָּרָ֫אתָ, Sek. βαραθα „du hast geschaffen" (Ps. 89, 48), מָלֵ֫אתִי; Pl. K. מָֽצְאוּ, מָֽלְאוּ, P. מָצָ֫אוּ, מָלֵ֫אוּ; מְצָאתֶם, שְׂנֵאתֶם < **šani'timmā* (sam. *šanā-tímmā*) „ihr haßtet".

d) Inf. cstr. מְצֹא, מְלֹאת, חֶטְאָה; abs. מָצֹא.

e) Part. Akt. מֹצֵא, auch מֹצֶא (Qoh. 7, 26), מָלֵא; F. מֹצֵאת (§ 57,2 b), *מְלֵאָה; Pl. M. יֹצְאִים, doch pun. *iusim* = **i̯ōṣīm* „hinausgehend"; cstr. Sek. σωνη, tib. *שֹׂנְאֵי „hassend" (Ps. 35, 19); F. יֹצְאוֹת, מְלֵאוֹת. Pass. *מָצוּא, daneben cstr. נְשׂוּי (vgl. § 82, 2i) „gehoben".

f) Pass. Qal. ist wohl Perf. קֹרָא „man nannte" (Jes. 48, 8).

3. Nif'al. Formen des Ni. sind: Imperf. יִמָּצֵא, תִּמָּצֶ֫אינָה; Imp. הִמָּצֵא, *הִמָּצֶ֫אנָה; Perf. נִמְצָא, נִמְצֵ֫אתִי; Inf. cstr. הִמָּצֵא, abs. נִמְצֹא, *הִמָּצֹא; Part. M. נִמְצָא (§ 49, 2b), F. נִמְצֵאת (§ 57, 2b), נִמְצָאָה.

4. Intensivstämme. a) Das Pi. lautet im Imperf. יְמַלֵּא „er füllt", 3. F. Pl. תְּמַלֶּ֫אנָה, im Imp. מַלֵּא, מַלְאוּ. Perf. מִלָּא

(Jer. 51, 34) neben מִלֵּא, cons. וּמִלֵּאתֶם. Inf. cstr. מַלֵּא, מַלֹּאת, מַלֹּאות (Da. 9, 2); abs. בָּרֵא „abholzen“ (Ez. 23, 47).

b) Zu seltenem Pu. vgl. Part. F. מְטֻמָּאָה „verunreinigt“ (Ez. 4, 14).

c) Im Hiṯp. enden Imperf. und Imp. häufig auf *ā*, יִתְחַטָּא „er entsündigt sich“ (Nu. 19, 12) neben cons. וַיִּתְחַבֵּא „und er verbarg sich“ (Gn. 3, 8), dementsprechend Pl. P. יִתְמַלָּאוּן „sie versammeln sich“ (Hi. 16, 10). Zum Perf. vgl. Pass. P. הֻטַּמָּאָה (§ 24, 3a) „sie ließ sich verunreinigen“ (Dt. 24, 4).

5. Kausativstämme. a) Im Hi. haben Juss. und Imperf. cons. *ī* statt *ē*; vgl. Imperf. יַמְצִיא, יַחֲטִיא mit Juss. יַשִּׁא „er verführe“ (Jes. 36, 14), וַיַּחֲטִא „und er verführte zur Sünde“ (2 R. 21, 11). Allerdings scheint die meist defektive Schreibweise auf *יַשֵּׁא (so AF. ישא) und *וַיַּחֲטֵא zu fußen. Die übrigen Formen sind regelmäßig.

b) Das Ho. ist selten; zu הוּבָא „er wurde gebracht“ s. § 83, 6.

§ 82. Das Verbum mit Waw oder Jod als drittem Radikal

1. a) Altkan. sind die Stämme III וי (Tab. XXIII) als dreiradikalig noch deutlich zu erkennen[1]); für III ו vgl. ugar. Subj. *ʾašlu̯* = **ʾašluu̯a* „ich ruhe“, 3. F. Perf. *ʾatu̯t* = **ʾatau̯at* „sie kam“; zu III י Ind. *i̯mǵi̯* = **i̯amǵii̯u* „er kommt“, 3. F. Sg. Perf. *mǵi̯t* = **maǵai̯at* oder *maǵii̯at*, Part. *bni̯* = **bānii̯u* (בֹּנֶה) „bauend“; Šafʿel *šʿli̯* = **šaʿlai̯a* (Hi. הֶעֱלָה) „er ließ hinaufsteigen“[2]). Ebenso begegnet altbyblisch *ʿli̯* = **ʿalai̯a*

[1]) Bergstr. II, § 30; BL. § 57.
[2]) Gordon, 125.

,,er kam herauf" und moab. III ו *u̯i̯ʿnu̯* = **u̯ai̯aʿanniu̯u* (Pi. *וַיְעַנֵּה) ,,und er bedrückte"[1]).

b) Hebr. und phön. sind III ו und III י im allgemeinen zu III י zusammengefallen. Flexionsgrundlage sind bei gegenseitiger Beeinflussung und unter Verlust ihres Eigengewichts i̯iqtal und i̯aqtil sowie qatal und qatil: **i̯iglai̯u*, **i̯aglii̯u*, **galai̯a* und **galii̯a*[2]). Elision des *i̯* und Kontraktion erfolgen nach § 22, 4 d.

c) Formen mit starkem *u̯* und *i̯* gelten hebr. allgemein als jung; so שָׁלַ֫וְתִּי ,,ich war ruhig" (Hi. 3, 26), denominiert von שַׁלְוָה ,,Ruhe", Adj. שָׁלֵו; ferner K. יִשְׁלָ֫יוּ (Ps. 122, 6); K. P. יֶאֱתָ֫יוּ ,,sie kommen" (Ps. 68, 32). Doch läßt das Ugar. teilweise alte Tradition vermuten.

d) Zum Vokalbuchstaben ה im Auslaut vgl. § 9, 2.

2. Qal. a) Das Imperf. lautet tib. und babyl. יִגְלֶה <**i̯iglai̯* <**i̯iglai̯u* (i̯iqtal); vgl. Sek. ιερε, tib. יִרְאֶה ,,er sieht" (Ps. 49, 10) und pal. *i̯ibnæ* ,,er baut"; ferner יַעֲנֶה ,,er antwortet". Sam. steht daneben auch *níbnī* <**nabnii̯* (i̯aqtil), tib. נִבְנֶה (Gn. 11, 4[3]). 1. c. Sg. אֶגְלֶה; יִהְיֶה ,,er ist", יִחְיֶה ,,er lebt". Bei vokalischem Afformativ wird *i̯* eliminiert, und der lange Vokal bestimmt die Kontraktion: 2. F. Sg. תִּגְלִי <**tiglai̯ī*, 3. M. Pl. יִגְלוּ <**i̯iglai̯ū*; zu altem Ind. תַּעֲשִׂין <**taʿśīna* ,,du (F.) machst" (Rt. 3, 4) s. § 63, 5a. Mit konsonantischer Endung lautet 2. 3. F. Pl. תִּגְלֶ֫ינָה <**tiglai̯nā*, תַּעֲשֶׂ֫ינָה ,,sie machen".

[1]) J. Friedrich, Phön.-pun. Grammatik, § 175.

[2]) Paradigma ist גָּלָה ,,entblößen, auswandern".

[3]) F. Diening, Das Hebr. bei den Samaritanern, 36.

b) Das Kurzimperf. endet altkan. vokalisch; vgl. ugar. z. B. *i̯mǵ* = **i̯amǵī* „er kommt"[1]). Hebr. ist der Endvokal elidiert, die entstandene Doppelkonsonanz meist aufgelöst, und der Präformativvokal lautet, ähnlich wie im Babyl. (MB. 55), außer 3. M. Sg., wo *i* vorherrscht, meist *ē*; z. B. ohne Hilfsvokal (§ 29, 3a): אַל־תֵּשְׁתְּ „trinke nicht!" (Lv. 10, 9), mit Sproßvokal (§ 29, 3b): יִגֶל (Hi. 20, 28), יִבֶן „er baue" (Esr. 1, 3), אַל־תֵּפֶן „wende dich nicht!" (Nu. 16, 15); stets *ē* hat II א: יֵרֶא „er sehe" (2 Chr. 24, 22), תֵּרֶא, ferner יֵרֶא (Gn. 41, 33[2]), תֵּרֶא (Mi. 7, 10[2]); I lar. K. יַעַל „er ziehe hinauf" (Gn. 44, 33), P. יָעַל (2 Chr. 36, 23), אַל־יִחַדְּ, besser יִחַד (babyl. *i̯äḥäḏ*, MO. 186) „er freue sich nicht" (Hi. 3, 6); II lar. יֵרַע „er weide" (Hi. 20, 26), תֵּתַע „es irre ab" (Prv. 7, 25). Ferner K. יְהִי P. יֶהִי „er sei"; K. יְחִי, P. יֶחִי „er lebe"; וִיהִי „und es sei".

c) Formen des Imperf. cons. ohne Hilfsvokal sind: וַיִּפְתְּ (= babyl.; MB. 55) „und er ließ sich verführen" (Hi. 31, 27), וַיֵּבְךְּ „und er weinte" (Gn. 27, 38), וָאֵשְׁתְּ „und ich trank" (Gn. 24, 46), וַיֵּט „und er streckte aus" (§ 83, 2a); mit Hilfsvokal: וַיִּגֶל (2 R. 17, 23), וַיִּקֶן „und er erwarb" (Gn. 33, 19); וַתִּרֶץ „und du hattest Gefallen" (Ps. 50, 18), וַתֵּרֶב „und sie vermehrte sich" (Gn. 43, 34), וָאֵרֶא „und ich sah" (Gn. 31, 10). Stämme I lar. haben beim Präformativ meist K. *a*, P. *å*: וַיַּעַל <**u̯ai̯a'lī* (= ugar.) „und er zog hinauf", P. וַתַּעַל

---

1) Gordon, § 9, 48.
2) So nach S. Mandelkern, Veteris Testamenti Concordantiae² (1937), 1052f., doch BHK²·³: יֵרֶא und תֵּרֶא; vgl. auch Kautzsch, § 75p.

(Gn. 24, 16), וָאַעַל (Dt. 10, 3), וַיַּעַן „und er antwortete“; andererseits I ח: וַיִּחַן „und er lagerte sich“ (Gn. 26, 17), וַיִּחַר (babyl. *ṷaịịäḥär*, MB. 55) „und es entbrannte“ (Gn. 4, 5); II lar. וַיִּמַח „und er löschte aus“ (Gn. 7, 23), וַתֵּלַהּ „und sie war erschöpft“ (Gn. 47, 13); וַיְהִי „und es geschah“.

d) Der Koh., entstanden aus Energ. **ịaglịịan*, findet sich selten: אֶשְׁעָה „ich will sehen“ (Ps. 119, 117), P. אֶהֱמָיָה „ich will klagen“ (Ps. 77, 4); zu וְנִשְׁתָּעָה „und wir wollen uns fürchten“ s. § 70, 3g. Sonst steht Imperf.: נִבְנֶה־ „laßt uns bauen“ (Gn. 11, 4), נַעֲשֶׂה־נָּא „laßt uns doch machen“ (2 R. 4, 10).

e) Vielfach wird für Imperf. cons. וַיִּגֶל volles Imperf., וַיִּגְלֶה, gebraucht; vgl. hierzu § 64, 4c.

f) Der Imp. — ugar. *ʿl* = **ʿalī*[1]) (tib. עֲלֵה) „steige hinauf“ — lautet גְּלֵה, הֱיֵה „sei!“, F. גְּלִי, הֲיִי; Pl. גְּלוּ, P. auch בְּעָיוּ „sucht!“, אֵתָיוּ „kommt!“ (Jes. 21, 12), F. גְּלֶינָה.

g) Im Perf. setzt 3. M. Sg. גָּלָה **galaịa* oder **galiịa* (s. o. 1a) voraus[1]); vgl. sam. *bánā* mit vormas. Pänultimadruck[2]), tib. בָּנָה „er baute“ (§ 21, 2a). 3. F. Sg. גָּלְתָה fußt auf **galāt* <**galaịat* oder **galiịat* mit Angleichung an קָטְלָה, wobei *t* als dritter Radikal behandelt ist. Altes **galāt* begegnet noch in cons. וְעָשָׂת „und sie wird machen“ (Lv. 25, 21) und regelmäßig vor Suffix (§ 85, 7); zu P. גָּלָתָה vgl. P. קָטָלָה und sam. K. *zanátā* (tib. זָנְתָה) „sie hurte“[2]). 3. c. Pl. גָּלוּ <**galaịū* hat Kontraktion nach § 22, 4d. Bei konsonantischem Affor-

[1]) Gordon, § 9, 48.
[2]) F. Diening, Das Hebr. bei den Samaritanern, 19f.

mativ wirkt *galiįa nach: גָּלִ֫יתָה < *galiįtā (ugar. *mǵt* = *maǵītā „du kamst“[1]), sam. *šarītā*, tib. שָׂרִ֫יתָ, Hieronymus *sarith* „du strittest“; ferner פָּדִ֫יתָ, Sek. φαδιθ (Ps. 31, 6) „du löstest aus“[2]). 2. F. Sg. גָּלִית; 1. c. Sg. קָנִ֫יתִי, Hieronymus *canithi* „ich erwarb“[3]). Zu moab. בנתי (tib. בָּנִ֫יתִי) „ich baute“, mit dem Vokalbuchstaben *į*=*ī*, vgl. ידעתה (tib. יָדַ֫עְתָּ) „du weißt“ in den Ostraka von Lachis (§ 5, 1). Die Pl.-Formen sind גְּלִיתֶם, גְּלִיתֶן, גָּלִ֫ינוּ. Konsonantisches י haben z. B. K. חָסָיָה „sie barg sich“ (Ps. 57, 2), P. גָּלָ֫יוּ.

h) Der Inf. cstr. lautet gewöhnlich גְּלוֹת < *galōtu < *galātu <*galaįatu; z. B. לִפְנוֹת, Sek. *λαφνωθ „sich zu wenden“ (Ps. 46, 6), הֱיוֹת „sein“, לִהְיוֹת; daneben auch עֲשֹׂה „machen“ (Gn. 50, 20), עֲשׂוֹ (Gn. 31, 28); zu babyl. *ʿäśē* (MB. 57) vgl. tib. הֱיֵה „sein“ (Ez. 21, 15), ferner ugar. *bbk* = *babakī „beim Weinen“[4]); dagegen setzt hebr. K. בְּכִי, P. בֶּ֫כִי altkan. *bakįu (ebenfalls ugar.) voraus (§ 52, 4b). Inf. abs. ist גָּלֹה.

i) Das Part. Akt. M. lautet abs. בֹּנֶה, cstr. בֹּנֵה <*bāniįu (= ugar.), flektiert nach § 53. F. ist בּוֹכִיָּה < *bākiįatu, selten kontrahiert פֹּרָת <*pārātu <*pāriįatu „fruchtbar“ (Gn. 49, 22); daneben Umbildung nach Sg. M.: *בֹּנָה (§ 54, 2). Sekundäre Gemination in בּוֹכִיָּה weist auf die Aussprache *bōkīįā* (nicht *bōkiįiā*) hin; vgl. § 56, 3. Part. Pass. ist M. גָּלוּי, F. גְּלוּיָה (§§ 48, 1a; 54, 2b).

1) Gordon, § 9, 48.
2) F. Diening, Das Hebr. bei den Samaritanern, 21.
3) J. Friedrich, Phön.-pun. Grammatik, § 176.
4) Gordon, § 9, 48.

k) Pass. Qal ist z. B. Perf. עֻשֵּׂיתִי „ich wurde geschaffen" (Ps. 139, 15).

l) Die Stammesmodifikationen stimmen bis auf die Kurzformen im Imperf. cons., Juss. und Imp. im wesentlichen mit dem Qal überein: Das Imperf. ohne Afformative endet auf *ǣ*, ebenso das Part. M. abs.; Imp. und Part. M. cstr. lauten auf *ē*, das Perf. auf *å̄*, der Inf. cstr. auf *-ōṯ* aus. Im Inf. abs. haben *ō* Qal, mitunter Ni. und Pi., *ē* dagegen die übrigen Stämme. Schwankungen bestehen im Vokalismus des Perf. vor konsonantischem Afformativ[1]).

3. Nif'al. Imperf.-Formen sind יִגָּלֶה, יִגָּלוּ, תִּגָּלֶינָה, יֵרָאֶה „er läßt sich sehen", יֵעָשֶׂה „es wird getan". Juss. תִּגָּל, יֵרָא; cons. וַיִּקָּר „und er begegnete" (Nu. 23, 4), וַיֵּרָא, וָאֵרָא. Imp. nur הֵרָאֵה „zeige dich" (1 R. 18, 1). Perf. נִגְלָה, נִדְמֵיתָה „du bist vertilgt" (Ob. 5), נִדְמֵיתִי (Jes. 6, 5), נִגְלֵינוּ. Inf. cstr. לְהִבָּנוֹת „erbaut zu werden" (Hag. 1, 2); abs. נִגְלֹה (1 S. 2, 27) neben הִנָּקֵה „gereinigt werden" (Jer. 25, 29). Part. נִגְלֶה, cstr. נִגְלֵה; נִרְאֶה „sichtbar" (§ 53, 1).

4. Intensivstämme. a) Im Pi. lautet das Imperf. יְגַלֶּה, אֲגַלֶּה, יְכַסּוּ „sie bedecken"; Juss. יְצַו „er befehle", cons. וַיְגַל. Imp. צַוֵּה neben צַו „befiehl!" Perf. גִּלָּה, קִוִּיתִי „ich hoffte" (so auch stets vor Suffix; § 85, 7), קִוֵּיתִי (Jes. 5, 4), cons. וְקִוֵּיתִי, קִוִּינוּ. Inf. cstr. גַּלּוֹת; abs. קַוֵּה, selten קַוֹּה (babyl. *qauuē*; MB. 59); adv. כַּלֵּה „zu Ende" (1 S. 3, 12). Part. abs. מְגַלֶּה, cstr. מְגַלֵּה.

---

1) Vgl. Bergstr. II, § 30a. o.

b) Im Pu. begegnet Imperf. תְּסֻלֶּה „sie wird aufgewogen" (Hi. 28, 16); Perf. גֻּלָּה, צֻוֵּיתָה „dir wurde befohlen" (Gn. 45, 19), צֻוֵּיתִי (Lv. 8, 35); Inf. cstr. *עֻנּוֹת „gedrückt sein"; Part. abs. מְעֻנֶּה (Jes. 53, 4) „bedrückt".

c) Das Hitp. lautet im Imperf. תִּתְאַוֶּה „du begehrst", Juss. אַל־תִּתְאָו „begehre nicht!" (Prv. 23, 3), cons. וַיִּתְאָו (1 Chr. 11, 17), וַיִּתְאַוֶּה (2 S. 23, 15), P. וַיִּתְחָל „und er wurde krank" (2 S. 13, 6). Imp. *הִתְגַּלֵּה, *הִתְגַּל, P. הִתְחָל „stelle dich krank" (2 S. 13, 5). Perf. הִתְעַנִּיתָ „du hast dich gedemütigt" (1 R. 2, 26), הִתְאַוֵּיתִי „ich begehrte" (Jer. 17, 16). Inf. cstr. לְהִתְעַנּוֹת „sich zu demütigen" (Esr. 8, 21). Part. abs. מִתְגַּלֶּה.

5. Kausativstämme. a) Imperf.-Formen Hi. sind יַרְבֶּה „er vermehrt", יַשְׁקוּ „sie tränken"; Juss. יֶרֶב, יַרְדְּ „er lasse niedertreten" (Jes. 41, 2), אַל־תַּט „weise nicht ab!" (§ 83, 2a); zum Imperf. cons. vgl. וַיֶּגֶל, וַיַּשְׁקְ; וָאַךְ „und ich schlug" (§ 83, 2b). Ferner P. וַיַּךְ (2 R. 15, 16), außerdem P. אָט „ich weiche ab" (Hi. 23, 11). Bei I lar. gleichen sich Hi. und Qal: יַעֲלֶה „er führt hinauf", cons. וַיַּעֲלֶה, וַיַּעַל, P. וַיָּעַל, K. וָאַעַל (Nu. 23, 4). Im Imp. steht הַרְבֵּה (Ez. 24, 10) neben הֶרֶב (Ps. 51, 4 Qere) „vermehre!"; הַכֵּה, הַךְ „schlage!"; הַעַל „laß aufsteigen!". Im Perf. הִגְלָה überwiegt vor konsonantischem Afformativ ī: הִגְלִיתָ, הִגְלִינוּ, ausgenommen 1. c. Sg. הִגְלֵיתִי; nur selten begegnet z. B. 2. M. Sg. הֶעֱלֵיתָ (Ex. 32, 7)

neben הֶעֱלִ֫יתָ „du führtest herauf". Der Inf. cstr. lautet הַגְלוֹת; abs. הַגְלֵה, הַרְבֵּה „vermehren", doch adv. הַרְבֵּה „viel". Part. abs. מַגְלֶה, cstr. מַגְלֵה.

b) Zum Ho. vgl. Imperf. תֻּכּוּ „ihr werdet geschlagen" (Jes. 1, 5), cons. וַיֻּכּוּ; Perf. הָרְאֵ֫יתָ „dir wurde gezeigt" (Dt. 4, 35), Part. מָפְנֶה „gewendet" (Ez. 9, 2).

c) Ein *t*-Refl. zu altem Šafʿel (§ 72, 1 d), kaum ein Hiṯpaʿlel von *שחה (III ו), liegt vor in הִשְׁתַּחֲוָה „sich niederwerfen"; vgl. ugar. *i̯šthu̯i̯* = **i̯aštaḥu̯ii̯u* „er wirft sich nieder"[1], Wz. **ḥu̯i̯* (arab. *taḥáu̯u̯ā* „sich zusammenrollen"): Imperf. יִשְׁתַּחֲוֶה; Juss. יִשְׁתַּ֫חוּ < **i̯aštaḥu̯* < **i̯aštaḥu̯ī*[2]; cons. וַיִּשְׁתַּחֲוֶה, K. וַיִּשְׁתַּ֫חוּ, P. וַיִּשְׁתָּחוּ; Imp. הִשְׁתַּחֲווּ. Ferner Perf. הִשְׁתַּחֲוֵיתִי; Inf. cstr. לְהִשְׁתַּחֲוֹות, Part. מִשְׁתַּחֲוֶה.

§ 83. Das doppelt schwache Verbum

1. Zu I נ (§ 76) und III א (§ 81) gehören a) נָשָׂא „heben": Imperf. יִשָּׂא, אֶשָּׂא, Pl. יִשְׂאוּ, P. יִשָּׂאוּ; cons. וַתִּשָּׂא, וַתִּשֶּׂ֫אנָה; Imp. שָׂא neben נְשָׂא, Pl. שְׂאוּ (§ 23, 2 a); Inf. שְׂאֵת, לָשֵׂאת, בִּשְׂאֵת, נְשֹׂא; Part. Pass. M. cstr. נְשׂוּי neben נְשׂוּא. — Ni.: Perf. נִשָּׂא, 3. F. נִשֵּׂאת, Part. נִשָּׂא. — Hi.: הִשִּׂיא, *הִשֵּׂאתָ.

b) נָשָׁא Hi. „täuschen": יַשִּׁיא, יַשִּׁ֫יאוּ, Juss. יַשֵּׁא (§ 81, 5 a); Perf. הִשִּׁיא, הִשֵּׁ֫אתָ; Inf. abs. הַשֵּׁא.

c) נָשָׁא „verleihen": Part. נֹשֶׁא (§ 81, 2 e); Hi. יַשֶּׁה „er leiht aus".

---

[1] Gordon, § 9, 35.
[2] Vgl. BL. § 57 k''.

2. Nach I ו (§ 76) und III יו (§ 82) werden flektiert a) נָטָה „ausstrecken“: Imperf. יִטֶּה; Juss. יֵט; cons. וַיֵּט, וַיֶּט־; Imp. נְטֵה. — Hi.: Imperf. יַטֶּה, אַטֶּה; Juss. תַּט, אַט, P. אָט; Imp. הַטֵּה, הַט, Pl. הַטּוּ; Perf. הִטָּה, הִטִּ֫יתִי, הִטִּיתֶם; Inf. cstr. הַטּוֹת; Part. מַטֶּה.

b) נָכָה Hi. „schlagen“: Imperf. יַכֶּה, cons. וַיַּךְ; Imp. הַכֵּה, הַךְ; Perf. הִכָּה, Part. מַכֶּה. — Ho.: Imperf. תֻּכּוּ, cons. וַיֻּכּוּ; Perf. הֻכָּה, הֻכֵּ֫יתִי; Part. מֻכֶּה.

c) נָקָה Ni. „unschuldig sein“: Perf. נִקָּה, נִקֵּ֫יתִי, cons. 3. F. P. וְנִקָּ֫תָה. — Pi.: cons. וְנִקֵּ֫יתִי „und ich werde lossprechen“ (Jo. 4, 21).

3. Stämme I א (§ 77) und III יו (§ 82) sind: a) אָבָה „[nicht] wollen“: Imperf. יֹאבֶה, יֹאבוּ.

b) אָפָה „backen“: Imperf. *יֹאפֶה, cons. וַיֹּאפוּ, Imp. אֵפוּ.

c) אָתָה „kommen“ (altkan. III ו; § 82, 1a): Imperf. תֵּאתֶה neben יֶאֱתֶה, Pl. יֶאֱתָ֫יוּ; cons. וַיֵּתֵא (Dt. 33, 21), P. וַיֶּאֱתָ֫יוּן.

4. Flexion nach I יו (§ 78) und III א (§ 81) haben: a) יָצָא „hinausgehen“: Imperf. יֵצֵא, תֵּצֶ֫אנָה, Koh. אֵצְאָה, 3. M. Pl. P. יֵצֵ֫אוּ; cons. וַיֵּצֵא (Gn. 4, 16); Imp. צֵא, P. צֵ֫אָה, Pl. צְאוּ, צְאֶ֫ינָה (Cant. 3, 11); Inf. צֵאת (§ 22, 3a). — Hi.: Imperf. יוֹצִיא, יוֹצִ֫יאוּ; cons. וַיּוֹצֵא; Imp. הוֹצֵא, Pl. הוֹצִ֫יאוּ; Perf. הוֹצִיא, הוֹצֵ֫אתָ, הוֹצֵ֫אתִי, Pl. הוֹצִ֫יאוּ, הוֹצֵאתֶם; Inf. cstr. הוֹצִיא; Part. מוֹצִיא. — Ho.: Perf. P. הוּצָ֫אָה; Part. F. מוּצֵאת.

b) יָרֵא „fürchten“: Imperf. יִירָא, אִירָא, Pl. תִּירְאוּ, תִּירְאוּן, P. תִּירָ֫אוּ; Part. יָרֵא. — Ni.: Imperf. תִּוָּרֵא; Part. נוֹרָא.

5. Zu I יו (§ 78) und III יו (§ 82) gehören: a) יָדָה Hi. „preisen“: Imperf. יוֹדֶה, אוֹדֶה, Pl. יוֹדוּ; Imp. הוֹדוּ; Perf. הוֹדִינוּ, cons. וְהוֹדוּ; Inf. cstr. הוֹדוֹת; Part. מוֹדֶה. — Hitp. „gestehen“: Imperf. cons. וַיִּתְוַדּוּ, וָאֶתְוַדֶּה; Perf. cons. וְהִתְוַדָּה; Inf. cstr. *הִתְוַדּוֹת; Part. מִתְוַדֶּה.

b) יָפָה „schön sein“: Imperf. cons. וַיִּף, וַתִּיפִי, — Hitp.: Imperf. תִּתְיַפִּי „du schmückst dich“ (Jer. 4, 30).

c) יָרָה Hi. „werfen“: Imperf. cons. וַיּוֹר; Part. מוֹרֶה, Pl. מוֹרִים. Zum Qal vgl. § 78, 3 d.

6. Flexion II יו (§ 80) und III א (§ 81) hat vor allem בּוֹא „hineingehen“: Imperf. יָבוֹא, אָבוֹא, Pl. יָבֹ֫אוּ, תְּבוֹאֶ֫נָה; cons. וַיָּבוֹא; Imp. בּוֹא, בֹּ֫אָה, Pl. בֹּ֫אוּ; Perf. בָּא, בָּ֫אָה, בָּ֫אתָ, בָּאת, בָּ֫אתִי, Pl. בָּ֫אוּ, בָּאתֶם, בָּ֫אנוּ; Inf. cstr. בּוֹא; Part. בָּא. — Hi.: Imperf. יָבִיא, אָבִיא, Pl. תָּבִ֫יאוּ, תְּבִיאֶ֫נָה; cons. וַיָּבֵא, וַיָּבִ֫יאוּ; Imp. הָבֵא, הָבִ֫יאָה, Pl. הָבִ֫יאוּ; Perf. הֵבִיא, הֵבֵ֫אתָ, הֵבֵ֫אתִי, Pl. הֵבִ֫יאוּ, cons. וַהֲבֵאתֶם, וַהֲבִיאוֹתֶם; Inf. cstr. הָבִיא, abs. הָבֵא; Part. מֵבִיא. — Ho.: Imperf. יוּבָא, P. יוּבָ֫אוּ; Perf. הוּבָא, הֻבָ֫אתָה, הוּבְאוּ; Part. מוּבָא.

4. Das Verbum mit Suffixen

§ 84. Das starke Verbum mit Suffixen

1. a) Das Pronominalsuffix[1]) (§ 30, 3) tritt als Akk.-Objekt an Qal, Pi., Hi. (Tab. XXIV), selten an sekundär trans. Refl., וְהִתְנַחֲלוּם „und sie werden sie sich aneignen“ (Jes. 14, 2).

[1]) BL. § 48.

Daneben steht es, wie bereits altkan., auch als entferntes Objekt: גְּדֵלַנִי ,,er ist mir aufgewachsen" (Hi. 31, 18).

b) Das suff. Verbum hat zum Teil altertümliche Formen, alten Pänultimadruck (§ 21, 2a) und entgegen dem tib. Schema (§ 20, 2a), aber AF. entsprechend, bisweilen primär kurze und offene Drucksilben.

2. Qal. a) Afformativloses Imperf. hat meist betonten Bindevokal: *ē* < *i*, auch *ā* und *å* < *a*. Dieser fehlt primär wohl nur vor 2. M. Pl. -*ḵæm* (2. F. Pl. nicht belegt): **i̯aqtulkímmā* > יִקְטָלְכֶם mit Spirierung des *k* nach § 13, 2. Vor 2. M. Sg. -*ḵå* steht Bindevokal: **i̯aqtulikā*; vgl. Sek. Pi. ιξαμμερεχ < **i̯azammirékā* mit tib. K. יְזַמֶּרְךָ ,,er besingt dich" (Ps. 30, 13) neben P. *יְזַמְּרֶךָּ, יִקְטְלֶךָּ. Das Suffix 3. M. F. Sg. lautet entweder -*ō* und -*åh* oder -*ēhū* und -*æhå*: יִקְטְלוֹ, יִקְטְלָהּ; יִקְטְלֵהוּ, יִקְטְלֶהָ. Vokalischer Auslaut bietet keine Besonderheit: יִקְטְלוּנִי; für suff. 2. 3. F. Pl. תִּקְטֹלְנָה tritt M. תִּקְטְלוּ ein.

b) Der Stammvokal *o* ist tib. zu Schwa reduziert: יִקְטְלֵנִי, יִקְטְלֵם und יִקְטְלֵמוֹ < **i̯aqtulihímmā* (§ 30, 3c); anders das Babyl. (MB. 53) sowie AF., z. B. AF. ויסקולהו *u̯ai̯esqoléhū* (tib. Pi. וַיְסַקְּלֵהוּ) ,,und er entsteinte ihn" (Jes. 5, 2). Ebenso ist *e* < *i* reduziert; vgl. יִתֵּן ,,er gibt" mit אֶתְּנֶנּוּ ,,ich gebe ihn". Vor 2. M. Sg. in K.-Formen und stets vor 2. M. Pl. steht *å* < *o*, *æ* < *e*: יִקְטָלְךָ, יִקְטָלְכֶם; אֶתֶּנְךָ. Das Imperf. i̯iqtal hat sogenanntes Vortonqameṣ *å* < *a* (§ 23, 2a): *יִלְבָּשְׁךָ, *יִלְבָּשֵׁהוּ, dagegen *a* vor -*ḵæm*, תֹּאכַלְכֶם ,,sie verzehrt euch" (Jes. 33, 11).

c) Zu altem Ind. (§ 63, 5a) vgl. יִלְכְּדֻנוֹ „sie fangen ihn“ (Prv. 5, 22).

d) Der Energ. **iaqtulan* (§ 63, 5d) steht vor 1. c., 2. M., 3. M. und F. Sg. als *æn*, *-an*, *-ån* < *-an* (§ 24, 2b): יִקְטְלֶנִּי, יִלְבָּשֶׁנִּי, יִקְטְלֶךָּ, יִקְטְלֶנּוּ, יִקְטְלֶנְהוּ; ferner P. תְּבַעֲתַנִּי „sie überfällt mich“ (Hi. 7, 14), P. יְכַבְּדָנְנִי *i^e^kabb^e^dånnī*, „er ehrt mich“ (Ps. 50, 23).

e) Der Imp. lautet aktivisch qutl: קָטְלֵנִי, F. קִטְלִינִי, neutrisch qtal: קְטָלֵנִי, *לְבָשׁוּנִי; hierzu ein noch südkan. häufiger Energ.: קְרָאֶנָּה „rufe sie doch!“ (Jer. 36, 15). Zu älterem qtul in babyl. *š^e^morēm*, tib. שָׁמְרֵם *šåmrēm* „bewahre sie!“ (MB. 52) vgl. §§ 65,1a; 68,2e. Zur Spirierung von III *bgdkpt*, כָּתְבָהּ *kåtbåh* „schreibe sie!“ (Jes. 30, 8) vgl. § 13, 2.

f) Das Perf. hat noch alte Formen: 3. M. Sg. **qatala* > קְטָלַ־, 3. F. Sg. **qatalat* > קְטָלַת־, 2. F. Sg. **qataltī* > קְטַלְתִּי־ (§ 64, 1a); 2. M. Pl. (F. nicht belegt) lautet nach § 28, 1 קְטַלְתּוּ < **qataltū* < **qataltumū* (§ 64, 2a). Der Druck liegt auf der Pänultima, soweit nicht durch Kontraktion *-áhū* > *-ō*, *-áhā* > *-åh*, *-íhū* > *-īu̯* Ultimaakzent entsteht. Das Suffix 2. M. F. Pl. ist im Perf. nicht belegt. Der kurze Auslautvokal ist vor 1. c. Sg. als *á* in K. קְטָלַנִי, *לְבֵשַׁנִי (P. קְטָלָנִי, לְבֵשָׁנִי) erhalten; ferner: K. קְטָלְךָ, P. קְטָלֶךָ; קְטָלֵךְ; K. P. קְטָלוֹ, P. קְטָלָהוּ; קְטָלָנוּ, קְטָלָם. An 3. F. Sg. tritt das Suffix meist direkt: K. קְטָלַתְנִי, P. קְטָלָתְנִי; K. קְטָלַתְךָ, P. קְטָלָתְךָ (vgl. § 46, 2c); קְטָלָתֶךְ; K. קְטָלַתְהוּ, קְטָלַתּוּ (vgl. § 24, 2b), P. קְטָלָתְהוּ; קְטָלַתָּה; K. קְטָלַתְנוּ, P. קְטָלָתְנוּ; קְטָלְתַם קְטַלְתְמוּ.

Zu vokalischem Auslaut vgl. 2. F. Sg. bzw. 1. c. Sg. קְטַלְתִּינִי, קְטַלְתִּיהוּ oder קְטַלְתִּיו; ferner 2. M. Pl. קְטַלְתּוּהוּ.

g) Der Inf. qutl und qatl (§ 65, 1a) hat Gen.- und Akk.-Suffixe, doch erkennbar nur, dabei synt. oft verwischt, in 1. c. Sg.: *דָּרְשִׁי „mein Suchen", לְדָרְשֵׁנִי „um mich zu suchen". Die Grenze zwischen qatl und qutl ist, bei Vorherrschen von qutl, fließend. So steht *å* für neutrisches *i* < *a* in שָׁכְבְּךָ „dein Liegen" (Dt. 6, 7) neben *i* in שִׁכְבָהּ „ihr Liegen" (Gn. 19, 33), umgekehrt auch *i* für *å* in בִּגְדוֹ „sein Abfallen" (Ex. 21, 8). Zu *u* für *å* vgl. קֻצְרְכֶם „euer Ernten" (Lv. 19, 9). Die Flexion ist segolatisch (§ 52). Zu qtul im Ketib רְדוֹפִי „mein Verfolgen" (Ps. 38, 21[1]) vgl. § 65, 1a; so auch K. קְטָלְךָ neben קָטְלְךָ, קְטָלְכֶם neben קָטְלְכֶם. Das Suffix 2. 3. F. im Pl. ist nicht belegt. Bei III *bgdkpt* herrscht Spirierung vor, daneben auch הָפְכִּי „mein Umstürzen" (Gn. 19, 21); so stets שָׁפְכְּךָ „dein Ausgießen" (Ez. 9, 8), אָסְפְּכֶם „euer Sammeln" (Lv. 23, 39); s. auch § 52, 1e.

h) Das Part. Akt. hat Gen.- oder Akk.-Suffix: *רֹדְפִי „mein Verfolger" oder „ein mich Verfolgender" (-*ḗnī* im Qal nicht belegt); determiniert: הַמַּכֵּהוּ „der ihn schlägt" (Jes. 9, 12).

3. Piʿel. Bei veränderlichem zweiten Stammvokal lautet Imperf. יְקַטְּלֵנִי, יְקַטֶּלְךָ, אֲקַטֶּלְכֶם neben אֲאַמִּצְכֶם „ich stärke euch" (Hi. 16, 5); entsprechend Imp. und Inf.; zum Energ. vgl. אֲזַמְּרֶךָּ „ich besinge dich" (Ps. 138, 1). Das Perf.

---

[1]) Vgl. babyl. Var. in BHK³.

lautet K. קְטָלַנִי, קְטֶלְךָ, קְטָלוֹ. Im Part. begegnet 1. c. Sg. -*ḗnī*, הַמְאַזְּרֵנִי „der mich umgürtet“ (Ps. 18, 33); sonst vgl. § 49,3.

4. Hif‘il. Der zweite Stammvokal ist durchgehend *ī*, auch im suff. Juss. יַקְטִילֵהוּ, Imperf. cons. וַיַּקְטִילֵהוּ, 2. M. Sg. Imp. הַקְטִילֵהוּ, Inf. הַזְכִּירוֹ „sein Erwähnen“ (1 S. 4, 18) neben הַזְכַּרְכֶם (Ez. 21, 29).

5. Nif‘al. Der suff. Inf. lautet הִקָּטְלִי; K. הִקָּטֶלְךָ, P. הִקָּטְלָךְ.

6. Die Laryngale unterliegen den durch Druckverlagerung bedingten Veränderungen:

a) I lar. (§ 73) Imperf. יֶאְסֹר „er bindet“, cons. וַיֶּאֱסֹר: נֶאֱסָרְךָ, cons. וַיַּאַסְרֵהוּ; יַהֲרֹג „er tötet“: יַהַרְגֵנִי, cons. וַיַּהַרְגֵם, וַיַּהַרְגֵהוּ; יַחֲבֹשׁ „er bindet“: יַחְבְּשֵׁנוּ; יַעֲזֹב „er verläßt“: יַעַזְבֵנוּ, K. אֶעֱזָבְךָ und P. אֶעֶזְבֶךָּ, תַּעַזְבֵהוּ; neutrisch יֶאֱהַב „er liebt“: יֶאֱהָבֵנִי. Imp. הָרְגֵנִי, עָבְדֵהוּ „tue es“, אֱהָבֶהָ, עִזְבוּהָ; Perf. עֲזָבַנִי, עֲזָבוֹ, עֲזָבָנוּ, עֲזַבְתִּיךָ, cons. וַהֲרָגָתַם „und sie wird sie töten“. Inf. אֱכֹל „essen“: אֲכָלְךָ, ferner לְעָבְדוֹ „ihm zu dienen“, *לְעָבְדְכֶם. — Hi. Imperf. cons. וַיַּעֲבִרֵהוּ „und er führte ihn hinüber“.

b) II lar. (§ 74) Imperf. יִגְאַל „er löst aus“: אֶגְאָלֵם. Imp. גְּאָלֵנִי. Perf. גְּאָלוֹ, גְּאַלְתִּיךָ; ferner אָהַב „er liebt“: אֲהֵבָתֶךָ, אֲהֵבוּם. Inf. לְגָאֳלֵךְ. — Pi.: Imperf. יְבַהֵל „er schreckt“: יְבַהֶלְךָ, יְבַהֲלֵמוֹ, יְבַהֲלֻהוּ; יְבָרֵךְ „er segnet“: P. יְבָרֲכֶךָּ, יְבָרֲכֶנְהוּ, תְּבָרְכֵנִי, cons. וַיְבָרְכֵהוּ. Imp. בָּרְכֵנִי. Perf. שִׁחֵת „er verdarb“: שִׁחֶתְךָ, שִׁחֲתָהּ; וְרִחַמְךָ „und er wird sich deiner erbarmen“. Imp. *שָׁרְתֵנִי „diene mir“.

c) III lar. (§ 75) Imperf. יִשְׁלַח „er schickt“: יִשְׁלָחֲךָ, יִשְׁלָחֶ֫נּוּ. Imp. שָׁלְחֵ֫נִי. Perf. P. שְׁלָחָ֫נִי, K. שְׁלָחֲךָ, שְׁלָחוֹ, שְׁלַחְתִּ֫יךָ. Inf. שָׁלְחִי. — Pi. Imperf. cons. וַאֲשַׁלֵּחֲךָ. Imp. שַׁלְּחֵ֫נִי. Perf. שִׂמַּח „er erfreute“: *שִׂמְּחוֹ, שִׂמְּחָ֫הוּ, שִׂמַּחְתִּים, בִּלַּעֲנ֫וּהוּ „wir haben ihn vernichtet“. Inf.: שַׁלְּחִי, שַׁלְּחֵ֫נִי, שַׁלֵּחֲךָ. — Hi.: Imperf. cons. וַיַּשְׁבִּעֵ֫נִי „und er ließ mich schwören“, וָאַשְׁבִּעֵם.

§ 85. Das schwache Verbum mit Suffixen

1. Schwache Formen I נ (§ 76) sind z. B. vom Imperf. יִתֵּן „er gibt“: יִתְּנֵ֫נִי, יִתֶּנְךָ, יִתְּנֶ֫נּוּ, יִתְּנֵם; ferner תִּטָּעֵ֫מוֹ <**tiṭṭaʿē-himmō* (§ 30, 3c) „du pflanzt sie“, cons. וַיִּקָּחוּם „und sie nahmen sie“. Imp. תְּנֵ֫הוּ, תְּנֶ֫נָּה; קָחֶ֫נּוּ, קָחֶם־נָא „bringe sie doch!“ (Gn. 48, 9), Pl. קָחֻ֫הוּ. Inf. תִּתִּי, תִּתְּךָ, תִּתָּם, (§ 51, 2b); קַחְתָּהּ; גִּשְׁתִּי „meine Annäherung“, גִּשְׁתָּם (§ 57, 1). — Hi.: Imperf. cons. וַיַּצִּילֵ֫נִי „und er errettete mich“. Perf. הִצִּילַ֫נִי, P. הִצִּילָ֫נִי. Imp. הַצִּילֵ֫נִי.

2. Zu I א (§ 77) vgl. Imperf. יֹאכַל „er ißt“: יֹאכְלֵ֫מוֹ, 3. F. תֹּאכַלְכֶם, 2. M. תֹּאכֲלֶ֫נָּה (§ 13, 5), Pl. תֹּאכְלֻ֫הוּ, תֹּאכְלוּם.

3. Das Imperf. i̯aqtil I יו (§ 78) lautet z. B. יֵדָעֶ֫נּוּ „er erkennt ihn“, אֵדָעֲךָ. Imp. דָּעֵ֫הוּ. Inf. שֶׁ֫בֶת „sitzen“: שִׁבְתִּי, שִׁבְתְּךָ, שִׁבְתְּכֶם; דַּ֫עַת „wissen“: דַּעְתִּי, דַּעְתְּךָ, לְדַעְתּוֹ; ebenso לֶ֫כֶת „gehen“: לֶכְתִּי, לֶכְתְּךָ, לֶכְתָּם (§ 57, 1). — Das Hi. hat unveränderliche Vokale (vgl. § 47); z. B. אוֹדִיעֲךָ „ich tue dir kund“.

4. Formen II gem. (§ 79) sind יְחָנֵּנִי „er ist mir gnädig“, P. וִיחֻנֶּךָּ (Nu. 6, 25), יָחְנְךָ für *יְחָנְךָ (AF. יחונך *iaḥonnékā*; Jes. 30, 19), שֶׁיְּחָנֵּנוּ „daß er sich unser erbarme“ (Ps. 123, 2), cons. וַיְחֻנֶּנּוּ; יָסֹב „er umgibt“: יְסֻבֵּנִי. Imp. חָנֵּנִי, חָנֵּנִי. Perf. חַנֵּנִי; סְבָבוּנִי, סַבּוּנִי. Inf. רֹב „viel sein“: רֻבְּכֶם, רֻבָּם; לְבָרָם *lᵉbår(r)åm* „sie zu prüfen“ (§ 51, 2c). — Hi.: Imperf. cons. וַיְסִבֵּנִי „und er führte mich herum“, יְפֵרֶנּוּ „er macht es ungültig“; Perf. הֲפֵרָם „er machte sie ungültig“, P. הֲדִמָּנוּ „er vertilgte uns“; Inf. הֲחִלָּם „ihr Beginnen“, הַפְרְכֶם „euer Ungültigmachen“.

5. Veränderlichen Präformativvokal haben Imperf. Qal und das ganze Hi. II יו (§ 80); z. B. Imperf. Qal יְשִׂימֵנִי „er stellt mich“, יְשִׂימְךָ, אֲשִׂימֵךְ, וַאֲשִׂימֵם; cons. וַיְשִׂימֶהָ. Imp. שִׂימֵנִי, שִׂימָה. Perf. שָׂמַנִי, שָׂמְךָ, שָׂמוֹ, שָׂמָהוּ, 3. F. Sg. שָׂמַתְנִי; cons. 1. c. Sg. וְשַׂמְתִּיךָ. Inf. בְּשׂוּמִי, לְשׂוּמוֹ Qere neben לְשִׂימוֹ Ketib (Jes. 10, 6). — Hi.: Imperf. יְקִמֵנוּ „er läßt uns aufstehen“. Imp. הֲשִׁיבֵנִי „bringe mich zurück“. Perf. הֱשִׁיבַנִי, cons. וַהֲשִׁיבְךָ neben וְהֱשִׁיבְךָ (Gn. 40, 13; Dt. 28, 68). Inf. לַהֲשִׁיבָם.

6. Das Imperf. III א (§ 81) lautet יִמְצָאֵהוּ „er findet ihn“, ferner K. אֶמְצָאֲךָ, P. *אֶמְצָאֶךָּ, P. יִמְצָאֻנְנִי (Prv. 1, 28). Imp. קְרָאֵנִי „rufe mich“, קְרָאֶהָ, קְרָאֻהוּ. Perf. מְצָאוֹ; P. שְׂנֵאֶךָ „er haßt dich“, und bei elidiertem א: מְצָאתָהּ „du fandest sie“. Inf. קָרְאִי „mein Rufen“. — Pi.: Imperf. וּתְדַכְּאוּנַּנִי

„und ihr zerschlagt mich" (Hi. 19, 2). Perf. P. מִלֵּאתָ֫נִי „du hast mich angefüllt". Inf. לְמַלְּאָם „um sie zu füllen".

7. Im Gegensatz zum ugar. Ind. *ʾibǵịh* = **ʾibǵaịuhū* „ich werde es zeigen"[1]) fußt das hebr. suff. Imperf. III יו (§ 82) samt Imp. auf **ịaglī* (§ 82, 2b): יִבְנֵם (יִקְטְלֵם) „er baut sie", יַעַנְךָ (§ 29, 2b) <**ịaʿnékā* <**ịaʿnīkā* „er antwortet dir", יַעֲנֶ֫נּוּ; Imp. עֲנֵ֫נִי, zuweilen plene: חַיֵּ֫יהוּ „laß ihn leben!" (Hab. 3, 2). In 3. M. Sg. Perf. schwanken die Formen: נָחַ֫נִי (vgl. קְטָלַ֫נִי) „er führte mich", andererseits P. עָשָׂ֫נִי „er schuf mich" sowie K. P. עָנָךְ <**ʿanaịakā*; „er antwortete dir"; analog קְטָלְךָ sind wiederum gebildet K. עָשְׂךָ, נָחֲךָ, P. קָנֶ֫ךָ (קְטָלֶ֫ךָ) „er hat dich geschaffen". Formen wie עָשָׂ֫הוּ bieten keine Schwierigkeit. Die suff. 3. F. Sg. lautet עָשַׂת־ <**ʿasāt* <**ʿasaịat* (§ 82, 2g): *עָשַׂ֫תְנִי, P. רָאָ֫תְךָ „sie sah dich". Zu Formen mit Afformativen vgl. das starke Verbum (§ 84).

8. Die doppelt schwachen Verben richten sich nach den entsprechenden Flexionsklassen.

a) Zu I נ und III א (§ 83, 1) vgl. Imperf. יִשָּׂאֲךָ „er trägt dich", Imp. שָׂא֫וּנִי; Hi. Imperf. יַשִּׁיאֲךָ „er täuscht dich", Perf. הִשִּׁיאַ֫נִי.

b) Als Beispiel I נ und III יו (§ 83, 2) diene Imperf. cons. Hi. וַיַּכּוֹ, וַיַּכֶּ֫נּוּ, וַיַּכֵּ֫הוּ „und er erschlug ihn", Pl. יַכּ֫וּךָ, וַיַּכּ֫וּהָ, וַיַּכּוּם; Juss. יַכֵּם; Imp. הַכֵּ֫ינִי; Perf. K. *הִכַּ֫נִי, הִכָּ֫הוּ, הִכִּיתוֹ, P. הִכָּ֫נִי, cons. וְהִכְּךָ und וְהִכִּתִ֫יךָ.

[1]) Gordon, § 9, 48.

c) Suff. Stämme I יו und III א (§ 83, 4) sind z. B. Imperf. יִרָאֲךָ ,,er fürchtet dich“, יִירָאוּךָ. — Hi.: Imperf. cons. וַיּוֹצִיאֵנִי ,,und er führte mich hinaus“. Perf. הוֹצִיאֲךָ, הוֹצֵאתִיךָ.

d) Für I יו und III יו (§ 83, 5) vgl. Hi. Imperf. K. אוֹדְךָ, P. אוֹדֶךָּ ,,ich preise dich“.

e) Zu II יו und III א (§ 83, 6) vgl. Imperf. cons. וַתְּבוֹאֵהוּ ,,und sie kam zu ihm“, Perf. בָּאַתְנוּ ,,sie kam zu uns“. — Hi.: Imperf. cons. וַיְבִיאֵנִי ,,und er ließ mich eintreten“; Perf. הֲבִיאוֹתִיו ,,ich brachte ihn“.

E. Partikeln

§ 86. Adverbien

1. Das Adv. geht, soweit noch erschließbar, teils auf Pronomina und deren Elemente, teils auf Nominal- und Verbalformen, mitunter auch auf Kurzsätze zurück[1]).

2. Demonstrativadverbia sind z. B. אָז ,,damals“, שָׁם, שָׁמָּה ,,dort, dahin“, כֹּה (AF. כוה, aram. *kā*) ,,so“; vgl. weiter § 31, 2d.

3. Fragepartikeln: a) Die Fragepartikel **ha* (wohl = ugar.[2]) lauṭet tib. הֲ vor Nichtlaryngalen: הֲנֵלֵךְ ,,sollen wir gehen?“ (1 R. 22, 15), הֲשַׂמְתָּ ,,hast du gesetzt?“ (Hi. 2, 3); הַ vor Schwa: *הַרְאִיתֶם ,,habt ihr gesehen?“ (1 S. 10, 24[3]), zuweilen mit sekundärer Gemination: הַלְּבֶן ,,einem Sohne?“; הֶ vor Kehllaut mit Qameṣ oder Ḥaṭef-Qameṣ: הֶהָיְתָה ,,war sie?“ (Jo. 1, 2), הֶחֳדַלְתִּי ,,sollte ich aufhören?“ (Jdc. 9, 9); הַ sonst vor Kehllaut: הַאֵלֵךְ ,,soll ich gehen?“, הַאַתָּה ,,du?“ (§ 16, 2b).

---

1) BL. § 80; Kautzsch, § 100.
2) Gordon, § 12, 5. 3) MT.: הַרְּאִיתֶם.

b) Neben הֲ begegnet אִם, אִם־; bei erwarteter bejahender Antwort steht הֲאִם, הֲלֹא; disjunktiv wird אִם . . . הֲ gebraucht.

c) Zu adv. אֵי und weiteren Interrogativa s. § 31, 2c und d.

4. Affirmativ sind אַךְ „gewiß, nur", אָכֵן „gewiß, aber", לוּ (ugar. *l* = **lū*; akkad. *lū*[1]) neben לוּא (1 S. 14, 30) und לֻא (2 S. 19, 7) „fürwahr".

5. Negationen sind אַל־, selten אַל (ugar. *'*al*) „nicht" beim Proh. (§ 100, 4d); לֹא (ugar. *l* = **lā*; AF. לוא, aram. *lā*) und בַּל (ugar. *bl* = **bal*) „nicht"; אֲבָל „nein", auch „gewiß".

6. Wunschpartikel ist לוּ (= babyl.; MO. 73) „o wenn doch!".

7. Zahlreich sind Nomina im adv. Akk.: a) Subst. sind אוּלָם, אֻלָם „nichtsdestoweniger", אֶפֶס „nicht mehr", הַיּוֹם „heute", יַחַד „beisammen", כְּבָר „längst", מְאֹד „sehr", מְעַט „wenig" סָבִיב „rings", שֶׁבַע, שִׁבְעָתַיִם „siebenmal (§ 60, 5).

b) Beim adv. gebrauchten Adj., Part. oder Zahlwort steht gewöhnlich das F.: אַחַת „einmal" (§ 60, 5), יְהוּדִית „auf judäisch", נִפְלָאוֹת „wunderbar" (Hi. 37, 5), רִאשׁוֹנָה „zuerst", שְׁתַּיִם „zweimal".

8. Zum adv. gebrauchten Nomen mit Präfix vgl. לְבַד „allein", suff. לְבַדּוֹ, לְבַדְּךָ; מִבַּיִת, מִבַּיְתָה „drinnen"; בַּחוּץ, לַחוּץ, מִחוּץ „draußen"; בָּרִאשׁוֹנָה „vormals".

9. Nomina der Existenz bilden mit nachfolgendem Subst. oder mit Suffix einen Nominalsatz (§ 90, 1); sie werden im Deutschen adv. wiedergegeben.

[1] Gordon, § 9, 12.

a) אַ֫יִן, P. אָ֫יִן; cstr. אֵין „Nichtsein“; suff. אֵינֶ֫נִּי „ich bin nicht“, אֵינְךָ, אֵינֵךְ, אֵינֶ֫נּוּ, אֵינֶ֫נָּה, *אֵינְכֶם, אֵינָם, אֵינֶ֫מּוֹ <*ʾēnahímmō (§ 30, 3c). Zu אָדָם אַ֫יִן „Menschen [gab es] nicht“ (Gn. 2, 5) vgl. § 90, 4.

b) יֵשׁ, יֶשׁ־ <*ʾiṯai̯; ugar. ʾiṯ = *ʾiṯē[1]) „Vorhandensein“: יֶשְׁךָ „du bist da“, יֶשְׁנוֹ, יֶשְׁכֶם, neben יִשְׁכֶם (Dt. 13, 4).

c) עוֹד „Dauer“: עוֹדֶ֫נִּי „ich bin noch“, עוֹדְךָ, עוֹדָךְ, עוֹדֶ֫נּוּ, עוֹדֶ֫נָּה, עוֹדֵ֫ינוּ (Thr. 4, 17[2]), עוֹדָם; dazu mit Präfix z. B. בְּעוֹדִי „mein Leben lang“, מֵעוֹדִי „seitdem ich bin“.

d) Zu אֵי vgl. § 31, 2c.

e) Wie ugar. *ʿmn* = *ʿimman[3]) „mit“ zeigt, haben Formen wie אַיֶּ֫כָּה (§ 31, 2c), אֵינֶ֫נּוּ, עוֹדֶ֫נִּי ein verstärkendes Element *-an*, z. B. *ʾēnan-hū > אֵינֶ֫נּוּ, das auch im Energ. (§ 63, 3a) enthalten ist.

10. Zum adv. Inf. abs. Hi. vgl. הַרְבֵּה „Menge, viel“ (§ 82, 5a).

11. In מַדּ֫וּעַ „warum“ ist ein alter Pass.-Satz *mā i̯adūʿ „was ist erkannt?“ erhalten.

§ 87. Präpositionen

1. Echte Präpositionen gibt es gemeinsem. nicht (§ 3, 2c), lediglich Nomina im adv. Akk., die ein nachfolgendes Wort im Gen. regieren[4]).

2. Einradikalige Partikeln בְּ „in, an, bei“; לְ „nach, zu, für, gegen, an, wegen“ und vergleichendes כְּ „wie“ verschmelzen als Präfixe mit dem regierten Wort.

[1]) Gordon, § 12, 4. [2]) Qere. [3]) Gordon, § 10, 14.
[4]) BL. § 81; Kautzsch, § 101ff.

a) Die Grundformen lauten *bi, *la, *ka. Im hebr. Vokalismus herrscht *a* auch bei *bi vor, ausgenommen suff. בִּי <*biia „bei mir“ (§ 30, 3c), hierzu analog לִי <*liia „mir“. Der Präfixvokal kann reduziert werden (vgl. etwa Sek. βα-, λα- neben häufigerem β-, λ-, χ-[1]), oder bei Laryngalelision (§ 22, 3a) verschwinden; z. B. Sek. λωλαμ <*la'ōlam <*la-'ālami „in Ewigkeit“, babyl. לאֹכֹל *lekol*, tib. לֶאֱכֹל „zu essen“, לעֲשׂוֹת *läśōt*, tib. לַעֲשׂוֹת „zu tun“ (§ 29, 2), aber auch לַאדֹנִי <*la'adōnī <*la'adāniia „meinem Herrn“.

b) Das Präfix lautet gewöhnlich בְּ, לְ, כְּ: בְּעִיר „in einer Stadt“, כְּאֹיֵב „wie ein Feind“ לְשִׁמְךָ „deinem Namen“. Bei nachfolgendem Schwa entsteht eine geschlossene Silbe mit Präfixvokal *i*: לִבְזֹה (babyl. *libzē*) „zu verachten“ (MO. 188); Sek. dagegen α, vgl. λαβλωμ mit tib. P. לִבְלוֹם „zu bändigen“ (Ps. 32, 9), und sam. *e*, vgl. *lelbaš* mit tib. לִלְבֹּשׁ „sich zu bekleiden“ (Gn. 28, 20[2]). Vor Ḥaṭef-Laut erhält das Präfix tib. den entsprechenden Vollvokal: לֶאֱכֹל „zu essen“. Hier liegen vielfach Laryngalrestitution und Vokalausgleich vor; vgl. Sek. λαηριμ mit tib. לַאֲחֵרִים „für andere“ (Ps. 49, 11), Sek. βαεμουναθαχ mit tib. P. בֶּאֱמוּנָתֶךָ „in deiner Treue“ (Ps. 89, 50). Daneben begegnet statt Ḥaṭef-Laut auch Schwa quiescens: לַעְזוֹר „zu helfen“ (Jos. 10, 33); לִהְיוֹת „zu sein“, לִחְיוֹת „zu leben“ (§ 82, 2h); zum Meteg vgl. § 16, 2a.

c) Mit anlautendem *ie* verschmelzen die Präfixe zu בִּי, לִי, כִּי (§ 22, 4b): בִּיהוּדָה „in Juda“. Kehllautelision liegt vor in לַאדֹנִי neben לַאֲדֹנִי „meinem Herrn“; כֵּאלֹהֵינוּ „wie unser

[1] E. Brønno, Studien über hebr. Morphologie und Vokalismus, 218f.
[2] F. Diening, Das Hebr. bei den Samaritanern, 26.

Gott“, dagegen לֶאֱ֫לוֹהַּ; לַיהוָה hat Ketib לַיהֹוֶה und Qere לַאדֹנָי (§ 17, 2); לֵאמֹר „zu sagen, nämlich“ (§ 77, 1d).

d) Nach § 23, 2a steht vor dem Druck oft langer Präfixvokal: לָדִין „zu richten“, לָ֫לֶכֶת „zu gehen“, doch bei Druckverschiebung לְצֵאת בְּנֵי־יִשְׂרָאֵל „beim Auszuge der Israeliten“ (Ex. 19, 1) ;vor Maqqef: לָתֶת־לָ֫נוּ „uns zu geben“ (Jos. 17, 4). Ebenso lautet das Präfix z. B. bei adv. בָּזֶה „hier“, לָזֹאת „deshalb“, כָּזֹאת „ebenso“, בַּמֶּה, בַּמָּה, „worin?“, לָמָה neben לָ֫מָּה und לָמֶה „warum?“ (§ 31, 2b); לָבֶ֫טַח „in Sicherheit“, לָעַד „in Ewigkeit“, לָרֹב „in Menge“; schließlich bei Wiederholungen besonders in Pausa, פֶּה לָפֶה „Mund zu Mund“ (2 R. 10, 21), zuweilen auch sonst, לָנֶ֫פֶשׁ „wegen einer Leiche“ (Lv. 19, 28).

e) Zur Elision des Artikels nach Präfix s. § 32, 5.

f) Die suff. Partikeln בְּ, לְ lauten:

1. c.	Sg.	בִּי	לִי	Pl.	בָּ֫נוּ	לָ֫נוּ
2. M.	K.	בְּךָ	K. לְךָ		בָּכֶם	לָכֶם
	P.	בָּךְ	P. לָךְ			
2. F.		בָּךְ	לָךְ		–	לָכֶ֫נָה, לָכֶן*
3. M.		בּוֹ	לוֹ		בָּהֶם, בָּם	לָהֶם, לָהֵ֫מָּה
					בָּהֵ֫מָּה	לָ֫מוֹ
3. F.		בָּהּ	לָהּ		בָּהֵן, בָּהֶן	לָהֶן, לָהֵן[1]
					בָּהֵ֫נָּה	לָהֵ֫נָּה

[1]) Rt. 1, 13 in der Bedeutung „deshalb“: doch vgl. BHK.[3] z. Stelle.

Zum Suffix vgl. §§ 30, 3; 46. Ziemlich regelmäßig begegnet in AF. das sogenannte א metatheticum z. B. in ביא, tib. בִּי, oder לוא, tib. לוֹ (§§ 9, 4; 12, 2). K. 2. M. Sg. לְךָ, בְּךָ ist restituiert aus *låḵ*, *båḵ*; vgl. P. לָךְ und Sek. K. P. βαχ (Ps. 31, 2. 20). Die Grundform lautet **lakā* und **bakā* (<**bikā*) wie AF. לכה *lákā* = MT. לכה (tib. לְכָה; Gn. 27, 37). Zu 2. F. Sg. לָךְ <**lakī* vgl. AF. לכי *lákī*. 3. F. Sg. לָהּ < **lahā* lautet in AF. noch voll aus, so בהא *báhā*. Zu 2. M. Pl. לָכֶם < **lakímmā* vgl. AF. לכמה *lakímmā*. Tib. לָהֶם, בָּהֶם, לָהֵ֫מָּה, בָּהֵ֫מָּה entspricht AF. להמה *lahímmā*; zur Kontraktionsform בָּם vgl. Sek. βαμ (Ps. 49, 15). Poetisch ist לָמוֹ <**lahimmō*. 3. F. Pl. בָּהֵן, בָּהֶן, בָּהֵ֫נָּה hat die Grundform *bahínnā*, vgl. AF. להנה *lahínnā*. 2. F. Pl. *לָכֶן ist nicht belegt.

g) Vergleichendes כְּ „wie" wird suffigiert in einer durch enklit. *-mā* verstärkten Form **kamā* (= ugar.[1]) >**kamō* (§ 23, 1a): Sg. כָּמ֫וֹנִי (§ 30, 3c), כָּמ֫כָה, כָּמ֫וֹהוּ, כָּמ֫וֹהָ; Pl. כָּמ֫וֹנוּ, כָּכֶם und כְּמוֹכֶם, 3. M. כָּהֶם, כָּהֵם, כָּהֵ֫מָּה, כְּמוֹהֶם, 3. F. כָּהֵן, כָּהֵ֫נָּה. 2. F. Sg. und Pl. ist nicht belegt.

h) Bereits altkan. ist die Verselbständigung der Präfixe durch das enklit. *-ma* in בְּמוֹ < **bimā*, לְמוֹ <**lamā*, כְּמוֹ <**kamā*[2]).

3. Selbständige Präpositionen. a) Proklit. mit Maqqef steht מִן־ „von" gewöhnlich vor dem Artikel, מִן־הָאָ֫רֶץ „aus dem Lande", seltener P. מֵהַבָּ֫יִת „aus dem Hause" (Ez.

[1]) Gordon, § 10, 9.
[2] Gordon, § 11, 4.

43, 6); zuweilen auch sonst: מִן־בֹּ֫קֶר „vom Morgen an" (Ex. 18, 14), מִן־שְׁאוֹל, doch Sek. μεσσω[λ] „aus der Unterwelt" (Ps. 30, 4). Poetische Nebenformen sind מִנִּי, מִנֵּי־ neben מִנֵּי (Jes. 30, 11), z. B. מִנִּי־אָרֶץ „von der Erde" (Hi. 18, 17). In der Regel erfolgt Präfigierung: מִיָּדוֹ „aus seiner Hand" (§ 24, 3b), מִשְּׁ֫לֹשֶׁת חֳדָשִׁים „nach drei Monaten" (§ 28, 3b), מִימֵי שְׁמוּאֵל „seit den Tagen Samuels" (analog 2c) neben Pl. cstr. מִיְּשֵׁנֵי „von Schlafenden" (Da. 12, 2); vor Kehllaut und ר: מֵעַם „von einem Volke", מֵרֹב „vor der Menge", selten מְהְיוֹת „vom Sein" (§ 82, 2h), מִחוּץ „draußen" (§ 28, 3b).

Suff. lautet die ugar. nicht belegte Partikel in 2. M. Pl. מִכֶּם, 3. M. Pl. מֵהֶם, מֵהֵ֫מָּה, selten מִנְּהֶם; 3. F. Pl. מֵהֵ֫נָּה, מֵהֵן. Sonst treten die Suffixe gewöhnlich an redupliziertes *mimman: Sg. מִמֶּ֫נִּי neben K. מִנִּי, P. מֶנִּי, K. מִמְּךָ, P. מִמֶּךָּ; מִמֵּךְ, מִמֶּ֫נּוּ neben P. מֶנְהוּ, מִמֶּ֫נָּה; Pl. מִמֶּ֫נּוּ.

b) Neben der Akk.-Partikel אֵת, אֶת־ (babyl. ʾeṯ) <*ʾii̯at, *ʾii̯āt ([?]; vgl. altphön. ʾi̯t, aram. i̯aṯ[1]) steht אֵת, אֶת־ (babyl. ʾiṯṯ) „mit". Erstere lautet suff.: Sg. 1. c. אֹתִי „mich", 2. M. K. אֹתְךָ, P. אֹתָךְ, 2. F. אֹתָךְ, 3. M. אֹתוֹ (babyl. auch ʾeṯō), 3. F. אֹתָהּ; Pl. 1. c. אֹתָ֫נוּ, 2. M. אֶתְכֶם, אֹתְכֶם (babyl. ʾeṯkäm, sam. ʾitkímmā, AF. אתכמה ʾetkímmā), 3. M. אֹתָם, אֶתְהֶם, אוֹתְהֶם, 3. F. אֹתָן, אֶתְהֶן, אוֹתְהֶן (babyl. ʾōṯᵉhän).

Für אֵת „mit, bei" ergibt sich: Sg. 1. c. אִתִּי, 2. M. K. אִתְּךָ, P. אִתָּךְ, 2. F. אִתָּךְ, 3. M. אִתּוֹ, 3. F. אִתָּהּ; Pl. 1. c. אִתָּ֫נוּ, 2. M. אִתְּכֶם, 3. M. אִתָּם.

[1]) J. Friedrich, Phön.-pun. Grammatik, §§ 255f.

c) עִם, עִם־ „mit" — ugar. *ʿm* = **ʿim*, verstärkt *ʿmn* = **ʿimman* (§ 86, 9e); syr. *ʿam*, Sek. εμ (§ 23, 2b) — lautet suff.: Sg. 1. c. עִמִּי, עִמָּדִי (vgl. arab. *ʿindī* < **ʿimdī*), 2. M. K. עִמְּךָ, P. עִמָּךְ, 2. F. עִמָּךְ, 3. M. עִמּוֹ, 3. F. עִמָּהּ; Pl. 1. c. עִמָּ֫נוּ, 2. M. עִמָּכֶם, 3. M. עִמָּהֶם, עִמָּם.

d) אֶל (babyl. *ʾil*) אֶל־ < **ʾilaį* „zu", עַד, עַד־ < **ʿadaį* „bis", עַל, עַל־ < **ʿalai* „auf", poetisch constr. אֱלֵי־, עֲדֵי, עֲלֵי, lauten wohl altkan. noch vokalisch aus[1]). Dementsprechend haben diese Partikeln scheinbar Pl.-Suffixe:

1. c.	Sg. K.	אֵלַי,	עָדַי;	עָלַי	Pl.	אֵלֵ֫ינוּ	—	עָלֵ֫ינוּ
	P.	אֵלָי	—	עָלָי				
2. M.		אֵלֶ֫יךָ,	עָדֶ֫יךָ,	עָלֶ֫יךָ		אֲלֵיכֶם,	עֲדֵיכֶם,	עֲלֵיכֶם
2. F.	K.	אֵלַ֫יִךְ	—	עָלַ֫יִךְ		—	—	עֲלֵיכֶן
	P.	אֵלָ֫יִךְ	—	עָלָ֫יִךְ				
3. M.		אֵלָיו,	עָדָיו,	עָלָיו		אֲלֵיהֶם	—	עֲלֵיהֶם
						אֵלֵ֫ימוֹ		עָלֵ֫ימוֹ
3. F.		אֵלֶ֫יהָ,	עָדֶ֫יהָ,	עָלֶ֫יהָ		אֲלֵיהֶן	—	עֲלֵיהֶן

e) *בַּ֫יִן, cstr. בֵּין „zwischen" (ugar. *bn* = **bēna* < **baįnu* „Zwischenraum") fungiert als Sg. und als Pl. M. cstr. בֵּינֵי[2]), daneben als Pl. F. בֵּינוֹת (ugar. *bnt* = **bēnāt-*[3]): Sg. 1. c.

[1]) Gordon, § 10, 12f.: **ʿad(ē)*, **ʿal(ē)*.
[2]) Nur vor Suffixen.
[3]) Koehler, 121.

בֵּינִי, 2. M. K. בֵּינְךָ, P. בֵּינֶ֫ךָ, 2. F. בֵּינֵךְ, 3. M. בֵּינוֹ, בֵּינָיו; Pl. 1. c. בֵּינֵ֫ינוּ, בֵּינוֹתֵ֫ינוּ, 2. M. בֵּינֵיכֶם, 3. M. בֵּינֵיהֶם, בֵּינֹתָם.

f) Ferner stehen präpositional z. B. אֵ֫צֶל „Seite", suff. אֶצְלוֹ „neben ihm". F. cstr. בִּלְתִּי (§ 45, 3d) <*baltu (s. u. h.) „Nichtsein": בִּלְתִּי טָהוֹר „unrein" (1 S. 20, 26), suff. P. בִּלְתֶּ֫ךָ „ohne dich" (1 S. 2, 2); cstr. בְּעַד <*ba'du „Abstand", (ugar. *b'd* = **ba'da*) „zwischen, durch, hinter": בְּעַד הַחַלּוֹן „durch das Fenster", suff. Sg. 1. c. בַּעֲדִי und P. בַּעֲדֵ֫נִי, בַּעֲדוֹ, בַּעַדְכֶם, בַּעַדְךָ (§ 29, 2b); F. cstr. זוּלַת („Entfernung") „außer": suff. זוּלָתִי, זוּלָֽתְךָ; נֶ֫גֶד („Gegenüber") „gegenüber, in Gegenwart von, vor": נֶ֫גֶד אַחַי „vor meinen Brüdern", suff. נֶגְדּוֹ.

g) Im St. cstr. Pl. steht אַחֲרֵי neben ursprünglichem אַחַר „hinter": אַחֲרֵי־כֵן „hierauf", suff. אַחֲרָיו; ferner סְבִיבוֹת „rings": suff. סְבִיבוֹתָיו neben סְבִיבָיו; תַּחְתַּי neben תַּ֫חַת „unter": suff. תַּחְתָּיו neben תַּחְתּוֹ.

h) Sg. cstr. בְּלִי „Nichtsein, ohne", vgl. בְּלִי־שֵׁם „namenlos", und יַ֫עַן „wegen" haben keine Suffixe.

4. Häufig begegnen zusammengesetzte Präpositionen, z. B. מֵעִם „von", בֵּית לְ, auch לְמִבֵּית לְ, מִבַּ֫יִת לְ und אֶל־מִבֵּית לְ „innerhalb", לִפְנֵי „vor" und מִתַּ֫חַת לְ „unterhalb".

5. Enkl. steht נָא, ־נָא „doch!", ein Demonstrativelement *-nā*, das im altkan. Energ. **i̯aqtulannā* (§ 63, 3a) vorkommt, hebr. aber verselbständigt ist; doch vgl. noch AF. *z(o)korānnā* „gedenke doch!" (tib. זְכָר־נָא; Jes. 38, 3); ferner אַל־נָא „nicht doch!", הִנֵּה נָּא „siehe doch!" (Gn. 19, 2).

§ 88. Konjunktionen

1. Die gewöhnlichste Konjunktion[1]) ist וְ <*u̯a „und“; vgl. §§ 22, 4b; 25, 2. Zu וַ mit folgender Gemination im Imperf. cons. s. § 28, 3a; zur Aufhebung derselben z. B. in וַיְהִי „und es geschah“ s. § 28, 3b. Die Kopula lautet וָ vor der Drucksilbe am Ende eines Satzes oder eines Satzteils, וָמַ֫תְנוּ שָׁם „und wir werden dort sterben“ (2 R. 7, 4), und in Verbindungen wie תֹּ֫הוּ וָבֹ֫הוּ „Wüste und Leere“ (Gn. 1, 2).

2. a) Beiordnende Konjunktionen sind neben וְ „und“ z. B. אַף „auch“, גַּם . . גַּם „sowohl . . . als auch“, אוֹ . . אוֹ „sei es . . sei es“, כְּ „wie“ vor Inf. und Partizipium.

b) Von den subordinierenden Konjunktionen kann אֲשֶׁר, שֶׁ· (§ 31, 3a. b) jeden abhängigen Satz einleiten: „daß, so daß, weil, wenn, als“. Ferner אִם, אִם־ „wenn, wenn auch“, daneben „wenn“ im temporalen Sinne; לוּ „wenn“, בַּל, פֶּן־, „daß nicht“, טֶ֫רֶם „bevor“, יַ֫עַן „weil“, בִּלְתִּי „ohne daß“.

3. Zusammengesetze Formen sind etwa אַחֲרֵי־אֲשֶׁר „nachdem“, בַּאֲשֶׁר, בְּשֶׁ· „weil“, בְּטֶ֫רֶם „bevor“, גַּם כִּי „obgleich“, יַ֫עַן כִּי „weil“, כַּאֲשֶׁר „wie, weil, wie wenn“, כְּלֹא „als ob nicht“, לוּלֵא „wenn nicht“ (irreal; § 122, 4a), מֵאָז „seit“, עַד אֲשֶׁר, עַד שֶׁ· „bis“, עַד־בִּלְתִּי „bis nicht“, תַּ֫חַת אֲשֶׁר „anstatt daß, dafür daß“, תַּ֫חַת כִּי „weil“.

[1]) BL. § 82; Kautzsch, § 104.

§ 89. Interjektionen

1. Interjektionen[1]) im Sinne von Lautgesten sind z. B. אֲהָהּ (arab. *'ah*) „ach!", אוֹי, אוֹיָה „wehe!", אָח, אָנָּא neben אָנָּה „ach!", הוֹ־הוֹ „wehe!".

2. Imp.-Charakter haben K. הַס, P. הָס „still!"; הַב, הָבָה „wohlan!, her!" (§ 78, 1); הֵן, הִנֵּה „siehe!", suff. הִנְנִי, הִנֵּנִי, P. הִנֵּנִי „siehe ich!" Hierher gehört Imp. לְכָה, לֵךְ (§ 78, 9a) „wohlan!", קוּמָה (§ 80, 3e) „auf!", רְאֵה „sieh!" (§ 82, 2f).

3. Schließlich sei verwiesen auf בִּי „bitte", חָלִילָה „fern sei es!".

Vierter Teil: Satzlehre

A. Der Satz und seine Teile

1. Der Satzbau

§ 90. Der Nominalsatz

1. Der Nominalsatz[2]), ein besonderes Kennzeichen der sem. Syntax, besteht gewöhnlich aus Subjekt und Prädikat; er sagt aus über den Zustand des Subjekts. Die Wortstellung ist meist Subjekt-Prädikat: הַבַּיִת מָלֵא „Das Haus [ist] voll". Das ursprünglich nominale Perf. (§ 3, 2d) weist noch auf eine ältere umgekehrte Wortfolge hin: זָקַנְתָּ <**zaqin-tā*

---

[1]) BL. § 83; Kautzsch, § 105.

[2]) Kautzsch, § 141; GVG II, §§ 20—59; H. Reckendorf, Arab. Syntax (1921), §§ 1—4; J. Friedrich, Phön.-pun. Grammatik, § 316; Gordon, § 13, 2; K. Oberhuber, Vetus Testamentum 3 (1953), 2-45.

(§ 64, 1b) „du [bist] alt"; so auch עוֹדֶנּוּ < *ʿōdan-hū (§ 86, 9c) „er [ist] noch".

2. a) Subjekt kann ein Subst. sein: הַשָּׁמַיִם מְסַפְּרִים „die Himmel [sind] erzählend (= erzählen)", dementsprechend ein Eigenname: אַבְרָהָם זָקֵן „Abraham [war] alt".

b) Das Pronomen als Subjekt kongruiert im Genus und Numerus mit dem nominalen Prädikat: הִיא מְלֵאָה „sie [war] angefüllt". Pronominales Subjekt liegt auch vor in וּלְנָגִיד מִמֶּנּוּ „und Fürst [war einer] von ihm" (1 Chr. 5, 2); zu verstärkendem לְ vgl. § 94, 3c.

3. Das Prädikat kann bestehen aus Subst., Adj. und Part., Pronomen und Adverbialbestimmungen.

a) Subst.: וַהֲדַד נַעַר „und Hadad [war] ein Knabe". Nach sem. Sprachempfinden treten Maß- und Materialangaben in das prädikative Verhältnis: קִירֹתָיו עֵץ „seine Wände [waren aus] Holz" (Ez. 41, 22); עַמּוּדֵיהֶם עֲשָׂרָה „ihre Säulen [waren] zehn [an Zahl]" (Ex. 38, 12).

b) Adj. und Part.: הָרָעָב כָּבֵד „die Hungersnot [war] schwer"; שְׁמִי נוֹרָא „mein Name [ist] gefürchtet".

c) Pronomen: מִי הָאִישׁ הַלָּזֶה „wer [ist] dieser Mann?".

d) Adv.: עֹשֶׁר בְּבֵיתוֹ „Reichtum [ist] in seinem Hause".

e) Das subst. oder adj. Prädikat ist nicht determiniert (§ 96, 4f).

4. Die Verneinung erfolgt in der Regel durch abs. אַיִן oder cstr. אֵין „Nichtsein": וְאָדָם אַיִן „und Menschen [gab es] nicht"; אֵין אִישׁ עִמָּנוּ „kein Mann [ist] bei uns". Dagegen

verneint לֹא ein einzelnes Wort: יָדֶיךָ לֹא אֲסֻרוֹת „deine Hände [waren] ungebunden“; besonders bei pronominalem Subjekt: לֹא נְבוֹנִים הֵמָּה „sie [sind] nicht einsichtig“.

5. Da der Nominalsatz als Zustandsaussage zeitlich neutral ist, muß die Zeitstufe aus dem Zusammenhange erschlossen werden.

6. a) Eingliedrig ist der Nominalsatz z. B. im Inf. abs. שָׁמוֹר „Achtung!“ (§ 103, 5).

b) Häufiger sind die dreigliedrigen Nominalsätze, in denen das Personalpronomen 3. M. F. Sg. oder Pl. sowie הָיָה „sein“ als eine Art Kopula gebraucht werden: אָנֹכִי הוּא מְנַחֶמְכֶם „ich bin euer Tröster“; רוּחַ הִיא בֶאֱנוֹשׁ „Geist ist im Menschen“, הוּא הָיָה אִישׁ מִלְחָמָה „er war ein Kriegsmann“.

7. Die Wortfolge ist Prädikat-Subjekt, wenn auf dem Prädikat ein besonderer Nachdruck liegt: עָפָר אַתָּה „Staub [bist] du!“; so fast stets bei prädikativ gebrauchtem Fragepronomen (s. o. 3c) und oft beim prädikativen Demonstrativpronomen: זֶה[1]) פִּתְרֹנוֹ „das [ist] seine Deutung“, neben מַחֲנֵה אֱלֹהִים זֶה „dies [ist] das Heerlager Gottes“.

§ 91. Der Verbalsatz

1. Der einfache Verbalsatz[2]) besteht aus Subjekt und Verbum finitum als Prädikat. Er kann eine Handlung, einen Vorgang, aber auch einen Zustand beschreiben: וַיֹּאמֶר הָאָדָם „und der Mensch sprach“, אָמְרוּ אֲחֵיכֶם „eure Brüder sagen“;

[1]) Trenner, die nach BHK.[3] Dagesch lene bedingen (§ 14, 4a), werden in den folgenden Beispielsätzen angegeben.

[2]) Kautzsch, § 142; GVG II, §§ 60f., 95, 107; H. Reckendorf, Arab. Syntax, §§ 5f.; J. Friedrich, Phön.-pun. Grammatik, § 316.

זָקֵן יִצְחָק „Isaak war alt". Die Wortfolge ist meist Prädikat-Subjekt. Sie erklärt sich daraus, daß das Verbum finitum bereits einen ganzen Satz mit pronominalem Subjekt darstellt: כָּתַבְתִּי „ich schrieb", daß also das Subjekt nur ergänzend hinzutritt: וַיָּבֹא הָאִישׁ „und er trat ein — der Mann". Auf eine ältere Reihenfolge Subjekt-Prädikat weist das Imperf. (§ 3, 2d) hin: יִכְתֹּב <**i̯a-ktub* „er schreibt".

2. Die Wortfolge Subjekt-Prädikat findet sich bei betontem Subjekt: הַנָּחָשׁ הִשִּׁיאַנִי „Die Schlange hat mich verführt"; so besonders in Zustandssätzen: אָבִינוּ זָקֵן „unser Vater ist alt geworden". Hier fließen die Grenzen zum Nominalsatz, zumal da Formen wie זָקֵן auch nominal aufgefaßt werden können: אָבִינוּ זָקֵן „unser Vater [ist] alt".

3. Die gewöhnliche Negation des Affirmativsatzes ist לֹא, z. B. לֹא יָבֹא „er kommt nicht". Zum Prohibitiv s. § 100, 4d; zum negierten Finalsatz vgl. § 117, 2b.

4. Zu den Zeitstufen des Verbalsatzes s. §§ 101f.

§ 92. Der erweiterte und der zusammengesetzte Satz

1. Das Subjekt wird durch Attribut (§ 97) oder Apposition (§ 98) ergänzt; so im Nominalsatz: וְהַמֶּלֶךְ דָּוִד זָקֵן „und der König David [war] alt" (appositionell), und im Verbalsatz: וַיָּמָת מֶלֶךְ מִצְרַיִם „und es starb der König Ägyptens" (attributiv).

2. a) Im Nominalsatz kann das Prädikat ebenfalls erweitert werden; z. B. attributiv: הוּא הָיָה אִישׁ מִלְחָמָה „er war ein

Kriegsmann“, adv.: וְהוּא יֹשֵׁב פֶּתַח־הָאֹהֶל „und er saß im Zelteingang“, oder durch Objekt: הִנֵּה־אָנֹכִי מֵקִים רֹעֶה בָּאָרֶץ „siehe, ich lasse aufstehen einen Hirten im Lande“.

b) Die Wortfolge ist gewöhnlich Subjekt - Prädikat - Objekt - Adv.; andererseits aber auch: וְהִנֵּה מִן־הַיְאֹר עֹלֹת שֶׁבַע פָּרוֹת „und siehe, aus dem Nil stiegen sieben Kühe“.

3. Im erweiterten Verbalsatz ist die Wortfolge Verbum finitum — Subjekt — Objekt — adv. Bestimmung: וַיִּשְׁלַח דָּוִד אֶת־יָדוֹ אֶל־הַכֶּלִי „und es steckte David seine Hand in die Tasche“; doch auch hier gibt es Variationen.

4. Dem Sem. eigentümlich ist der zusammengesetzte Nominalsatz[1]). Er besteht aus einem stets vorangehenden Subjekt und einem Prädikat in Gestalt eines selbständigen Nominal- oder Verbalsatzes. Subjekt und Prädikat gehören für sem. Empfinden eng zusammen; daher ist es falsch, zu sagen, das Subjekt stehe im „Casus pendens“.

a) Im prädikativen Nominalsatz wird meist das Subjekt durch ein Pronomen wieder aufgenommen: יְהוָֹה בְּסוּפָה דַּרְכּוֹ „Jahwe — im Sturm [ist] sein Weg“ für einfaches דֶּרֶךְ יְהוָֹה בְּסוּפָה „der Weg Jahwes [ist] im Sturm“; mit pronominalem Subjekt: וַאֲנִי זֹאת בְּרִיתִי אוֹתָם „und ich — dies [ist] mein Bund mit ihnen“; in der Frageform: הֶאָנֹכִי לְאָדָם שִׂיחִי „ich — [gilt] Menschen meine Klage?“ Mitunter fehlt der pronominale Rückverweis: וְהַדָּבָר הִנֵּה יְהוָֹה בֵּינִי וּבֵינְךָ „und die Angelegenheit — siehe, Jahwe [steht diesbezüglich] zwischen mir und dir“.

b) Auch im prädikativen Verbalsatz begegnet meist ein pronominaler Rückverweis: אַדְמַתְכֶם . . . זָרִים אֹכְלִים אֹתָהּ

[1]) Kautzsch § 143; vgl. H. Reckendorf, Arab. Syntax, § 2.

„euer Acker . . . Fremde zehren ihn auf“; אָנֹכִי בַּדֶּרֶךְ נָחַנִי יְהוָה „ich — auf der Reise hat mich Jahwe geführt“; ohne Rückbezug: הַמֵּת . . . יֹאכְלוּ הַכְּלָבִים „der Sterbende . . . [ihn] sollen die Hunde fressen“. Darüber hinaus kann ein Objekt synt. als Subjekt gelten: אֶת כָּל־קִירוֹת הַבַּיִת . . . קָלַע פִּתּוּחֵי מִקְלְעוֹת כְּרוּבִים „alle Tempelwände . . . . er stattete [sie] mit Kerubenreliefs aus“; אֶת־יְהוָה צְבָאוֹת אֹתוֹ תַקְדִּישׁוּ „Jahwe der Heere — ihn sollt ihr heilig halten!“; desgleichen eine adv. Bestimmung: וּמֵעֵץ הַדַּעַת לֹא תֹאכַל מִמֶּנּוּ „und vom Baume der Erkenntnis — nicht sollst du von ihm essen!“.

c) Eine besondere Betonung des Subjekts erfolgt durch Einleitung des Prädikats mit וְ „und“: וְעַתָּה וַאֲנִי עַבְדְּךָ „und was die Gegenwart betrifft, so bin ich dein Knecht“; so vielfach bei Adv.-Bestimmungen: בְּמוֹתִי וּקְבַרְתֶּם אֹתִי „wenn ich tot bin, so begrabt mich“. Außerdem kann die altertümliche, traditionell mit לְ „zu“ verwechselte emphatische Partikel לְ <*_la_ (= arab.) oder <*_lū_ (= ugar. und akkad.; vgl. לוּ „fürwahr“[1]) das Subjekt hervorheben[2]): לְכֶלֶב חַי הוּא טוֹב מִן־הָאַרְיֵה הַמֵּת „wenn auch nur ein Hund, so ist er lebend besser daran als ein toter Löwe“ (Qoh. 9, 4).

---

[1]) Gordon 9, 12.

[2]) Vgl. A. Kropat, Die Syntax des Autors der Chronik (1909), 4ff; F. Nötscher, Vetus Testamentum 3 (1953), 372-380.

2. Syntax des Nomens

§ 93. Das Pronomen als Subjekt und Prädikat

1. Das Pronomen fungiert als Subjekt oder Prädikat[1]). Bezieht es sich in einem Nominalsatz als Subjekt auf ein subst. Prädikat oder als Prädikat auf ein subst. Subjekt, so richtet es sich in Genus und Numerus nach dem Substantivum.

2. a) Das selbständige Personalpronomen (§ 30, 2) begegnet als Subjekt des Nominalsatzes: הִיא שִׁפְחָה „sie [ist] eine Magd“, als Prädikat: אֲנִי הָאִשָּׁה „ich [bin] die Frau“, אַתָּה הָאִישׁ „du [bist] der Mann“; § 90, 2b.

b) Im Verbalsatz steht es nur, wenn das im Verbum finitum enthaltene Pronominalsubjekt verstärkt werden soll: וְכָזאת וְכָזאת יָעַצְתִּי אָנִי „aber so und so habe ich geraten“ (2. S. 17, 15); וְאַתֶּם פְּרוּ וּרְבוּ „ihr aber, seid fruchtbar und mehret euch!“

c) Im Nom. kann das Personalpronomen auch jeden anderen Satzteil verstärken; z. B. das Objekt: בָּרְכֵנִי גַם־אָנִי „segne auch mich!“

3. Das sowohl subst. wie adj. (§ 97) gebrauchte Demonstrativ (§ 31, 1) steht als Subjekt z. B. in זֶה הֶבֶל „das [ist] nichtig“; זֶה לֹא יֵלֵךְ עִמָּךְ „dieser wird nicht mit dir gehen“. Häufig ist es Prädikat im Nominalsatz: זאת אוֹת־הַבְּרִית „dies [ist] das Bundeszeichen“; הֵמָּה הַגִּבּוֹרִים „jene [sind] die Helden“.

4. a) Subst. מִי „wer?“, מָה „was?“ (§ 31, 2a. b) steht als Subjekt: מִי חָכָם „wer [ist] klug?“, מִי־הֶבְאֲךָ הֲלֹם „wer hat

[1]) Kautzsch, §§ 135ff.

dich hierher gebracht?"; als Prädikat: מִי הָאֲנָשִׁים הָאֵלֶּה „wer [sind] diese Männer?", מָה הַדָּבָר הַזֶּה „was [bedeutet] diese Sache?".

b) Zu adj. אֵיזֶה „welcher?" s. § 31, 2c.

§ 94. Das Nomen als Subjekt und Prädikat

1. Subjekt eines Satzes kann, abgesehen vom bereits behandelten subst. Pronomen (§ 93), jedes Nomen sein: das eigentliche Subst. einschließlich Eigennamen, das subst. Adj. und das subst. Partizipium. Für Nominal- und Verbalsatz gilt die Grundregel, daß das Subjekt sein nominales oder verbales Prädikat nach Genus und Numerus regiert. Diese Regel wird jedoch oft durchbrochen, da Sprachlogik und formale Kongruenz nicht immer zusammenfallen[1]).

2. a) Das natürliche Geschlecht haben Wörter wie אָב „Vater", אֵם „Mutter". Wo in einem Wort M. und F. zusammenfallen, entscheidet der Sinn: וְהִנֵּה גְמַלִּים בָּאִים „und siehe, Kamele kamen", גְּמַלִּים מֵינִיקוֹת „säugende Kamele", daneben unter Dominanz des formalen M.: גְּמַלִּים מֵינִיקוֹת וּבְנֵיהֶם „säugende Kamele und ihre Jungen".

b) Stehen M. und F. nebeneinander, so herrscht M. vor; s. u. 4.

c) Als F. gelten häufig Körperteile, ferner Werkzeuge und auch Kleidungsstücke, besonders wenn sie paarweise vorkommen: אֹזֶן „Ohr", יָד „Hand", עַיִן „Auge", רֶגֶל „Fuß", שֵׁן „Zahn", כָּנָף „Flügel"; נַעַל „Schuh", חֶרֶב „Schwert". Andererseits sind M. אַף „Nase", אוֹפָן „Rad".

---

[1]) Kautzsch, §§ 122—124.

d) Abstrakta können M. sein, z. B. das Verbalsubst. הֶ֫רֶג „Mord". Meist aber sind es F.-Bildungen wie טוֹבָה „Gutes", גְּבוּרָה „Stärke", שְׁמוּעָה „Gerücht" (§ 37, 5a) oder Pl., גְּדוֹלוֹת „Großes"; ferner Verbalsubstantive: יִרְאָה „Furcht" (§ 35, 1b), דֵּעָה und דַּ֫עַת „Wissen", sowie durch *-ūṯ* und *-īṯ* besonders gekennzeichnete Abstraktbildungen (§ 56).

e) Geographische Bezeichnungen sind oft F.; z. B. אֶ֫רֶץ, Pl. אֲרָצוֹת „Land, Erde", עִיר, Pl. עָרִים (§ 58, 17) „Stadt". Jedoch schwankt der Genusgebrauch oft ohne ersichtlichen Grund, so ist שַׁ֫עַר „Tor" M. und F.; andererseits ändert sich das Genus mit dem Sinn; vgl. F. אֶ֫רֶץ „Land" mit kollektivem M.: וְיֵדְעוּ כָּל־הָאָ֫רֶץ „und es soll die ganze Welt (= alle Leute) erkennen" (1 S. 17, 46).

f) Geographische Namen sind ebenfalls oft F., z. B. אַשּׁוּר „Assur" als Stadt; mit der Bedeutungsverschiebung kann sich auch hier das Genus ändern, so M. אַשּׁוּר „Assyrer" als Volk neben F. (Ez. 32, 22).

g) Titel haben, wie im Arab., manchmal F.-Formen, sind aber M.: קֹהֶ֫לֶת „Prediger".

3. a) Der rudimentäre Du. hat, abgesehen von adj. שְׁנַיִם „zwei" (§ 59, 1), im Gegensatz zum Ugar.[1]) keine adj. und pronominale Entsprechung. Er wird daher wie ein Pl. F. oder M. aufgefaßt; s. u. 4, b.

b) Das Genus beim Pl. widerspricht zuweilen der Sprachlogik; für die Kongruenz entscheidet dann meist der Sinn: וְהֶעָרִים בְּצֻרוֹת „und die Städte [sind] befestigt"; הָאָבוֹת מְבַעֲרִים אֶת־הָאֵשׁ „die Väter zünden das Feuer an".

---

[1]) Gordon, § 7, 4. 7.

c) Kollektivbegriffe wie אָדָם „Mensch, Menschen", בָּקָר „Großvieh", צֹאן „Kleinvieh", teilweise als F.-Bildungen: גּוֹלָה „Exulanten", יֹשֶׁבֶת „Bewohnerschaft", בַּת־צִיּוֹן „Einwohnerschaft von Jerusalem" (§ 43, 5), können ihr Prädikat im Pl. regieren, doch kommt ebenso der Sg. vor, besonders bei den F.-Formen: רָנִּי יוֹשֶׁבֶת צִיּוֹן „jubelt, ihr Bewohner des Zion!"

d) Die Formen אֲדֹנִים „Herr, Herren", אֱלֹהִים „Gott, Götter" können als Sg. oder als Pl. gebraucht werden; vgl. אֲדֹנִים קָשֶׁה „ein harter Herr" (Jes. 19, 4). Der Sinn entscheidet hier, wie auch im Phön.[1]), über den Numerus.

e) Pl.-Formen mit Sg.-Bedeutung, z. B. die Abstrakta זְקֻנִים „Greisenalter", עֹלֵלוֹת „Nachlese", bieten, da gewöhnlich als Pl. konstruiert, keine Besonderheit.

4. a) Im Nominalsatz ist die Kongruenz[2]) zwischen Subjekt und Prädikat die Regel, wenn letzteres ein Adj. oder Part. ist; s. § 90, 2b.

b) Nach kollektivem Subjekt begegnet der Pl. des Prädikats z. B. in וְהָעָם חֹנִים סְבִיבֹתָו „und die Leute lagerten rings um ihn" (1 S. 26, 5).

c) Zum Pl.-Subjekt mit Sg.-Bedeutung vgl. גָּדוֹל אֲדוֹנֵינוּ „groß [ist] unser Herr (= Gott)".

d) Zuweilen hat ein distributiv aufzufassender Pl. einen prädikativen Sg. nach sich: אֹרְרֶיךָ אָרוּר „jeder, der dich verflucht, sei verflucht".

e) Zum Subjekt im Du. vgl.: וְעֵינֵי לֵאָה רַכּוֹת „und Leas Augen waren matt".

---

[1]) J. Friedrich, Phön.-pun. Grammatik, § 306.
[2]) Kautzsch, § 145.

f) Geht das adj. Prädikat dem Subjekt voraus, so steht es zuweilen im Sg.: יָשָׁר מִשְׁפָּטֶיךָ „gerecht sind deine Urteilssprüche“ (Ps. 119, 137).

g) Das M. dominiert mitunter über zu erwartendes F.: אֲנַחְנוּ מְקַטְּרִים לִמְלֶכֶת* הַשָּׁמַיִם „wir (F.) räuchern der Himmelskönigin“ (Jer. 44, 19).

5. a) Auch im Verbalsatz (§ 91) besteht Kongruenz zwischen Subjekt und Prädikat, besonders wenn ersteres vorangeht: וְהַנָּשִׁים תִּשָּׁגַלְנָה „und die Frauen werden vergewaltigt“, neben seltnerem כָּל־הַנָּשִׁים יִתְּנוּ „alle Frauen werden geben“. Besteht dagegen das Subjekt in einem Pl. von Tier- und Sachbezeichnungen sowie Abstraktbegriffen, oder geht das Verbum finitum seinem Beziehungswort voraus, so herrscht oft Disgruenz, allerdings nicht so systematisch wie im arab. Schema; vgl. auch § 3, 2i.

b) Das Verbum finitum kann im F. Sg. vor und nach dem Pl. von Tier- und Sachbezeichnungen sowie Abstraktbegriffen stehen: עַד־מָתַי תָּלִין בְּקִרְבֵּךְ מַחְשְׁבוֹת אוֹנֵךְ „wie lange sollen deine heillosen Gedanken in dir verweilen?“ (Jer. 4, 14); בַּהֲמוֹת שָׂדֶה תַּעֲרֹג „die Tiere des Feldes lechzen“ (Jo. 1, 20).

c) Das Verbum finitum kann, da in sich ruhend (vgl § 91, 1), mit neutralem 3. M. Sg. voranstehen; das Subjekt tritt dann ergänzend im beliebigen Genus und Numerus hinzu: וַיַּעֲבֹר הָרִנָּה „und es erscholl der Ruf“; וְשַׁח גַּבְהוּת הָאָדָם „und gebeugt wird der Hochmut der Menschen“; וְעָנָה אִיִּים „und Schakale werden heulen“; יְהִי מְאוֹרוֹת „es sollen Lichter entstehen“; וְחָשׁ עֲתִדֹת לָמוֹ „und es eilt herbei, was ihnen bestimmt ist“; zum abstrakten Pl. F. עֲתִדֹת s. o. 4d.

d) Kollektivbegriffe regieren oft vorangehendes oder folgendes Verbum finitum im Pl.: תָּבֹאן הַצֹּאן „das Kleinvieh kommt"; וַיָּנֻסוּ אֲרָם „und es flohen die Aramäer"; וּמוֹלַדְתְּךָ לְךָ יִהְיוּ „und deine Kinder sollen dir gehören". Vorangehenden Sg. und folgenden Pl. weist auf: וַיִּרֶב הָעָם וַיַּעַצְמוּ מְאֹד „und das Volk mehrte sich und wurde sehr stark". Bei Länder- und Völkernamen kann auch F. Sg. stehen: אָבְדָה מִצְרָיִם „Ägypten geht zugrunde".

e) Zum Pl. mit Sg.-Bedeutung vgl. אֲדֹנָיו יִתֶּן־לוֹ אִשָּׁה „sein Herr gibt ihm eine Frau".

f) Zum Verbum im Sg. nach distributivem Pl. vgl. מְחַלְלֶיהָ מוֹת יוּמָת „jeder, der ihn (den Sabbat) entweiht, soll gewiß getötet werden".

g) Zum Du. als Subjekt vgl. יָדָיו תָּשֵׁבְנָה אוֹנוֹ „seine Hände geben sein Gut zurück"; mit Sg.-Prädikat (s. o. c): טַח מֵרְאוֹת עֵינֵיהֶם „verklebt sind ihre Augen, daß sie nicht sehen".

h) Öfter dominiert das M. über das F.: וִידַעְתֶּם „und ihr [F.] werdet erkennen" (Ez. 23, 49).

6. Vornehmlich dichterisch ist das doppelte Subjekt[1]): einem Subjekt wird das Instrument, mit dem eine Handlung verrichtet wird, im Nom. asyndetisch beigeordnet. Die Verbindung wird durch ein Suffix hergestellt: קוֹלִי אֶל־יְהוָה אֶקְרָא „meine Stimme — ich rufe zu Jahwe", im Deutschen adv.: „laut rufe ich zu Jahwe" (Ps. 3, 5).

7. Bei zusammengesetztem Subjekt ergeben sich folgende Regeln[2]):

---

[1]) Kautzsch, § 144, 4.
[2]) Kautzsch, § 146.

a) In einer Gen.-Verbindung (§ 44, 2) bestimmt gewöhnlich das Nomen regens das Prädikat. Doch regiert zuweilen das Nomen rectum: קֶשֶׁת גִּבֹּרִים חַתִּים „der Bogen der Helden [ist] zerbrochen“ (1 S. 2, 4); רֹב שָׁנִים יֹדִיעוּ חָכְמָה „mag die Fülle der Jahre Weisheit kundtun“ (Hi. 32, 7). So stets bei כֹּל „Gesamtheit“: וְיֵדְעוּ כָּל־הָאָרֶץ „und es soll die ganze Welt erkennen“ (s. o. 2e).

b) Ist das Subjekt aus mehreren, durch וְ „und“ verbundenen Gliedern zusammengesetzt, so steht das nachfolgende Prädikat unter Dominanz des M. im Pl.: אַבְרָהָם וְשָׂרָה זְקֵנִים „Abraham und Sara [waren] alt“.

Vorangehendes Prädikat kann ebenfalls im Pl. stehen, sich aber auch nach dem zunächststehenden Subjekt richten; so וַיָּקָם דָּוִד וַאֲנָשָׁיו „da erhoben sich David und seine Männer“; וַיֹּאמֶר אָחִיהָ וְאִמָּהּ „da sprachen ihr Bruder und ihre Mutter“; וַתַּעַן רָחֵל וְלֵאָה „da antworteten Rahel und Lea“; וַתְּדַבֵּר מִרְיָם וְאַהֲרֹן „da sagten Mirjam und Aaron“.

8. a) Das dem deutschen „man“ entsprechende unpersönliche Subjekt[1]) wird ausgedrückt durch 3. M. Sg.: וַיֹּאמֶר „da sprach man“ (Gn. 48, 1); sinngemäß auch 3. F.: יָלְדָה „man gebar“ (Nu. 26, 59). Sehr oft steht 3. M. Pl.: שָׁמָּה קָבְרוּ אֶת־אַבְרָהָם „dort begrub man Abraham“; ferner 2. M. Sg.: לֹא־תָבוֹא שָׁמָּה „man gelangt nicht dorthin“ und Part. Pl.: אֶת־כָּל נָשֶׁיךָ וְאֶת־בָּנֶיךָ מוֹצִאִים „alle deine Frauen und Söhne führt man hinaus“ (Jer. 38, 23). Zum Pass. אָז הוּחַל „damals begann man“ s. § 109, 1b.

[1]) Kautzsch, § 144.

b) Deutschem unpersönlichen „es“ entspricht vor allem 3. M. Sg. וַיְהִי „und es geschah“, וְהָיָה „und es wird geschehen“; doch auch F.: וַתֵּצֶר לְדָוִד „und David wurde es bange“ neben וַיֵּצֶר לָהֶם. Zum unpersönlichen Part. Pass. vgl. § 109, 3b.

§ 95. Der Gebrauch der Kasus

1. Wenngleich im Hebr., anders als im Ugar., die Kasus formal nicht mehr erkennbar sind und Kasusreste als solche nicht mehr empfunden werden (§ 45), so kommt ihnen doch, wie etwa die Akk.-Partikel אֵת in ihren verschiedenen synt. Funktionen zeigt[1]), eine entscheidende Bedeutung zu.

2. Der Nominativ ist der Kasus des Subjekts und des nominalen Prädikats. Er ist ferner der Kasus der Anrede, Vokativ (§ 96, 3b). Zur pronominalen Verstärkung etwa des Akk.-Objekts im Nom. s. § 93, 2c.

3. Der Genetiv drückt das Verhältnis eines subst. Nomens zu einem anderen übergeordneten Subst. aus. Er ist der adnominale Kasus. Da es, abgesehen vom Subjekt-Prädikatverhältnis im Nominalsatz, keine andere unmittelbare nominale Beziehung als die des Gen. zwischen Substantiven gibt, haben auch alle Präfixe und präpositionalen Ausdrücke den Gen. nach sich.

4. Der Akkusativ ist im weitesten Sinne des Wortes der adverbale Kasus. Er drückt die Beziehungen eines Nomens zu einem übergeordneten Verbum aus. Dementsprechend gehört der Akk. in den synt. Bereich des Verbums.

§ 96. Die Determination

1. Unter Determination[2]) versteht man die Näherbestimmung eines Nomens gegenüber seinem Allgemeinbegriff

[1]) Es sei angemerkt, daß diese Partikel ausschließlich den Akk. regiert; vgl. J. Blau, Vetus Testamentum 4 (1954), 7—19.

[2]) Kautzsch, §§ 125f.

(§ 3, 2f): „Haus“ — „das Haus“; Indetermination bezeichnet den unbestimmten Charakter: „Haus“ — „ein Haus“. Die Indetermination ist nach Ausweis des Ugar. (§ 45, 1) älter als der Gebrauch eines Determinativelements (§ 32, 1) und begegnet hebr. noch rudimentär (§ 41, 6), während die Näherbestimmung durch den Artikel (§ 32) in der hebr. Prosa häufiger ist als in der archaisierenden Poesie.

2. a) Als an sich determiniert gelten Eigennamen von Personen, Städten, Ländern, Völkern, Flüssen und Gebirgen: אַבְרָהָם, יְרוּשָׁלַםִ, מוֹאָב, פְּרָת „Eufrat“, הֶרְמוֹן „Hermon“; ferner ursprüngliche Gattungsbegriffe, die zu Eigennamen geworden sind: עֶלְיוֹן „der Höchste“, vielfach אָדָם „Adam“, שָׂטָן „Satan“, F. שְׁאוֹל „Unterwelt“, תֵּבֵל „Erdkreis“ (dichterisch), F. und M. תְּהוֹם „Urtiefe, Ozean“.

b) Determiniert sind weiterhin die selbständigen Personalpronomina, die Pronominalsuffixe und die als Subjekt oder Prädikat (§ 93, 3) subst. gebrauchten Demonstrativa.

3. Die übrigen Substantive gelten als determiniert, falls sie durch einen nachfolgenden Gen. in Gestalt eines Eigennamens, eines Pronominalsuffixes sowie eines wiederum determinierten Subst. (§ 97, 3a), oder aber durch den Artikel näher bestimmt sind.

4. a) Der Artikel wird gebraucht, wenn ein Nomen in der Rede bereits eingeführt ist: קְחוּ לִי־חָרֶב וַיָּבִאוּ הַחֶרֶב „holt mir ein Schwert! Und sie brachten das Schwert“ (1 R. 3, 24); wenn es sich um eine allgemein bekannte Person oder Sache handelt: תַּחַת הָאַלּוֹן „unter der Eiche“ (Gn. 35, 8); bei Einmaligkeit der betreffenden Person oder des Gegenstandes: הַשֶּׁמֶשׁ „die Sonne“, הַכֹּהֵן הַגָּדוֹל „der Hohepriester“; bei Beschränkung von Allgemeinbegriffen auf Einzeldinge und

-personen: הָאֵל „der (einzige) Gott“, הַנָּהָר „der Strom“ (=„Eufrat“).

b) Der Artikel wird in der Regel beim Vokativ, der synt. eine Apposition zu der zweiten Person darstellt, gesetzt: הוֹשִׁעָה הַמֶּלֶךְ „hilf, o König!“. Bei vorhergehender Einführung kann der Artikel fehlen: תְּשֻׁאוֹת מְלֵאָה עִיר הוֹמִיָּה „von Gebraus erfüllte, lärmende Stadt!“ (Jes. 22, 2).

c) Ursprüngliche Appellative als Eigennamen haben oft den Artikel: הַגִּבְעָה „Gibea“, eigentlich „der Hügel“; so auch Völkernamen in Form des Beziehungsadj. (§ 41, 4): הַכְּנַעֲנִי „der Kanaaniter“, בֶּן־הַיְמִינִי „der Benjaminit“ neben unbestimmtem בֶּן־יְמִינִי; ohne Artikel meist פְּלִשְׁתִּים „die Philister“ und stets כַּפְתֹּרִים „die Kreter“.

d) Häufig determiniert der Artikel Gattungsbegriffe, um etwas Typisches oder Allgemeines zu kennzeichnen: אֶת־הַצַּדִּיק וְאֶת־הָרָשָׁע יִשְׁפֹּט אֱלֹהִים „den Gerechten und den Gottlosen richtet Gott“; וַיְשַׁלַּח אֶת־הָעֹרֵב „und er sandte einen Raben aus“; הָאִשָּׁה „das weibliche Geschlecht“. Ferner: אַבְרָם כָּבֵד מְאֹד בַּמִּקְנֶה „Abraham war sehr reich an Vieh“; אֶת־מַרְכְּבֹתֵיהֶם שָׂרַף בָּאֵשׁ „ihre Wagen verbrannte er mit Feuer“; יִכּוֹן בַּצֶּדֶק כִּסְאוֹ „durch Gerechtigkeit wird sein Thron befestigt“; כַּשֶּׁלֶג יַלְבִּינוּ „sie sind weiß wie Schnee“; וַיְהִי הַיּוֹם „und eines Tages geschah es“. Die Determination unterbleibt gewöhnlich bei nachfolgendem Attribut: כְּעוֹף נוֹדֵד „wie flatternde Vögel“.

e) Zum Art. beim adj. Attribut s. § 97, 2.

f) Keinen Artikel hat das nominale Prädikat, da es eine allgemeine Eigenschaft des Subjekts bezeichnet; s. § 90, 3.

5. Wo eine Person oder eine Sache als unbestimmt gilt oder neu eingeführt wird, steht kein Artikel: קְחוּ לִי־חָרֶב „reicht mir ein Schwert!"; vgl. auch § 32, 6.

§ 97. Das Attribut

1. Jedes Subst. kann attributiv näher bestimmt werden; man unterscheidet das adj. und das subst. Attribut.

2. a) Das adj. Attribut[1]) kann ein Adj., Part. oder adj. Demonstrativum sein. Es wird stets nachgestellt und richtet sich in Kasus, Genus und Numerus sowie Determination nach dem Beziehungswort: בַּיִת גָּדוֹל „ein großes Haus", הַבַּיִת הַגָּדוֹל „das große Haus", הָאֲנָשִׁים הַהֹלְכִים „die gehenden Männer", הָעִיר הַזֹּאת „diese Stadt". Ein Demonstrativum neben einem anderen Adj. folgt an letzter Stelle: הָעִיר הַגְּדוֹלָה הַזֹּאת „diese große Stadt". Zuweilen ist das Attribut allein determiniert, יוֹם הַשִּׁשִּׁי „der sechste Tag" (§ 61, 3); so besonders mittelhebr.: כְּנֶסֶת הַגְּדוֹלָה „die große Versammlung". Andererseits kann das Attribut indeterminiert sein, בַּלַּיְלָה הוּא (Gn. 19, 33, Sebir: בַּלַּיְלָה הַהוּא; § 17, 3) „in jener Nacht".

b) Das adj. Attribut folgt einer Gen.-Verbindung: עֲטֶרֶת זָהָב גְּדוֹלָה „eine große Goldkrone".

c) Folgen auf ein F. mehrere Attribute, so ist bisweilen nur das zunächststehende f.: וְרוּחַ גְּדוֹלָה וְחָזָק „und ein großer und mächtiger Wind". Bezieht sich das Attribut auf mehrere Wörter mit verschiedenem Genus, so dominiert das M.: חֻקִּים וּמִצְוֹת טוֹבִים „gute Gesetze und Gebote". Bei drei

[1]) Kautzsch, § 132; GVG II, §§ 124—126, 129—132.

Attributen braucht וְ „und" nur einmal zu stehen: סוּסִים אֲדֻמִּים שְׂרֻקִּים וּלְבָנִים „rotbraune, fuchsrote und weiße Rosse".

d) Nach einem F. mit M.-Pl. steht das Attribut im F.: עָרִים גְּדֹלֹת וּבְצֻרוֹת „große und befestigte Städte".

e) Auf Du. folgt der Pl. des Adj.: עֵינַיִם עִוְרוֹת „blinde Augen".

f) Kollektiva haben oft sinngemäß den Pl. nach sich: הַצֹּאן הַהֵנָּה „jenes Kleinvieh".

g) Zum Pl. mit Sg.-Bedeutung vgl. אֱלֹהִים אֲחֵרִים „ein anderer Gott" oder „andere Götter".

3. a) Beim Attribut in Form eines Subst., subst. Adj. und Part., eines Pronomens, Suffixes oder Adv., z. B. דְּמֵי חִנָּם „grundlos begangene Bluttaten", entsteht eine Gen.-Verbindung[1]).

b) Eine Gen.-Verbindung ist determiniert[2]), wenn das Nomen rectum ein Eigenname ist, דְּבַר אַבְרָהָם „das Wort Abrahams", oder das Attribut in einem Personalsuffix besteht bzw. das Nomen rectum seinerseits durch ein Suffix determiniert ist: בֵּיתִי „mein Haus", בֵּית אָבִי „das Haus meines Vaters"; ferner bei Näherbestimmung durch den Artikel: דְּבַר הַנָּבִיא „das Wort des Propheten", פְּרִי עֵץ־הַגָּן „die Früchte von den Bäumen des Gartens".

c) Indetermination wird bei an sich determiniertem Nomen durch לְ als Ausdruck der Zugehörigkeit angedeutet: מִזְמֹר לְדָוִד „ein Psalm Davids", dagegen מִזְמֹר דָּוִד „der Psalm Davids".

d) Das Subst. hängt mit seinem Gen.-Attribut so eng zusammen, daß zuweilen das Nomen rectum auch zum Träger des Numerus werden kann: *בֵּית אָבֹת „Familien"

[1]) GVG II, §§ 136—144. [2]) Kautzsch, § 127.

(Ex. 6, 14), oder auch לֻחֹת אֲבָנִים (Ex. 34, 1) für לֻחֹת אֶבֶן „steinerne Tafeln“. Auf den St. cstr. des Nomen regens kann ein Präfix oder eine anderweitige Partikel folgen. Eine Sprengung der Verbindung entsteht hierbei nicht, da infolge des nominalen Charakters der kleinsten Redeteile die Gen.-Verbindung nur verlängert wird: שִׂמְחַת בַּקָּצִיר „Erntefreude“ (Jes. 9, 2). Zuweilen steht das Nomen regens im verstärkten adv. Akk. (§ 45, 3c): בֵּיתָה יוֹסֵף „in das Haus Josephs“; ebenso kann ugar. enklit *-mā an den St. cstr. treten[1]).

e) Von einem Beziehungswort hängt immer nur ein Gen.-Attribut ab; doch kann sich das Gen.-Verhältnis wiederholen: הַר קָדְשְׁךָ „dein heiliger Berg“, יְמֵי שְׁנֵי חַיֵּי אֲבֹתַי „die Tage der Lebensjahre meiner Väter“ (Gen. 47, 9).

Beziehen sich zwei koordinierte Attribute auf ein Subst., so wird dieses meist wiederholt: אֱלֹהֵי הַשָּׁמַיִם וֵאלֹהֵי הָאָרֶץ „Gott des Himmels und der Erde“; seltener קֹנֵה שָׁמַיִם וָאָרֶץ „Schöpfer Himmels und der Erde“ (Gn. 14, 19).

Regieren zwei oder mehrere Substantive ein Attribut, so muß das zweite und jedes weitere Subst. mit einem auf das Attribut bezüglichen Suffix folgen: בְּנֵי דָוִד וּבְנוֹתָיו „die Söhne und Töchter Davids“; dementsprechend beim Suffix: צֹאנְךָ וּבְקָרֶךָ „dein Groß- und Kleinvieh“.

f) Umschreibungen durch לְ[2]) stehen zuweilen statt einer Gen.-Verbindung: הַצֹּפִים לְשָׁאוּל (1 S. 14, 16) für צֹפֵי שָׁאוּל „die Späher Sauls“. Abgesehen von der Indetermination (s. o. c) steht לְ, wenn ein Attribut an eine besonders enge

[1]) Gordon, § 11, 7; C. Brockelmann, Orientalia 10 (Rom 1941), 225f.
[2]) Kautzsch, § 129.

Gen.-Verbindung tritt: חֶלְקַת הַשָּׂדֶה לְבֹעַז „das Ackerstück des Boas“, סֵפֶר דִּבְרֵי הַיָּמִים לְמַלְכֵי יִשְׂרָאֵל „die Chronik der Könige von Israel“; ferner dort, wo das Nomen regens, z. B. als Eigenname, keinen St. cstr. bildet: מַעְבְּרוֹת הַיַּרְדֵּן לְמוֹאָב „die Jordanfurten Moabs“. Daneben aus Stilgründen עַל־שִׁלֵּשִׁים וְעַל־רִבֵּעִים לְשֹׂנְאָי „wider die Enkel und Urenkel derer, die mich hassen“, sowie bei Zeitangaben wie בְּאֶחָד לַחֹדֶשׁ „am Ersten des Monats“ (§ 61, 4) oder בִּשְׁנַת שְׁתַּיִם לְדָרְיָוֶשׁ „im zweiten Jahre des Darius“.

Das Besitz- und Urheberverhältnis wird mitunter durch אֲשֶׁר לְ umschrieben: הַצֹּאן אֲשֶׁר לְאָבִיהָ „das Kleinvieh ihres Vaters“ (Gn. 29, 9), שִׁיר הַשִּׁירִים לִשְׁלֹמֹה „das Hohelied Salomos“.

g) Zum Adj. nach Gen.-Verbindungen s. o. 2b.

h) Zur Gen.-Verbindung zwischen Subst. und abhängigem Satz vgl. § 115.

4. Anders als in den indogerm. Sprachen wird im Hebr., wie auch gemeinsem., das Attribut außerordentlich vielseitig verwendet.

a) Der Gen. objectivus liegt vor in זַעֲקַת סְדֹם „das Geschrei über Sodom“, דֶּרֶךְ עֵץ הַחַיִּים „der Weg zum Baume des Lebens“, חֲמַס אָחִיךָ „der an deinem Bruder verübte Frevel“.

c) Der Gen. partitivus begegnet z. B. in אַחַד הָעָם „einer aus dem Volke“, beim Superlativ (§ 98, 3b) und nach Maßangaben wie מִבְחָר „Auslese“, מְעַט „Wenigkeit“ und besonders כֹּל „Gesamtheit“: כֹּל הָאֲנָשִׁים „alle Männer“; zu indefinitem כֹּל אִישׁ „jeder Mann“ s. § 31, 4c. Daneben kann die Maßangabe wegfallen und das partitive Verhältnis durch scheinbar selbständiges מִן „von" ausgedrückt werden: מִזִּקְנֵי יִשְׂרָאֵל „[einige] von den Ältesten Israels" (Ex. 17, 5), מִדַּם הַחַטָּאת „[etwas] von dem Blute des Sündopfers" (Lv. 5, 9).

Partitiv werden בֵּן „Sohn", בַּת „Tochter" gebraucht: בָּקָר „Großvieh" — בֶּן־בָּקָר „ein Stück Vieh", הַשִּׁיר „der Gesang" — בְּנוֹת הַשִּׁיר „die Töne" (Qoh. 12, 4); ferner, wenn sie die Zugehörigkeit zu einer Gruppe ausdrücken, בֶּן־נָבִיא „Angehöriger einer Prophetenzunft".

d) Im sogenannten Gen. epexegeticus kann ein Subst. in verschiedener Weise näher bestimmt werden, so in bezug auf den Namen: אֶרֶץ כְּנַעַן „das Land Kanaan" (s. § 41, 3), בְּתוּלַת יִשְׂרָאֵל „Jungfrau Israel"; zwecks Spezifikation: תְּאֵנֵי הַבַּכֻּרוֹת „die Frühfeigen" (Jer. 24, 2), zur Maßangabe: מְתֵי מִסְפָּר „Leute von [geringer] Anzahl", d. h. „wenig Leute" (Gn. 34, 30). Da adj. Stoffangaben wie „eisern" fast ganz fehlen, bedient man sich des entsprechenden Gen.-Attributes, שֵׁבֶט בַּרְזֶל „eisernes Szepter" (Ps. 2, 9), weiterhin auch sonst zum Ausdruck von Eigenschaften[1]): אֲחֻזַּת עוֹלָם „ewiger Besitz". Hierher gehören schließlich Verbindungen mit אִישׁ „Mann", בֵּן „Sohn", בַּעַל „Besitzer"; so etwa אִישׁ מִלְחָמָה „Krieger", בֶּן שָׁנָה „einjährig", *בַּעַל מוּם „fehlerhaft"[2]), P. בֶּן־שֶׁמֶן „fett" (Jes. 5, 1). Weiterhin gibt der Gen. den Zweck an: צֹאן טִבְחָה „Schlachtschafe" (Ps. 44, 23).

---

[1]) Vgl. hierzu J. Weingreen, Vetus Testamentum 4 (1954), 50-59.
[2]) Nur mittelhebr. belegt.

5. Vielfach steht das Attribut im Anschluß an ein Adj. bzw. Part. anstelle eines adv. Akk.; z. B. נְקִי כַפַּיִם „rein an Händen", יְפֵה־תֹאַר „schön von Gestalt" (Gn. 39, 6), אֶרֶץ זָבַת חָלָב וּדְבַשׁ „ein Land, das von Milch und Honig fließt".

6. Zuweilen kann das Adj. wie ein Subst. im Gen. an sein Beziehungswort treten: אֵשֶׁת רָע „ein böses Weib" (Prv. 6, 24), צִיצַת נֹבֵל „eine welkende Blume" (Jes. 28, 4).

§ 98. Die Apposition

1. a) Die Apposition[1]) ist die Näherbestimmung eines Subst. oder Personalpronomens durch ein im gleichen Kasus stehendes zweites Nomen, das meist nachsteht, seltener vorangeht, z. B. הַמֶּלֶךְ דָּוִד „der König David" (1 R. 1, 1).

b) Dieselbe kann enthalten den Namen einer Person oder Sache: הַנָּהָר פְּרָת „der Eufratfluß", die Spezifikation: אִשָּׁה אַלְמָנָה „eine Witfrau", eine Eigenschaft: אֲמָרִים אֱמֶת „Worte der Wahrheit" (Prv. 22, 21), שֹׂנְאַי חִנָּם „die mich grundlos Hassenden"; den Stoff: מְצִלְתַּיִם נְחֹשֶׁת „eherne Becken" (1 Chr. 15, 19), den Inhalt eines Maßes oder die Teile eines Ganzen: שְׁנָתַיִם יָמִים „zwei Jahre Zeit" (Gn. 41, 1), vgl. § 99, 2b; umgekehrt auch eine Maßangabe: אֲנָשִׁים מְעַט „wenig Männer" (Neh. 2, 12).

2. Synt. und stilistisch bedeutsam ist der Gebrauch der Apposition zwecks Verdeutlichung, Einschränkung und Berichtigung[2]); vgl. deutsches „nämlich", „das heißt", „vielmehr": מַה־נַּעֲשֶׂה לָהֶם לַנּוֹתָרִים לְנָשִׁים „wie können wir

[1]) Kautzsch, § 131; ferner GVG II, §§ 136-144.

[2]) Zuweilen, jedoch keineswegs immer, können derartige Appositionen auch Glossen im Text sein.

ihnen, nämlich den Übriggebliebenen, zu Frauen verhelfen?" (Jdc. 21, 7); שִׁיתֵמוֹ נְדִיבֵמוֹ כְּעֹרֵב וְכִזְאֵב „mache sie, vielmehr ihre Fürsten, wie Oreb und Seeb" (Ps. 83, 12).

3. Wie das Ugar.[1]) kennt auch das Hebr. keine besonderen Formen für Komparativ, Superlativ und Elativ[2]).

a) Beim Komparativ (arab. *'ákbaru min* „größer als") steht מִן „von" als Ausdruck für einen qualitativen oder quantitativen Unterschied[3]) nach dem Adj.: גָּדוֹל מִן „größer als", מַה־מָּתוֹק מִדְּבַשׁ וּמֶה עַז מֵאֲרִי „was ist süßer als Honig und stärker als ein Löwe?" (Jdc. 14, 18). Auch neutrische Verben können, entsprechend ihrem nominalen Charakter, komparativisch gebraucht werden: וַיִּגְבַּהּ מִכָּל־הָעָם „und er war größer als alles Volk" (1 S. 10, 23), קָטֹנְתִּי מִן „ich bin zu gering für". Formen wie „größer .... kleiner" werden durch den Artikel ausgedrückt: הַקָּטָן .... הַגָּדוֹל.

b) Der Superlativ (arab. *al-'ákbaru* „der größte") wird entweder durch den Artikel, הַקָּטֹן „der jüngste", oder durch den Gen. partitivus angedeutet: קְטֹן בָּנָיו „der jüngste seiner Söhne" (2 Ch. 21, 17), טוֹבָם „der beste von ihnen" (Mi. 7, 4). Daneben wird auch hier מִן gebraucht: הַטּוֹב וְהַיָּשָׁר מִבְּנֵי אֲדֹנֵיכֶם „den besten und tüchtigsten von den Söhnen eures Herrn" (2 R. 10, 3).

c) Der Elativ (arab. *'ákbaru* „sehr groß") lautet טוֹב מְאֹד „sehr gut".

§ 99. Gebrauch der Zahlwörter

1. Die Grundzahlen[4]) für „1" und „2" treten als adj. Attribute (§ 97, 2) zum Gezählten[5]): אִישׁ אֶחָד „ein Mann",

---

[1]) Gordon, § 8, 49. [2]) Kautzsch, § 133. [3]) GVG II, § 251i.
[4]) Kautzsch, § 134. [5]) GVG II, § 189; Gordon, § 7, 6f.

יָמִים שְׁנַיִם „zwei Tage“, שְׁנַיִם אֲנָשִׁים „zwei Männer“. Daneben regieren sie subst. den Gen. partitivus (§ 97, 4c): כְּאַחַד מִמֶּנּוּ „wie einer von uns“ (Gn. 3, 22), אַחַד הָעָם „einer aus dem Volke“, שְׁנֵי בָנִים „zwei Söhne“, שְׁנֵיהֶם „sie beide“; vgl. ugar. *ṯn ỉrḫm* = **ṯinā ỉarḫāmi* (§ 43, 2a).

2. a) Die Zahlen „3“ bis „10“ sind primär subst. und regieren den Gen. partitivus Pl. unter Disgruenz im Genus zwischen Zahl und Gezähltem: שְׁלֹשֶׁת יָמִים „drei Tage“, שְׁלֹשׁ נָשִׁים „drei Frauen“. Abweichend gebraucht das Ugar. noch das M. für beide Genera[1]).

b) Ferner kann das Gezählte appositionell als Inhalt dem Maße folgen (§ 98, 1b): שְׁלֹשָׁה בָנִים „drei Söhne“, שָׁלֹשׁ שָׁנִים „drei Jahre“.

c) Vornehmlich bei Aufzählungen steht öfter die Zahl appositionell nach: בָּנוֹת שָׁלוֹשׁ „drei Töchter“.

3. a) Die Zahlen „11“ bis „19“ haben meist den Pl. der Apposition nach sich[2]): שְׁתֵּים־עֶשְׂרֵה אֲבָנִים „zwölf Steine“ (F.)“, אַחַד עָשָׂר כּוֹכָבִים „elf Sterne“ (M.). Daneben kann auch die Zahl Apposition sein: שִׁבְטֵי יִשְׂרָאֵל שְׁנֵים עָשָׂר „die zwölf Stämme Israels“.

b) Das Ugar. hat häufig, wenn auch nicht so regelmäßig wie im Arab., nach Zahlen über „10“ den Akk. Sg. der Beziehung; so auch das Hebr. bei oft gezählten Begriffen wie יוֹם „Tag“, שָׁנָה „Jahr“, אִישׁ „Mann“, נֶפֶשׁ „Person“, שֵׁבֶט „Stamm“, מַצֵּבָה „Steinmal“, zuweilen bei אַמָּה „Elle“, חֹדֶשׁ „Monat“ u. a. m.: חֲמֵשׁ עֶשְׂרֵה שָׁנָה „fünfzehn Jahre“.

4. Die Zehner „20“ bis „90“ haben entweder den Sg. (s. o. 3b) oder den Pl. der Apposition nach sich: שְׁלֹשִׁים אִישׁ

---

[1]) GVG II, § 190; Gordon, § 7, 5. 8—15.
[2]) GVG II, § 191; Gordon, § 7, 16.

„dreißig Mann", חֲמִשִּׁים צַדִּיקִם „fünfzig Gerechte". Folgt die Zahl als Apposition, steht das Gezählte stets im Plural: אַמּוֹת עֶשְׂרִים „zwanzig Ellen".

5. Bei Zusammensetzungen aus Zehnern und Einern steht das Gezählte entweder im Akk. Sg. nach oder im Pl. voran: שְׁמֹנִים וַחֲמִשָּׁה אִישׁ „85 Mann", שָׁבֻעִים שִׁשִּׁים וּשְׁנַיִם „62 Wochen". Auch kann das Gezählte nach jeder Ziffer wiederholt werden: תִּשְׁעִים שָׁנָה וְתֵשַׁע שָׁנִים „99 Jahre" (Gn. 17, 1).

6. Nach מֵאָה „100", אֶלֶף „1000" steht das Gezählte entweder im Sg., so אִישׁ „Mann", אֶלֶף „Rind", אַמָּה „Elle", יוֹם „Tag", רַגְלִי „Fußgänger", צֶמֶד „Joch", meistens auch שָׁנָה „Jahr", כִּכָּר „Talent", שֶׁקֶל „Sekel", oder Pl.: מֵאָה אַמָּה „100 Ellen", עֲשֶׂרֶת אֲלָפִים רַגְלִי „10000 Fußsoldaten", מֵאָה נְבִיאִים „100 Propheten"; ferner im St. cstr.: מְאַת כִּכָּר „100 Talente" neben מְאַת אֲדָנִים „100 Füße" (Ex. 38, 27).

7. Wenn der Zusammenhang es erlaubt, werden geläufige Maßbegriffe wie יוֹם „Tag", שֶׁקֶל „Sekel" häufig weggelassen, z. B. עֲשָׂרָה זָהָב „10 Goldsekel" (Gn. 24, 22).

8. Determination von Grundzahlen durch den Artikel unterbleibt, wenn das Gezählte determiniert ist und zwischen beiden ein appositionelles Verhältnis besteht: שְׁלוֹשָׁה בְּנֵי הָעֲנָק „die drei Söhne Enaks" (Jos. 15, 14), הַמְּכֹנוֹת עֶשֶׂר „die 10 Gestelle" (1 R. 7, 27). Sie erfolgt nach § 96, 4a bei vorhergehender Einführung: הַחֲמִשָּׁה „die [bereits erwähnten] fünf" (Gn. 14, 9).

9. Die adj. Ordnungszahl von „1" bis „10" wird synt. nach § 97, 2 behandelt; die subst. Bruchzahl nach § 97, 3. Weiteres s. § 60 und § 61.

3. Syntax des Verbums

§ 100. Das Imperfektum und seine Modi

1. Der altkan. Ind.[1]) **ịaqtulu* ist der normale Erzählungsmodus, um den Ablauf eines Vorgangs darzustellen; vgl. ugar. *tšqị* = **tašqiịu* „sie trinkt", „sie trank", darüber hinaus auch „sie hatte getrunken". Hiermit konkurriert das Kurzimperf. mit und ohne Waw cons.: *u̯ị'n* = **u̯aịa'nī* „und er antwortete", *'d šb't šnt ịbk* = **'adē šab'ati šanāti ịabkī* „sieben Jahre lang weinte er". Ebenso wird oft der Energ. verwendet; so steht etwa *tmǵịn* = **tamǵiịan(nā)* „sie kam" im gleichen Satz neben erzählendem Kurzimperfektum. Der Subj. kann als Koh. gebraucht werden: *'iqr'a* = **'iqra'a* „ich will rufen". Als Modus der Subordination, wie im Arab., steht er vielleicht in Verbindungen wie *u̯ṯṯb trḥṣ* = **u̯ataṯub tirḥaṣa* „und sie kehrt zurück, um zu waschen"[2]). Das Kurzimperf. dient, abgesehen von seinem Erzählungscharakter, als Juss., verneint als Proh.: *b'lm ịmlk* = **ba'lumā ịamluk* „Ba'al herrsche!", *'al tšmḫ* = **'al tišmaḫ* „freue dich nicht!" Der Energ. fungiert als Koh.: *'iqra'n* = **'iqra'an(nā)* „ich will anrufen", ferner vor Suffixen: *u̯tqbrnh* = **u̯ataqburanhū* (§ 24, 2b) „und sie begräbt ihn", sowie als Erzählungsmodus: *bth ịmǵịn* = **bētahū ịamǵiịan(nā)* „er begab sich in sein Haus".

2. a) Das dem ugar. Ind. entsprechende hebr. Imperf. wird vor allem als Präs.-Fut. gebraucht. Anscheinend ist hebr. altes Präs.-Fut. **ịaqat(t)alu* (§ 63, 2) mit Ind. **ịaqtulu* und Subj. **ịaqtula* zusammengefallen (zur Form s. § 63, 4a), während das Perf. (§ 101) sich als Prät. durchgesetzt hat.

b) Das hebr. Imperf.[3]) stellt als Präs.-Fut. einen Aspekt dar, der nur relative Zeitstufen der Gleich- und Nachzeitigkeit angibt; so heißt einfaches יֵלֵךְ „er geht" und „er wird gehen".

---

[1]) Zum folgenden vgl. C. Brockelmann, Orientalia 10 (1941), 230ff.
[2]) Gordon, 61, Anm. 2.
[3]) Bergstr. II, § 7; F. R. Blake, A Resurvey of Hebrew Tenses (Rom 1951), §§ 5–7.

Das Tempus ergibt sich erst aus dem Zusammenhange: לָ֫מָּה תַעֲמֹד בַּחוּץ „warum stehst du [noch] draußen?" (Gn. 24, 31), מָחָר יַֽעֲשֶׂה „morgen wird er tun".

Dementsprechend wird das Präs.-Fut. bei Schilderungen verwendet: וּבֵיתוֹ אֲשֶׁר־יֵ֫שֵׁב שָׁם . . . כַּמַּעֲשֶׂה הַזֶּה הָיָה „und sein Palast, in dem er wohnte, . . . war von der gleichen Bauart" (1 R. 7, 8); וַיָּבֹא חוּשַׁי . . . הָעִיר וְאַבְשָׁלֹם יָבֹא יְרוּשָׁלָֽם „und Husai . . . betrat die Stadt, während Absalom in Jerusalem einzog" (2 S. 15, 37); וְכָל־עֵ֫שֶׂב הַשָּׂדֶה טֶ֫רֶם יִצְמָֽח „und noch keinerlei Kraut des Feldes war aufgegangen" (Gn. 2, 5). Zur Funktion der Nachzeitigkeit vgl. לִרְאוֹת מַה־יִּֽקְרָא־לוֹ „um zu sehen, wie er es nennen würde" (Gn. 2, 19).

Ferner steht das Präs.-Fut. bei Wiederholungen und Gewohnheiten: לֹא־יֵֽעָשֶׂה כֵן בְּיִשְׂרָאֵל „so tut man nicht in Israel" (2 S. 13, 12); כִּי כֵן תִּלְבַּ֫שְׁןָ „denn so pflegten sie sich zu kleiden" (2 S. 13, 18).

c) Darüber hinaus ist das Imperf. als Präs.-Fut. auch modal abgestuft. Es steht als Potentialis für deutsches „können", „dürfen", „mögen", „müssen", auch „wollen": אָכֹל תֹּאכֵֽל „du darfst essen" (Gn. 2, 16), מִי יֹאמַר „wer möchte sagen?" Ebenso hat es finale (§ 117), zuweilen auch Imp.- und Proh.-Bedeutung (s. u. 4e).

d) Das hebr. Imperf. fungiert daneben, wie der altkan. Ind., als Prät.: יֹאבַד יוֹם אִוָּֽלֶד בּוֹ „es gehe unter der Tag, an dem ich geboren wurde" (Hi. 3, 3); so auch nach אָז „damals": אָז יָשִׁיר־מֹשֶׁה „damals sang Mose". AF. hat dieses Prät. öfter für Imperf. cons. in MT.; z. B. וישה *u̯ai̯áśē* <**u̯ai̯aʿśē*[1]) für tib. וַיַּ֫עַשׂ „und er machte" (Jes. 5, 4); vgl.

[1]) Vgl. R. Meyer, ThLZ 75 (1950), 725.

§ 63, 5c. Vereinzelt hat man ein Präs. historicum: אֲדַבֵּר אֶל־נָבוֹת .... וָאֹמַר „ich redete mit Nabot .... und sprach" (1 R. 21, 6).

3. a) Das altkan. Kurzimperf. hat sich als Imperf. cons.[1]) althebr. als der häufigste Erzählungsmodus durchgesetzt. Im Ugar. fließen nicht nur die Grenzen zwischen erzählendem Ind. und Kurzimperf. mit oder ohne Waw, sondern es gibt auch keine feste Reihenfolge dort, wo daneben das erzählende Perf. (§ 101) erscheint[2]). Im Hebr. dagegen setzt das Imperf. cons. gewöhnlich ein Perf. oder ein Imperf. cons. voraus: בַּיָּמִים הָהֵם חָלָה חִזְקִיָּהוּ לָמוּת וַיָּבֹא אֵלָיו יְשַׁעְיָהוּ „in jenen Tagen erkrankte Hiskia zum Tode, da kam Jesaja zu ihm" (2 R. 20, 1); וַיְהִי בַּלַּיְלָה הַהוּא וַיֵּצֵא מַלְאַךְ יְהוָה וַיַּךְ בְּמַחֲנֵה אַשּׁוּר „und es geschah in jener Nacht, da ging der Engel Jahwes aus und schlug das Heerlager der Assyrer" (2 R. 19, 35). Tritt zwischen die Kopula und das Verbum ein Wort, so steht das Perf. statt des Imperf. cons.: ... וַיְשַׁלַּח אֶת־הַיּוֹנָה וְלֹא מָצְאָה הַיּוֹנָה מָנוֹחַ לְכַף־רַגְלָהּ „und er schickte eine Taube aus, ... doch sie fand keinen Ruheplatz für ihre Füße" (Gn. 8, 8f.).

b) Das Imperf. cons. steht am Periodenanfang selbst bei echten Buchanfängen: וַיְהִי בִּימֵי אֲחַשְׁוֵרוֹשׁ „und es geschah in den Tagen Ahasvers" (Est. 1, 1); so auch bei Wechsel der Zeitstufe: אֲחֹתִי בַת־אָבִי הִוא אַךְ לֹא בַת־אִמִּי וַתְּהִי לִי־לְאִשָּׁה „sie ist meine Schwester väterlicherseits, nur nicht mütterlicherseits; so ist sie meine Frau geworden" (Gn. 20, 12).

c) Dem Imperf. cons. können Zeitbestimmungen vorangehen: בִּשְׁנַת־מוֹת הַמֶּלֶךְ עֻזִּיָּהוּ וָאֶרְאֶה „im Todesjahre des

---

[1]) Bergstr II, § 8; Kautzsch § 111.

[2]) Gordon, § 9, 2.

Königs Ussia schaute ich“ (Jes. 6, 1); ferner Nominalsätze wie: חָתֻם בִּצְרוֹר פִּשְׁעִי וַתִּטְפֹּל עַל־עֲוֺנִי „versiegelt ist meine Schuld im Beutel, und du hast meine Sünde verklebt“ (Hi. 14, 17); מִי־אֵפוֹא הוּא הַצָּד־צַיִד וַיָּבֵא לִי „wer ist der, der Wild gejagt und [es] mir gebracht hat?“ (Gn. 27, 33); oder ein Inf. mit Prät.-Bedeutung: בַּעֲלֹתִי הָהָרָה .... וָאֵשֵׁב „nachdem ich den Berg bestiegen hatte, ... verweilte ich“ (Dt. 9, 9).

d) Im jüngeren Althebr. tritt das Imperf. cons. stark zurück; mittelhebr. ist es zugunsten des einfachen Perf. cop. ausgestorben. Auf mas. Fehlrestitution mag Präs.-Fut.-Gebrauch zurückgehen z. B. in הָאֵל הַמְאַזְּרֵנִי חָיִל וַיִּתֵּן תָּמִים דַּרְכִּי „der Gott, der mich mit Stärke gürtet und meinen Weg macht ohne Anstoß“; vgl. Sek. ουϊεθθεν = *וְיִתֵּן für tib. וַיִּתֵּן (Ps. 18, 33).

4. Für Willensäußerungen, z. B. Befehl und Verbot, Wunsch, Bitte und Absicht, gebraucht man Juss., Koh., Imp., Proh. und zuweilen das Imperfektum[1]).

a) Der Juss.[2]) (§ 63, 5c), steht affirmativ in der 3. Person: יְהִי אוֹר „es werde Licht!“, als Bitte mit enkl. ־נָא (§ 87, 5): יֻקַּח־נָא מְעַט־מַיִם „man nehme bitte ein wenig Wasser!“ (Gn. 18, 4). Er folgt oft einem Imp. im Finalsatz (§ 117, 1) und begegnet konditional (§ 122, 2b).

b) Der Koh.[3]), ein Rest des alten Energ., ist der Modus der Selbstaufforderung in der 1. Person: אֵלְכָה „ich will gehen“, נֵלְכָה „laßt uns gehen!“, ferner der Bitte: אֶעְבְּרָה „möchte ich durchziehen dürfen“ (Dt. 2, 27). Verstärkendes enkl. ־נָא

---

[1]) Bergstr. II, § 10. [2]) Kautzsch, § 109. [3]) Kautzsch, § 108.

weist vielleicht auf *'*aqtulannā* hin: אָסֻרָה־נָּא <*'*asūrannā* „ich will doch hingehen!“ (Ex. 3, 3).

Der alte Energ. zeigt sich noch in der seltenen 3. Person: יָחִישָׁה „er beschleunige doch“ (Jes. 5, 19), ferner dort, wo der Koh. final (§ 117, 1) oder konditional (§ 122, 3c) steht; desgleichen, wo er, wie bereits ugar. und in AF. häufiger als in MT., mit dem Imperf. und Imperf. cons. konkurriert; hierzu und zum suff. Energ. s. § 63, 5d.

c) Der Imp.[1]) ist affirmative Befehlsform der 2. Person und kann ebenfalls durch alte Energ.-Endungen verstärkt werden: לְכָה „gehe doch!“, הוֹשִׁיעָה נָּא (vgl. mittelhebr. הוֹשַׁעְנָא) „hilf doch“ (vgl. § 63, 5d). Er steht auch konzessiv: רֹעוּ עַמִּים וָחֹתּוּ „tobt [immerhin], ihr Völker, ihr werdet [doch] verzagen“ (Jes. 8, 9). Schließlich fungiert er konditional: זֹאת עֲשׂוּ וִחְיוּ „wenn ihr dieses tut, werdet ihr leben“ (Gn. 42, 18); vgl. ferner § 122, 2b.

d) Verneint werden Juss. und Imp. durch den Proh. mit אַל „nicht“ als gewöhnlicher Negationspartikel: אַל־תְּהִי „sei nicht!“, אִישׁ אַל־יֵרָא „niemand soll sich sehen lassen“ (Ex. 34, 3), אַל־נָא תָשֵׁת עָלֵינוּ חַטָּאת „lege doch auf uns keine Schuld!“ (Nu. 12, 11).

e) Neben Imp. und Juss. hat auch das Imperf. auffordernde Bedeutung: אֶל־אַרְצִי . . . תֵּלֵךְ „nach meinem Lande . . . . sollst du gehen“ (Gn. 24, 4); so bei Gesetzesbestimmungen: מִזְבַּח אֲדָמָה תַּעֲשֶׂה־לִּי „einen Altar von Erde sollst du mir machen“ (Ex. 20, 24), und apodiktischen Verboten: לֹא תִּגְנֹב „du sollst nicht stehlen“ (Ex. 20, 15); ferner in Wendungen

[1]) Kautzsch, § 110; F. R. Blake, A Resurvey of Hebrew Tenses, § 8

wie כֹּה יַעֲשֶׂה־לְּךָ אֱלֹהִים וְכֹה יוֹסִיף „Gott tue dir dies und das" (1 S. 3, 17).

§ 101. Das Perfektum

1. Das Perf.[1]) zeigt noch ugar.[2]) seinen primär statischen, von der Zeitstufe unabhängigen, lediglich einen Zustand feststellenden Charakter. So ist es als Erzählungsmodus noch ziemlich selten. Gleichwohl ist das erzählende Perf. bereits in das System des Imperf. eingedrungen[3]). Daneben konkurriert es z. B. mit dem Juss.; z. B. *šlm tmlk šlm mlkt* = **šalāmu tamluk šalāmu malakat* „Friede herrsche, Friede möge herrschen". Weiteres s. u. 6a.

2. a) Im Hebr. hat das Perf., ausgehend von den neutrischen Stämmen, seinen statischen Charakter bewahrt: וַיֹּאמֶר הִנֵּה־נָא זָקַנְתִּי „und er sprach: Siehe doch, ich bin alt" (Gn. 27, 2).

b) Dem entspricht der Gebrauch als Präs. bzw. Präs.-Perf.: הַשָּׂדֶה נָתַתִּי לָךְ „[hiermit] gebe ich dir das Feld" (Gn. 23, 11); הִנֵּה־נָא זָקַנְתִּי לֹא יָדַעְתִּי יוֹם מוֹתִי „siehe doch, ich bin alt, nicht kenne ich den Tag meines Todes" (Gn. 27, 2); so auch in Erfahrungssätzen und Sprichwörtern, oft parallel zu einem Nominalsatz: גַּם־צִפּוֹר מָצְאָה בַיִת וּדְרוֹר קֵן לָהּ „auch der Vogel findet eine Behausung, und die Schwalbe hat ein Nest" (Ps. 84, 4).

3. a) Der statische Charakter wirkt weiterhin dort nach, wo das Perf. vergangene und abgeschlossene Ereignisse feststellt: הֵן. הָאָדָם הָיָה כְּאַחַד מִמֶּנּוּ „siehe, der Mensch ist ge-

[1]) Bergstr. II, § 6; Kautzsch, § 106; F. R. Blake, A Resurvey of Hebrew Tenses, § 10.

[2]) C. Brockelmann, Orientalia 10 (1941), 227ff.

[3]) Gordon, § 9. 5.

worden wie unsereiner“ (Gn. 3, 22), עַתָּה נִבְרְאוּ וְלֹא מֵאָז „jetzt sind sie erschaffen worden und nicht vorzeiten“ (Jes. 48, 7); so auch im Relativsatz: אֶמְחֶה אֶת־הָאָדָם אֲשֶׁר־בָּרָאתִי „ich will den Menschen austilgen, den ich geschaffen habe“ (Gn. 6, 7).

b) Die Funktion als einfaches Prät. liegt vor, wo das Perf. neben oder für Imperf. cons. steht. Im Gegensatz zum Ugar., wo auch das erzählende Perf. am Satzbeginn stehen kann[1]), leitet hebr. nur das Imperf. cons. den Satz ein. Wird das Verbum finitum vom Waw. cons. durch irgendeinen Satzteil getrennt, so steht das Perf.: וַיִּקְרָא אֱלֹהִים לָאוֹר יוֹם וְלַחֹשֶׁךְ קָרָא לָיְלָה „und Gott nannte das Licht Tag, doch die Finsternis nannte er Nacht“ (Gn. 1, 5); desgleichen, wenn der Satz durch das Subjekt, ein Adv. oder einen anderen Satzteil eingeleitet wird: אִישׁ הָיָה בְאֶרֶץ־עוּץ „es war ein Mann im Lande Us“, בְּעֶצֶם הַיּוֹם הַזֶּה בָּא נֹחַ „an eben diesem Tage trat Noah ein“ (Gn. 7, 13).

c) Im Sinne der Vergangenheit steht das Perf. besonders bei Vorzeitigkeit in Nebensätzen: וַיַּשְׁכֵּם אַבְרָהָם בַּבֹּקֶר אֶל־הַמָּקוֹם אֲשֶׁר־עָמַד שָׁם „und Abraham machte sich früh auf nach dem Orte, wo er gestanden hatte“ (Gn. 19, 27); daneben im Hauptsatz: וְשָׂרַי . . . לֹא יָלְדָה לוֹ „und Sarai . . . hatte ihm [noch] nicht geboren“ (Gn. 16, 1).

4. Wie im Ugar., findet sich Fut.-Gebrauch bei Erwartungen und Ankündigungen, wenn auch selten: לָכֵן גָּלָה עַמִּי מִבְּלִי־דָעַת „darum wird mein Volk unversehens in die Verbannung ziehen“ (Jes. 5,13). Zum Gebrauch in Konditionalsätzen s. § 122.

---

[1]) Gordon, § 9, 5.

5. In die Nähe modaler Abstufung führt z. B. כִּמְעַט כִּלּוּנִי „beinahe hätten sie mich vernichtet" (Ps. 119, 87).

6. a) Ugar. kann das Perf. außer Juss. (s. o. 1c) auch den Ind. bei Anweisungen neben sich haben oder einem Imp. folgen[1]). Dem entspricht hebr. das Perf. cons., das sich in der Zeitstufe nach dem vorangehenden Beziehungswort richtet. Das Perf. cons. folgt häufig einem Imperf.: וְהַנֶּפֶשׁ אֲשֶׁר תִּפְנֶה אֶל־הָאֹבֹת . . . . . וְנָתַתִּי אֶת־פָּנַי בַּנֶּפֶשׁ הַהִוא „und wenn jemand sich zu den Totengeistern wendet . . ., so will ich gegen den Betreffenden mein Antlitz richten" (Lv. 20, 6); einem Juss., Koh. und Imp.: יְבַקְשׁוּ . . . נַעֲרָה בְתוּלָה וְעָמְדָה לִפְנֵי הַמֶּלֶךְ „man suche . . . ein jungfräuliches Mädchen, damit es dem Könige aufwarte" (1 R. 1, 2), אֲלַקֳטָה־נָּא וְאָסַפְתִּי „ich möchte doch auflesen und sammeln" (Rt. 2, 7), קוּם רְדֹף אַחֲרֵי הָאֲנָשִׁים וְהִשַּׂגְתָּם וְאָמַרְתָּ אֲלֵיהֶם „auf, verfolge die Männer, hole sie ein und sprich zu ihnen" (Gn. 44, 4); einem Perf. als Perf.-Präs., Fut. oder Ausdruck der Wiederholung in der Vergangenheit: הִנֵּה בֵּרַכְתִּי אֹתוֹ וְהִפְרֵיתִי אֹתוֹ „siehe, ich segne ihn [hiermit] und lasse ihn fruchtbar sein" (Gn. 17, 20), רַצְתִּי אַחֲרָיו וְלָקַחְתִּי „ich will ihm nachlaufen und nehmen" (2 R. 5, 20), אִם־הֲרָגָם וּדְרָשׁוּהוּ „wenn er sie würgte, fragten sie nach ihm" (Ps. 78, 34). Besonders als Präs.-Fut. kann dem Perf. cons. ein Part. als verkürzter Relativsatz vorangehen: הַנֹּשְׁכִים בְּשִׁנֵּיהֶם וְקָרְאוּ שָׁלוֹם „die, wenn sie mit ihren Zähnen zu beißen haben, ‚Heil!' rufen" (Mi. 3, 5); desgleichen ein Inf. als verkürzter Nebensatz: בְּיוֹם צֵאתְךָ וְעָבַרְתָּ אֶת־נַחַל

[1]) C. Brockelmann, Orientalia 10 (1941), 227f.; Gordon, § 13, 28.

קִדְרוֹן „am Tage, da du hinausgehst und den Kidronbach überschreitest“ (1 R. 2, 37). Auch ein Inf. abs. kann vorangehen: הָלוֹךְ וְרָחַצְתָּ „geh und bade!“ (2 R. 5,10), נָאוֹף וְהָלֹךְ בַּשֶּׁקֶר וְחִזְּקוּ יְדֵי מְרֵעִים „sie treiben Ehebruch, gehen mit Lüge um und bestärken die Übeltäter“ (Jer. 23, 14); ebenso ein Nominalsatz: מָחָר חֹדֶשׁ וְנִפְקַדְתָּ „morgen ist Neumond, und man wird dich suchen“ (1 S. 20, 18), כִּי חֹק לַכֹּהֲנִים .... וְאָכְלוּ אֶת־חֻקָּם „denn die Priester hatten ein festes Einkommen .., und sie lebten von ihrem festen Einkommen“ (Gn. 47, 22). Natürlich kann auch ein Perf. cons. dem anderen folgen.

c) Selbständiges Perf. cons. kann für sämtliche Imperf.-Modi einschließlich Imp. stehen; vgl. etwa וַאֲהַבְתֶּם אֶת־הַגֵּר „und ihr sollt den Fremdling lieben!“ (Dt. 10, 19), וְהָיָה „und es wird sein“.

d) Das Imperf. tritt für Perf. cons. ein, sobald Verbum und Waw cons. durch irgendeinen Satzteil getrennt werden: וְהָרְגוּ אֹתִי וְאֹתָךְ יְחַיּוּ „und mich werden sie töten, dich aber am Leben lassen“ (Gn. 12, 12).

7. Im Laufe der Sprachgeschichte hat sich das Verbalsystem stark vereinfacht: Das Perf. ist mittelhebr., mit und ohne Waw, zum Prät. geworden: רָאָה וְאָמַר „er sah und sprach“, daneben konstatiert es eine vollendete Handlung: מֹשֶׁה קִבֵּל תּוֹרָה מִסִּינַי „Mose hat das Gesetz vom Sinai her empfangen“; das Imperf. fungiert als Präs.-Fut. und Juss., im übrigen gebraucht man Umschreibungen[1]).

[1]) K. Albrecht, Neuhebr. Grammatik (1913), §§ 104–107.

§ 102. Der Infinitivus constructus

1. a) Der Inf. cstr.[1]) kann jeden nominalen Satzteil darstellen, ein Gen.-Attribut regieren und selbst im Gen. stehen; außerdem hat er verbale Rektionskraft. Das ihm angefügte Pronominalsuffix kann im Gen. des Attributes und Akk. des Objekts stehen, wobei, abgesehen von 1. c. Sg. קָטְלִי (Gen.) sowie קָטְלֵנִי neben קָטְלִי (Akk.), in der Regel die Nominalformen stehen.

b) Die Negation ist meist בִּלְתִּי (babyl. *bältī*; MO. 198), seltener בְּלִי; ferner בְּלֹא ,,ohne zu", אֵין־ ,,nicht".

c) Da der Inf. nur den Vorgang an sich anzeigt, hat ein akt. Inf. zuweilen Pass.-Bedeutung: וַיְהִי הַשַּׁעַר לִסְגּוֹר ,,und das Tor sollte gerade geschlossen werden" (Jos. 2, 5).

2. Der Inf. kann Subjekt sein: הַמְעַט מִכֶּם הַלְאוֹת אֲנָשִׁים ,,ist es euch zu wenig, Männer zu ermüden?" (Jes. 7, 13), Gen.-Attribut: בְּיוֹם עֲשׂוֹת ,,am Tage, da er schuf" (Gn. 2, 4), und Akk.-Objekt: וְלֹא אָבָה . . . הַעֲבִרֵנוּ ,,und nicht wollte er . . . uns durchziehen lassen" (Dt. 2, 30).

3. Häufig steht der Inf. nach Präpositionen; so nach temporalem בְּ ,,während, indem", כְּ ,,als, sobald als", kausalem עַל, יַעַן ,,weil" und konzessivem עַל ,,obgleich": בִּהְיוֹתָם בְּמִצְרַיִם ,,während sie in Ägypten waren" (1 S. 2, 27), ... כִּרְאֹת וּכְשָׁמְעוֹ ,,und als er sah . . . und hörte" (Gn. 24, 30); יַעַן מָאָסְכֶם ,,weil ihr verachtet" (Jes. 30, 12), עַל־אָמְרֵךְ ,,weil du sprichst" (Jer. 2, 35); עַל־דַּעְתְּךָ ,,obgleich du weißt" (Hi. 10, 7).

---

[1]) Bergstr. II, § 11; Kautzsch, §§ 114f; F. R. Blake, A Resurvey of Hebrew Tenses, § 13.

4. Zu einem umfangreichen Bedeutungssystem hat sich der Inf. nach לְ „zu“ entwickelt.

a) Die ursprüngliche Bedeutung von לְ „zu“ begegnet noch im finalen Gebrauch: וַיֵּרֶד ... לִרְאֹת אֶת־הָעִיר „und er stieg hinab ..., um die Stadt zu sehen“ (Gn. 11, 5), הִפְגִּעוּ בַמֶּלֶךְ לְבִלְתִּי שְׂרֹף אֶת־הַמְּגִלָּה „sie baten den König inständig, die Rolle nicht zu verbrennen“ (Jer. 36, 25); daneben z. B. konsekutiv: לְהַכְרִיתוֹ לְבִלְתִּי הֱיוֹת־בּוֹ יוֹשֵׁב „ihn zu vernichten, so daß es darin keine Bewohner mehr gibt“ (Jer. 51, 62), oder temporal: וַיִּתְנַבְּאוּ עַד לַעֲלוֹת הַמִּנְחָה „und sie rasten, bis das Speisopfer dargebracht wurde“ (1 R. 18, 29).

b) Der Inf. mit לְ kann darüber hinaus Subjekt, besonders im Nominalsatz sein: אִם־טוֹב בְּעֵינֶיךָ לָבוֹא „wenn es gut ist in deinen Augen zu kommen“ (Jer. 40, 4); ferner Prädikat: וְהָיָה (הָאֹרֶן) לְאָדָם לְבָעֵר „und (die Fichte) soll den Leuten zum Heizen dienen“ (Jes. 44, 15).

c) Als Akk.-Objekt begegnet er nach Verben des Befehlens, z. B. צִוָּה „befehlen“, und ergänzend z. B. bei אָבָה „[nicht] wollen“ (s. auch o. 2), הֵחֵל „beginnen“, חָפֵץ „wollen“, יָכוֹל „können“, נָתַן „lassen“, הוֹסִיף „fortfahren“: כַּאֲשֶׁר כִּלָּה לְדַבֵּר אֶל־אַבְרָהָם „als er fertig war, zu Abraham zu reden“ (Gn. 18, 33). Ferner in Zusammensetzungen wie ... וַיַּשְׁכֵּם לָקוּם „und er stand ... frühzeitig auf“ (2 R. 6, 15).

d) Der Inf. mit לְ kann auch ein Nomen ergänzen: עֵת לַעֲשׂוֹת „Zeit zu handeln“, אִם־אֵין־לְךָ לְשַׁלֵּם „wenn du nichts hast zum Bezahlen“ (Prv. 22, 27).

e) Schließlich kann dieser Inf. Art und Weise eines Vorgangs und Zustandes anzeigen, entsprechend modalem „indem": הָאָדָם הָיָה כְּאַחַד מִמֶּנּוּ לָדַעַת טוֹב וָרָע „der Mensch ist geworden wie unsereiner, indem er um gut und böse weiß" (Gn. 3, 22); vgl. auch häufiges לֵאמֹר „folgendermaßen". Besonders frei wird diese Inf.-Konstruktion in den außerbiblischen Texten von AF. angewendet[1]).

5. a) Der Inf. stellt vielfach einen verkürzten Satz dar. Dementsprechend kann er neben einem Verbum finitum gebraucht werden: בְּיוֹם צֵאתְךָ וְעָבַרְתָּ אֶת־נַחַל קִדְרוֹן „am Tage, da du hinausgehst und den Kidronbach überschreitest" (1 R. 2, 37).

b) Das logische Subjekt eines durch Inf. verkürzten Satzes steht meist als Attribut im Gen. subjectivus: הַמְעַט קַחְתֵּךְ אֶת־אִישִׁי „ist es nicht genug, daß du meinen Mann nimmst?" (Gn. 30, 15), בְּחֶמְלַת יְהוָה עָלָיו „weil Jahwe ihn verschonen wollte" (Gn. 19, 16); daneben im Nom., u. zw. stets, wenn ein Objekt auf den Inf. folgt: לְבִלְתִּי הַכּוֹת־אֹתוֹ כָּל־מֹצְאוֹ ‚damit ihn nicht erschlüge ein jeder, der ihn fände" (Gn. 4, 15).

§ 103. Der Infinitivus absolutus

1. Der Inf. abs.[2]) ist bereits altkan.[3]) starr. Ohne St. cstr. fehlt ihm das Gen. Suffix, und verbal folgt das Akk.-Suffix stets in Verbindung mit der Akk.-Partikel: יָדֹעַ אוֹתִי „mich erkennen" (Jer. 9, 23). Der Zeitstufe nach ist er neutral.

---

[1]) So im Manual of Discipline (The Dead Sea Scrolls of St. Mark's Monastery II, 2 [New Haven 1951]).

[2]) Bergstr. II, § 12; Kautzsch, § 113; F. R. Blake, A Resurvey of Hebrew Tenses, § 12.

[3]) Gordon, § 9, 23—26.

2. a) Als Nomen ist er zuweilen Subjekt: הֵיטֵיב אֵין אוֹתָם (= אִתָּם) „Glück zu bringen steht nicht bei ihnen" (Jer. 10, 5), oder Prädikat: עֲבֹדַת הַצְּדָקָה הַשְׁקֵט „das Werk der Gerechtigkeit ist Ruhe" (Jes. 32, 17).

b) Er steht auch als Gen.-Attribut: מוּסַר הַשְׂכֵּל „Zucht zur Einsicht" (Prv. 1, 3), oder setzt es fort: בְּתִתְּךָ לוֹ לֶחֶם ... וְשָׁאוֹל לוֹ בֵּאלֹהִים „indem du ihm Brot gabst ... und für ihn Gott befragtest" (1 S. 22, 13).

c) Zum Akk.-Objekt vgl. לִמְדוּ הֵיטֵיב „lernt Gutes tun" (Jes. 1, 17).

3. Daneben hat er verbale Rektion: אָכֹל דְּבַשׁ „Honig essen" (Prv. 25, 27), מָאוֹס בָּרָע וּבָחוֹר בַּטּוֹב „Schädliches meiden und Nützliches wählen" (Jes. 7, 15).

4. Häufig fungiert der Inf. abs. als Adv. und steht, falls nicht indeklinabel, primär anscheinend im Nom.; vgl. ugar. *ǵm'u ǵmi't* = **ǵamā'u ǵami'tī* „du (F.) bist gewiß durstig".

a) Der Inf. abs. kann modal gebraucht werden: וַיַּעַשׂ כֵּן הָלֹךְ עָרוֹם וְיָחֵף „er tat es, indem er nackt und barfuß einherlief" (Jes. 20, 2), וַיֵּצֵא יָצוֹא וָשׁוֹב „und er flog hin und her" (Gn. 8, 7).

b) Auch verstärkt er ein Verbum finitum, indem er von der gleichen Wz. und vom selben Stamm, bei abgeleiteten Stämmen aber auch vom Qal gebildet wird und meist voransteht: גֻּנֹּב גֻּנַּבְתִּי „gestohlen worden bin ich" (Gn. 40, 15), מוֹת יוּמָת „er wird gewiß getötet" (Ex. 19, 12), mit eingeschobener Negation: בָּרֵךְ לֹא תְבָרְכֶנּוּ „segnen sollst du ihn wenigstens nicht" (Nu. 23, 25), daneben adversativ: לֹא כִּי־

אָסֹר נֶאֱסָרְךָ „nein, nur festnehmen wollen wir dich“ (Jdc. 15, 13). Seltener steht er nach: הָרְגֵנִי נָא הָרֹג „töte mich lieber ganz“ (Nu. 11, 15), besonders zur Bezeichnung der Dauer eines Vorgangs: לַשָּׁוְא צָרַף צָרוֹף „umsonst hat man dauernd geschmolzen“ (Jer. 6, 29).

c) Der gleiche Inf. wird auch abgeblaßt gebraucht; so am Anfang der Rede: . . . רָאוֹ רָאִינוּ כִּי „wir haben gesehen, daß . . .“ (Gn. 26, 28).

d) Daneben steht er häufig isoliert: הַרְבֵּה „viel“, הֵיטֵב „gut“, הַשְׁכֵּם „früh“, מַהֵר „eilends“. Hiervon kann הַרְבֵּה „viel“ sogar Subst. oder Adj. sein; z. B. attributiv: לְבַד מֵעָרֵי הַפְּרָזִי הַרְבֵּה מְאֹד „außerdem die sehr zahlreichen offenen Landstädte“ (Dt. 3, 5).

5. Interjektional begegnet der Inf. abs. zuweilen als Imp.: זָכוֹר אֶת־הַיּוֹם הַזֶּה „gedenke dieses Tages!“ (Ex. 13, 3), הָלוֹךְ וְאָמַרְתָּ „geh und sprich!“ (Jes. 38, 5).

6. Schließlich steht er auch sonst für ein Verbum finitum: הָסֵר מְשׂוּכָּתוֹ „einreißen werde ich seinen Zaun“ (Jes. 5, 5), oder setzt ein solches fort: אֲשֶׁר קִטְּרוּ . . . וְהַסֵּךְ נְסָכִים „wo sie opferten . . . und Trankopfer spendeten“ (Jer. 19, 13). Eine Parallele zu שַׁבֵּחַ אֲנִי „ich pries“ (Qoh. 4, 2) für *שִׁבַּחְתִּי bietet nach manchen Forschern das Phön. von Karatepe, wo angeblich am Satzbeginn für 1. c. Sg. Perf. der Inf. abs. mit folgendem selbständigen Personalpronomen begegnet; z. B. *bn ʼnk* = hebr. *בָּנֹה אָנֹכִי „ich baute“[1]). Da dieselbe Form z. B. in *jrdm ʼnk* „ich ließ sie herabsteigen“ auch suff. erscheint, liegt die Annahme näher, daß hier nicht der Inf. abs.,

[1]) Vgl. Kautzsch, § 113 gg.

sondern analog § 94, 5c ein neutral gebrauchtes Perf. 3. M. Sg. gebraucht wird, das durch nachfolgendes pronominales Subjekt spezifiziert wird; also *bn 'nk* = hebr. *בָּנָה אָנֹכִי[1]).

§ 104. Gebrauch des Partizipiums

1. a) Das Part.[2]) hat nominale und verbale Rektion: אֹהֲבֵי שְׁמֶךָ „die deinen Namen Liebenden" (Ps. 5, 12), הַקֹּרֹת אֹתָם „das, was ihnen begegnet war" (Gn. 42, 29); doch regiert es öfter Nominal- als Verbalsuffixe: גֹּאֲלִי „mein Erlöser" (Hi. 19, 25), doch הַמְאַזְּרֵנִי „der mich gegürtet hat" (Ps. 18, 33). Es kann von Partikeln wie יֵשׁ „Vorhandensein", אֵין־ „nicht" und עוֹד „noch" regiert werden.

b) Im Akt. ist es der Zeitstufe nach neutral. Perf.-Bedeutung hat es nach dem Artikel: עֵינֶיךָ הָרֹאֹת „deine Augen sind es, die gesehen haben" (Dt. 3, 21), und gewöhnlich im Pass.: כָּל־הֲרֻגֶיהָ „alle von ihr Erschlagenen" (Prv. 7, 26). Das abgeleitete Part. fungiert oft gerundivisch, so Ni. נֶחְמָד „begehrenswert".

2. a) Prädikativ steht das Part. bei Schilderungen in der Vergangenheit, so nach הִנֵּה, oft bei einem Verbum des Wahrnehmens: וַיַּרְא וְהִנֵּה גְמַלִּים בָּאִים „und als er aufschaute, sah er Kamele kommen" (Gn. 24, 63), oder עוֹד, oft fortgesetzt durch Verbum finitum: עוֹדֶנּוּ מְדַבֵּר . . . וְרָחֵל בָּאָה „während er noch redete . . ., kam Rahel" (Gn. 29, 9).

---

[1]) Vgl. J. Friedrich, Phön.-pun. Grammatik, § 286, Anm. 1; daselbst weitere Beispiele.

[2]) Bergstr. II, § 13; Kautzsch, § 116; F. R. Blake, A Resurvey of Hebrew Tenses, §§ 14–19.

b) Im Präs. beschreibt es Zustand und Dauer: וְנָהָר יֹצֵא מֵעֵדֶן „und ein Fluß geht aus von Eden“ (Gn. 2, 10), כִּי יֹדֵעַ אֱלֹהִים „denn Gott weiß“ (Gn. 3, 5), אָנֹכִי בֹּרַחַת „ich bin auf der Flucht“ (Gn. 16, 8). Spät begegnet das Part. als gewöhnliches Präs.: הָאָרֶץ לְעוֹלָם עֹמָדֶת „die Erde besteht in Ewigkeit“ (Qoh. 1, 4); so besonders im Mittelhebräischen.

c) Im Fut. steht es z.B. nach הִנֵּה „siehe“: הִנְנִי מֵבִיא אֶת־הַמַּבּוּל „siehe, ich bringe die Flut“ (Gn. 6, 17), so auch temporal oder konditional: אָנֹכִי מֵת וֵאלֹהִים פָּקֹד יִפְקֹד אֶתְכֶם „wenn ich gestorben bin, wird sich Gott euer gewiß annehmen“ (Gn. 50, 24).

d) In Verbindung mit dem Perf. und Imperf. cons. von הָיָה „sein“, sowie mit Imperf. und Juss. entstehen zusammengesetzte Zeitformen, die die jeweilige Zeitstufe unterstreichen und dem Part. modale Nuancen verleihen können: הַבָּקָר הָיוּ חֹרְשׁוֹת „die Rinder pflügten gerade“ (Hi. 1, 14); וִיהִי (הָרָקִיעַ) מַבְדִּיל „und sie (die Feste) möge trennen“ (Gn. 1, 6). Diese Zusammensetzungen können auf junger Stufe auch für einfaches Verbum finitum stehen; mittelhebr. begegnet הָיָה mit Part. häufig als gewöhnliches Perfektum.

3. Das Part. kann Subjekt sein; es vertritt dann oft einen Nebensatz: מַכֵּה אִישׁ וָמֵת מוֹת יוּמָת „wenn jemand einen Mann schlägt, so daß er stirbt, muß er getötet werden“ (Ex. 21, 12); ferner Akk.-Objekt: וַאֲבָרֲכָה מְבָרְכֶיךָ „und ich will segnen, die dich segnen“ (Gn. 12, 3); oder Adv.: הָעָם לֹא־שָׁב עַד־הַמַּכֵּהוּ „das Volk kehrt nicht zurück zu dem, der es geschlagen hat“ (Jes. 9, 12), sowie Attribut: וְהָיָה כָל־מֹצְאִי

יַהַרְגֵנִי „und es wird sein, daß ein jeder, der mich findet, mich tötet“ (Gn. 4, 14).

§ 105. Das Akkusativobjekt

1. a) Jedes nach hebräischem Sprachempfinden trans. Verbum kann ein direktes Objekt regieren[1]).

b) Im Gegensatz zum Ugar. mit seiner vollen Nominalflexion und einem selbständigen Akk.-Pronomen begegnet hebr., wie auch phön., moab. und altaram.[2]), eine Akk.-Partikel אֵת, אֶת־ (§ 87, 3b), u. zw. in der Prosa häufiger als in der archaisierenden Poesie. Sie wird in der Regel vor determiniertem Objekt gebraucht: אֵת הַשָּׁמַיִם וְאֵת הָאָרֶץ „den Himmel und die Erde“ neben älterem בְּיוֹם עֲשׂוֹת יְהוָה אֱלֹהִים אֶרֶץ וְשָׁמָיִם „als Gott Jahwe Erde und Himmel schuf“ (Gn. 2, 4b), sowie vor כֹּל „Gesamtheit“ auch bei fehlender Determination: נָתַתִּי לָכֶם אֶת־כָּל־עֵשֶׂב „ich gebe euch alles Kraut“ (Gn. 1, 29).

c) Pronominales Objekt lautet אֵת mit Suffix, wenn es voransteht: אֹתְכָה הָרַגְתִּי „dich hätte ich getötet“ (Nu. 22, 33); ferner, wenn das Verbum bereits suff. ist: וְהִרְאַנִי אֹתוֹ „und er wird mich ihn sehen lassen“ (2 S. 15, 25), oder noch ein weiteres Objekt folgt: וַתִּבְלַע אֹתָם וְאֶת־בָּתֵּיהֶם „und sie verschlang sie und ihre Häuser“ (Nu. 16, 32), schließlich zur synt. Verdeutlichung: לְבִלְתִּי הַכּוֹת־אֹתוֹ „daß er ihn nicht erschlage“ (Gn. 4, 15).

---

[1]) Kautzsch, § 117.
[2]) J. Friedrich, Phön.-pun. Grammatik, §§ 2741

2. a) Direktes Objekt haben Verben der Fülle und des Bekleidens samt ihrem Gegenteil: כִּי־מָלְאָה הָאָרֶץ חָמָס „denn die Erde ist voll von Gewalttat“ (Gn. 6, 13), וּפָשַׁט אֶת־בְּגָדָיו וְלָבַשׁ בְּגָדִים אֲחֵרִים „und er soll seine Kleider aus- und andere anziehen“ (Lv. 6, 4).

b) Dasselbe Objekt kann auch nach יָשַׁב, שָׁכַן „wohnen“, גּוּר „sich aufhalten“ stehen; z. B. יָגוּר אֳנִיּוֹת „er verweilt bei den Schiffen“ (Jdc. 5, 17); so wohl auch: חֶרֶב מֶלֶךְ־בָּבֶל תְּבוֹאֶךָ „das Schwert des Königs von Babylon kommt zu dir“ (Ez. 32, 11).

3. Trans. und intrans. Verben können ein inneres Objekt, gebildet von gleicher Wz., regieren: בּוֹצֵעַ בָּצַע „ein nach unrechtem Gewinn Trachtender“ (Prv. 15, 27). Zum Inf. abs. vgl. § 103, 4.

4. a) Doppeltes Akk.-Objekt steht bei Kausativformen von im Qal trans. Verben: הִנֵּה הֶרְאָה אֹתִי אֱלֹהִים גַּם אֶת־זַרְעֶךָ „siehe, Gott ließ mich sogar deine Nachkommen sehen“ (Gn. 48, 11); desgleichen, wo das Qal den Akk. des Stoffes (s. o. 2a) regiert: וַיְמַלְאוּ אֶת־כְּלֵיהֶם בָּר „und sie füllten ihre Säcke mit Getreide“ (Gn. 42, 25).

b) Ferner kann ein doppeltes Akk.-Objekt bei Verben stehen, die ein Machen zu etwas, ein Halten für etwas oder eine Benennung ausdrücken; z. B. וַיִּבְנֶה אֶת־הָאֲבָנִים מִזְבֵּחַ „und er baute die Steine zu einem Altar“ (1 R. 18, 32); וַיַּחְשְׁבֶהָ . . . צְדָקָה „und er rechnete es . . als Gerechtigkeit an“ (Gn. 15, 6), וַיִּקְרָא אֶתְהֶן חַוֹּת יָאִיר „und er nannte sie die Zeltdörfer Jaïrs“ (Nu. 32, 41).

c) Hierzu kommen zahlreiche weitere Verben verschiedener Bedeutung, z. B. עָנָה „antworten", שָׁאַל „fragen", צִוָּה „befehlen", בֵּרַךְ „segnen"; vgl. etwa אַתָּה גְּמַלְתַּנִי הַטּוֹבָה „du hast mir Gutes erwiesen" (1 S. 24, 18).

§ 106. Der adverbielle Akkusativ

1. Die adv. Näherbestimmung wird hebr., wie gemeinsem., durch den Akk. bezeichnet[1]).

2. a) Der Akk. kann die Richtung angeben: וַיֵּלֶךְ עֵשָׂו הַשָּׂדֶה „und Esau ging aufs Feld" (Gn. 27, 5), zuweilen nach § 45, 3c verstärkt: וַיָּבֹא הָאִישׁ הַבַּיְתָה „und der Mann ging in das Haus" (Gn. 24, 32). Bei cstr. פֶּתַח „Eingang" und בֵּית steht auch auf die Frage „wo?" der Akk., vielleicht nach Schwund eines vorhergehenden בְּ „in": וְהוּא יֹשֵׁב פֶּתַח־הָאֹהֶל „und er saß im Zelteingang" (Gn. 18,1); vgl. hierzu auch § 28,1 und ugar. *bt* = **bēta* neben *bbt* = **babēti* „im Hause"[2]).

b) Der Akk. dient ferner zur Zeitbestimmung: עֶרֶב „am Abend", בֹּקֶר „früh", הַיּוֹם „heute" oder „damals"; zu יוֹמָם „bei Tage" vgl. § 41, 6. Weiterhin gibt der Akk. die Zeitdauer an: עוֹלָמִים „für ewige Zeiten" (1 R. 8, 13), und determiniert: אֵת שִׁבְעַת הַיָּמִים „die sieben Tage lang" (Ex. 13, 7).

c) Häufig bezeichnet der Akk. die Art und Weise: הָלַךְ עָרוֹם וְיָחֵף „indem er nackt und barfuß einherging" (vgl. § 103, 4a), וַיָּבֹאוּ עַל־הָעִיר בֶּטַח „sie überfielen die Stadt, [die] in sorglosem Zustand [war]" (Gn. 34, 25).

---

[1]) Kautzsch, § 118. [2]) Gordon, § 10, 4.

d) Schließlich drückt der Akk. die Beziehung aus: חָלָה אֶת־רַגְלָיו „er litt an den Füßen" (1 R. 15,23), וַיַּכֵּהוּ . . . הַחֹמֶשׁ „und er schlug ihn . . . auf den Unterleib" (2 S. 3, 27).

§ 107. Die Präpositionalrektion des Verbums

1. Die zahlreichen Präpositionen[1]) (§ 87) stehen nach sem. Sprachgefühl als Nomina im Akk.-Verhältnis zum regierenden Verbum. Sie sind synt. außerordentlich wichtig, da sie die Bedeutung einer Wz. zu variieren vermögen. So bedeutet die Wz. בוא mit dem direkten Akk.-Objekt „kommen" (§ 105, 2b), mit לְ oder אֶל „hineingehen, eintreten", so auch übertragen בוא אֶל־אִשָּׁה „einer Frau beiwohnen"; mit אֵת oder עִם bedeutet sie „mit jemandem verkehren", dagegen mit עַל „über jemand oder etwas herfallen".

2. An Stelle des einfachen Akk. werden weithin Präpositionen gebraucht.

a) Obgleich das direkte Objekt in der Regel im Akk. steht, so scheint doch schon ugar. der Gebrauch von **la* nicht ausgeschlossen zu sein[2]). Hebr. vgl. etwa כַּמַּיִם לַיָּם מְכַסִּים „wie Wasser, das das Meer bedeckt" (Jes. 11, 9).

b) Auch für den Akk. des Stoffes kann zuweilen eine Präposition stehen: לְבוּשׁ מַלְכוּת אֲשֶׁר לָבַשׁ־בּוֹ הַמֶּלֶךְ „ein königliches Kleid, mit welchem der König bekleidet gewesen war" (Est. 6, 8).

c) Bei שָׁכַן „wohnen", יָשַׁב „wohnen, sich niederlassen", גּוּר „sich aufhalten" und Verben wie בוא „kommen" ist Präpositionalrektion häufiger als direktes Objekt nach § 105, 2b.

[1]) Kautzsch, § 119.
[2]) C. Brockelmann, Orientalia 10 (1941), 235.

d) Beim doppelten Akk. kann z. B. das affizierte Objekt von einer Präposition abhängen: וַיִּקְרָא אֱלֹהִים לָאוֹר יוֹם „und Gott nannte das Licht Tag“ (Gn. 1, 5), ebenso das effizierte Objekt: וַיִּבֶן ... אֶת־הַצֵּלָע ... לְאִשָּׁה „und er gestaltete ... die Rippe ... zu einem Weibe“ (Gn. 2, 22).

4. Der adv. Akk. (§ 106) ist meist durch präpositionale Ausdrücke ersetzt.

5. Da das Hebr. keinen Dativ kennt (vgl. § 45), wird das Dativ-Verhältnis durch לְ „zu“ ausgedrückt; vgl. וָאֶתֵּן לָכֶם אֶרֶץ „und ich gab euch ein Land“ (Jos. 24, 13). Häufig ist der sogenannte Dativus ethicus: סְעוּ לָכֶם „brecht auf“ (Dt. 1, 7), der als Abart des Dativus commodi in der Regel nicht übersetzt wird.

§ 108. Die Verbalrektion

1. Zu einem Verbum kann ein zweites teils untergeordnet (hypotaktisch), teils beigeordnet (parataktisch) hinzutreten[1]). Das abhängige Verbum enthält vielfach den Hauptbegriff, während das regierende Verbum oft nur modalen Charakter hat.

2. a) Häufig findet sich, wie arab. und aram., ein asyndetisch untergeordnetes Imperf.: לֹא יָדַעְתִּי אֲכַנֶּה „ich verstehe nicht zu schmeicheln“ (Hi. 32, 22); mit Subjektswechsel: לֹא תוֹסִיפִי יִקְרְאוּ־לָךְ „man soll dich nicht fernerhin nennen“ (Jes. 47, 1).

b) Daneben erfolgt Unterordnung durch לְ „zu“ mit Inf. (§ 102, 4a), durch Inf. abs. (§ 103, 4) sowie Part. (§ 104, 2d).

3. a) Asyndetische Parataxe erfolgt unter formaler oder sinngemäßer Kongruenz beider Verben; sie ist besonders

[1]) Kautzsch, § 120.

häufig beim Imp.: לֶךְ־רֵד „wohlan, steige hinab!“ (Ex. 19, 24); ferner לֹא אוֹסִיף עוֹד אֲרַחֵם „ich will mich ferner nicht mehr erbarmen“ (Hos. 1, 6).

b) Bei syndetischer Beiordnung steht וְ „und“; so mit voller Kongruenz: וַיֹּסֶף אַבְרָהָם וַיִּקַּח אִשָּׁה „und Abraham nahm abermals eine Frau“ (Gn. 25, 1); ferner bei innerer Abhängigkeit, etwa Imperf. und Perf. cons.: אִם־תְּמָאֲנוּ וּמְרִיתֶם „wenn ihr widerstrebt und widerspenstig seid“ (Jes. 1, 20).

§ 109. Der Gebrauch des Passivums

1. a) Ein Pass.-Satz[1]), dessen Subjekt einem Akk. im akt. Satz entspricht, kann bei Verben mit direktem oder innerem Objekt gebildet werden: וַיִּקָּבֵר יוֹאָשׁ „und Joas wurde begraben“ (2 R. 13, 13) für akt. *וַיִּקְבְּרוּ אֶת־יוֹאָשׁ „und sie begruben Joas“; הֻגֵּד הֻגַּד לַעֲבָדֶיךָ „deinen Knechten wurde genau gemeldet“ (Jos. 9, 24), wörtlich: „ein Gemeldetwerden wurde gemeldet“.

b) Häufig steht beim Pass. die 3. Person Sg. unter Voraussetzung eines ungenannten logischen Subjekts („man“), u. zw. isoliert: וְאַחֲרַיִךְ לֹא זוּנָּה „und man stellte dir nicht buhlerisch nach“ (Ez. 16, 34), oder mit לְ: נִרְפָּא־לָנוּ „wir sind geheilt worden“ (Jes. 53, 5), sowie unter Beibehaltung des Akk.-Objektes: וַיֻּגַּד לְרִבְקָה אֶת־דִּבְרֵי עֵשָׂו „und der Rebekka wurden die Worte Esaus gemeldet“ (Gn. 27, 42).

2. a) Von zwei Akk.-Objekten wird im Pass. gewöhnlich das nähere Objekt zum neuen Subjekt, während das entferntere Objekt im Akk. beibehalten wird: הָנְחַלְתִּי יַרְחֵי שָׁוְא „ich

[1]) Kautzsch, § 121.

bin mit Monaten des Unheils beschenkt worden“ (Hi. 7, 3[1]). Aus Stilgründen kann aber auch das entferntere Objekt zum Subjekt werden: וְהָרְאָה [הַנֶּגַע] אֶת־הַכֹּהֵן „und [die Aussatzstelle] soll dem Priester gezeigt werden“ (Lv. 13, 49).

b) Ebenso bleibt der Akk. des effizierten Objekts erhalten: שְׁאִיָּה יֻכַּת־שָׁעַר „zu Stücken sind die Tore zerschlagen“ (Jes. 24, 12); desgleichen die übrigen Akkusative, z. B. אֲשֶׁר לֹא־יִמּוֹל אֶת־בְּשַׂר עָרְלָתוֹ „der nicht beschnitten ist am Fleische seiner Vorhaut“ (Gn. 17, 14).

c) Selten steht doppelter Akk.: יִמָּלֵא כְבוֹדוֹ אֶת־כֹּל הָאָרֶץ „es fülle sich mit seiner Herrlichkeit die ganze Erde“ (Ps. 72, 19).

3. a) Das logische Subjekt eines Pass.-Satzes wird gewöhnlich durch לְ eingeführt: וְאִם־בְּאֵלֶּה לֹא תִוָּסְרוּ לִי „und wenn ihr euch hierdurch nicht von mir warnen laßt“ (Lv. 26, 23); daneben durch מִן „von“: לֹא־יִכָּרֵת כָּל־בָּשָׂר עוֹד מִמֵּי הַמַּבּוּל „nicht soll alles Fleisch ferner durch die Wasser der Flut ausgerottet werden“ (Gn. 9,11), oder בְּ „durch“: בָּאָדָם דָּמוֹ יִשָּׁפֵךְ „durch Menschen soll sein Blut vergossen werden“ (Gn. 9, 6).

b) Vielfach jedoch wird das logische Subjekt nicht ausgedrückt (s. o. 1b); vgl. besonders das unpersönliche Part. Pass. מְקֻטָּר „es wurde geopfert“ (Mal. 1, 11).

§ 110. Das Reflexivverhältnis

1. Refl.-Funktionen werden durch Ni. und Hiṯp. ausgeübt: וַתִּמָּלֵא הָאָרֶץ „und das Land füllte sich“ (2 R. 3, 20), הִתְחַזֵּק „zeige dich stark“ (1 R. 20, 22).

---

[1]) Nach dem Textus emendatus

2. a) Soll darüber hinaus ein Refl.-Verhältnis besonders betont werden, gebraucht man häufig לְ „für“: וַיִּקַּח־לוֹ לֶמֶךְ שְׁתֵּי נָשִׁים „da nahm sich Lamech zwei Frauen“ (Gn. 4, 19); doch auch andere Präpositionen, z. B. וְאָהַבְתָּ לְרֵעֲךָ כָּמוֹךָ „und du sollst deinen Nächsten lieben wie dich selbst“ (Lv. 19, 18).

b) Daneben begegnen häufig Umschreibungen wie נֶפֶשׁ „Seele, Person“, לֵב „Herz“, קֶרֶב „Inneres“: אַהֲבַת נַפְשׁוֹ אֲהֵבוֹ „er liebte ihn wie sich selbst“ (1 S. 20, 17). Mittelhebr. ist עֶצֶם „Wesen, selbst“ häufig; z. B. אַל תִּפְרוֹשׁ עַצְמְךָ „sondere dich nicht ab“.

B. Besondere Arten von Hauptsätzen

§ 111. Der Fragesatz

1. a) Die einfache direkte Frage[1]), sei es als Nominal- oder sei es als Verbalsatz, wird gewöhnlich durch die Fragepartikel הֲ (§ 86, 2) eingeleitet: הֲכִי יֶשׁ־עוֹד אֲשֶׁר נוֹתַר לְבֵית שָׁאוּל „gibt es noch jemanden, der vom Hause Sauls übrig geblieben ist?“ (2 S. 9, 1), הַאַתָּה תִּבְנֶה־לִּי בַיִת „solltest du mir einen Tempel bauen?“ (2 S. 7, 5).

b) Bei bejahender Antwort steht meist הֲלֹא „nicht wahr?“: הֲלֹא הִיא כְתוּבָה „ist das nicht aufgezeichnet?“ für versicherndes „das ist doch aufgezeichnet!“

c) Zuweilen fehlt die Einführung: שָׁאוּל יִמְלֹךְ עָלֵינוּ „soll Saul über uns herrschen?“ (1 S. 11, 12); שָׁלוֹם לַנַּעַר לְאַבְשָׁלוֹם „steht es wohl um den Jüngling, um Absalom?“ (2 S. 18, 29).

---

[1]) Kautzsch, § 150.

d) Zum Fragepronomen s. § 31, 2.

2. Bei der Doppelfrage hat das erste Glied הֲ, das zweite meist אִם bzw. וְאִם, seltener אוֹ „oder": הֲנֵלֵךְ ... לַמִּלְחָמָה אִם־נֶחְדָּל „sollen wir ... in die Schlacht ziehen oder [davon] ablassen?" (1 R. 22, 15), הֲיֵשׁ־לָכֶם אָב אוֹ־אָח „habt ihr noch Vater oder Bruder?" (Gn. 44, 19).

3. Die bejahende Antwort erfolgt durch Wiederholung des betonten Wortes: הַמְצָאתַנִי אֹיְבִי וַיֹּאמֶר מָצָאתִי „hast du, mein Feind, mich gefunden? Darauf sagte er: Ja!" (1 R. 21, 20). Für die Negation genügt oft einfaches לֹא „nein!" oder אַיִן „nichts! niemand!": וַיֹּאמְרוּ לֹא „sie sagten: Nein!" (vgl. § 14, 2b).

§ 112. Koordinierte und subordinierte Hauptsätze

1. Nach § 3, 2i herrscht im Satzgefüge die Beiordnung oder Parataxe. Die einzelnen Sätze werden, abgesehen von den in § 88, 2a erwähnten beiordnenden Konjunktionen, entweder durch Waw cop. (§ 88, 1) verbunden oder stehen asyndetisch nebeneinander[1]).

2. a) Waw cop. stellt nicht nur die Konjunktion „und" dar; vielfach spielt es die Rolle einer Partikel, die den Beginn eines neuen Satzes in der Periode anzeigt und dementsprechend nicht mit ins Deutsche zu übertragen ist. Darüber hinaus wird Waw cop. besonders adversativ oder erklärend gebraucht: קָרְבַּן רֵאשִׁית תַּקְרִיבוּ אֹתָם ... וְאֶל־הַמִּזְבֵּחַ לֹא־יַעֲלוּ „als Erstlingsgabe mögt ihr sie darbringen ..., aber auf den Altar dürfen sie nicht kommen" (Lv. 2, 12); וַיִּשְׂרֹף אֶת־בֵּית־יְהוָה

[1]) Kautzsch; §§ 154; 156. Zum hebr. Satzgefüge vgl. Th. J. Meek, Journal of Biblical Literature 64 (1945), 1—13.

וְאֶת־בֵּית הַמֶּלֶךְ וְאֵת כָּל־בָּתֵּי יְרוּשָׁלַםִ וְאֶת־כָּל־(1בַּיִת* גָּדוֹל שָׂרַף בָּאֵשׁ „und er verbrannte den Jahwetempel, den Königspalast und alle Häuser in Jerusalem; das heißt, er verbrannte [nur] jedes große Haus mit Feuer“ (2 R. 25, 9).

b) Logische Subordination liegt vor, wenn Waw cop. einen Vergleichssatz (§ 116, 1) einleitet oder final (§ 117, 1), konsekutiv (§ 118, 1), konzessiv (§ 119, 1) und kausal (§ 120, 1) fungiert.

3. Darüber hinaus ist als subordinierter Hauptsatz der Umstands- oder Modalsatz synt. bedeutsam. Häufig als Nominal-, doch auch als Verbalsatz ist er dem übergeordneten Satze teils syndetisch durch „und“, teils asyndetisch logisch subordiniert.

a) Modale Nominalsätze sind z. B. syndetisch: וַיֵּרָא אֵלָיו יְהוָה . . . וְהוּא יֹשֵׁב פֶּתַח־הָאֹהֶל „und Jahwe erschien ihm . . ., während er im Zelteingang saß“ (Gn. 18, 1); asyndetisch: וַיִּתְקָעֵם בְּלֵב אַבְשָׁלוֹם עוֹדֶנּוּ חַי „und er stieß sie (die Speere) in Absaloms Herz, während er noch lebte“ (2 S. 18, 14).

b) Modale Verbalsätze stehen anscheinend häufiger asyndetisch: וַיַּקְשׁוּ אֶת־עָרְפָּם הֵרֵעוּ מֵאֲבוֹתָם „und sie steiften ihren Nacken, wobei sie schlimmer handelten als ihre Väter“ (Jer. 7, 26); vielfach sind sie verneint und können adv. wiedergegeben werden: תְּבוֹאֵהוּ שׁוֹאָה לֹא־יֵדָע „Verderben überkomme ihn unversehens“ (Ps. 35, 8); וְהִכָּם לְפִי־חֶרֶב לֹא־יָחוּס עֲלֵיהֶם וְלֹא יַחְמֹל וְלֹא יְרַחֵם „und er wird sie schlagen mit der Schärfe des Schwertes ohne Mitleid, Schonung und Erbarmen“ (Jer. 21, 7).

---

1) Statt tib. בֵּית; vgl. BHK.[3] zur Stelle.

C. *Der abhängige Satz*

§ 113. Der Subjektssatz

1. a) Das Subjekt eines Satzes[1]) besteht zuweilen in einem logisch subordinierten Hauptsatz; z. B. syndetisch: וַיְהִי בָּעֵת הַהִוא וַיֹּאמֶר „und zu jener Zeit geschah es, daß er sagte" (Gn. 21,22), oder asyndetisch: וַיְהִי מִקֵּץ אַרְבָּעִים יוֹם וְאַרְבָּעִים לָיְלָה נָתַן יְהוָה אֵלַי „da ereignete es sich nach vierzig Tagen und vierzig Nächten, daß Jahwe mir übergab" (Dt. 9, 11).

b) Grammatisch subordinierende Konjunktionen sind כִּי, wie bereits ugar. *k*-[2]), und אֲשֶׁר „daß": וַיְהִי כִּי אָרְכוּ־לוֹ שָׁם הַיָּמִים „und es geschah, daß seine Tage dort lang wurden" (Gn. 26, 8), מַה־בֶּצַע כִּי נַהֲרֹג אֶת־אָחִינוּ „was [ist das für] ein Gewinn, daß wir unseren Bruder töten?" (Gn. 37, 26); ferner: וְזֶה אֲשֶׁר תַּעֲשֶׂה אֹתָהּ „und dies [ist es], wie du sie (die Arche) bauen sollst" (Gn. 6, 15), ein Nominalsatz, der gebildet ist aus Subjektssatz und Demonstrativ als Prädikat.

2. Zum Inf.-Satz s. § 102, 5.

§ 114. Der Objektssatz

1. a) Verben des Sagens, Wahrnehmens und Empfindens regieren häufig Nominal- und Verbalsätze als Objekt[3]). Der Objektssatz umfaßt dementsprechend die abhängige Rede.

b) Zum logisch subordinierten Hauptsatz vgl. asyndetisch: אִמְרִי־נָא אֲחֹתִי אָתְּ „sage doch, du seist meine Schwester!" (Gn. 12, 13); syndetisch: וְשָׁמַרְתָּ וְעָשִׂיתָ „und du sollst darauf

[1]) Th. J. Meek, Journal of Biblical Literature 64 (1945), 7.
[2]) Gordon, § 13, 58.
[3]) Kautzsch, § 157; Th. J. Meek, Journal of Biblical Literature 64 (1945), 8ff.

achten, daß du befolgst" (Dt. 16, 12), gleichbedeutend mit וְשָׁמַרְתָּ לַעֲשׂוֹת (Dt. 6, 3); נִחַשְׁתִּי וַיְבָרְכֵנִי יְהוָה „ich habe Anzeichen dafür, daß mich Jahwe gesegnet hat" (Gn. 30, 27).

c) Subordination erfolgt durch כִּי (vgl. ugar. *k-*[1]), אֲשֶׁר, אֶת־אֲשֶׁר „daß": וַיַּרְא אֱלֹהִים כִּי טוֹב „und Gott sah, daß [es] gut [war]" (Gn. 1, 10), כִּשְׁמֹעַ אִיזֶבֶל כִּי־סֻקַּל נָבוֹת „als Isebel hörte, daß Nabot gesteinigt sei" (1 R. 21, 15); וַיַּרְא שָׁאוּל אֲשֶׁר־הוּא מַשְׂכִּיל מְאֹד „und als Saul sah, daß er viel Erfolg hatte" (1 S. 18, 15); אַל־תִּשְׁכַּח אֵת אֲשֶׁר־הִקְצַפְתָּ „vergiß nicht, daß du erzürnt hast" (Dt. 9, 7).

2. Zuweilen wird auch die unabhängige Rede durch כִּי eingeleitet; z. B. כִּי אָמַרְתִּי פֶּן־אָמוּת עָלֶיהָ „ich sagte es, um nicht ihretwegen zu sterben" (Gn. 26, 9). Hier liegt offenkundig nicht subordinierendes כִּי „daß", sondern eine verstärkende Partikel vor, entsprechend ugar. emphatischem *k-*, das dem betonten Verb präfigiert wird[2]).

3. a) Auch die abhängige Frage ist synt. ein Objektssatz. Sie unterscheidet sich weder der Wortstellung noch dem Modus nach von der direkten Frage (§ 111, 1).

b) Sie wird durch הֲ, häufiger durch אִם „ob" eingeleitet: לִרְאוֹת הֲקַלּוּ הַמַּיִם „um zu sehen, ob das Wasser abgenommen hätte" (Gn. 8, 8), וּבַקְשׁוּ . . . אִם־יֵשׁ עֹשֶׂה מִשְׁפָּט „und sucht. . ., ob es einen gibt, der Recht übt" (Jer. 5, 1).

c) Die Doppelfrage lautet gewöhnlich הֲ . . . אִם „ob . . . oder" (§ 111, 2), seltener הֲ . . . . הֲ : וּרְאִיתֶם . . . הֶחָזָק הוּא הֲרָפֶה „und ihr sollt sehen, . . . ob es (das Volk) stark oder schwach

[1]) Gordon, § 13, 58. [2]) Gordon, § 13, 46.

ist" (Nu. 13, 18), oder אוֹ . . . הֲ : מִי יוֹדֵעַ הֶחָכָם יִהְיֶה אוֹ סָכָל „wer weiß, ob er weise sein wird oder töricht?" (Qoh. 2, 19).

§ 115. Der Attributsatz

1. Der sogenannte Relativsatz wird nach § 31, 3, abgesehen von der Asyndesis, durch Determinativa und Demonstrativa eingeleitet. Da er als Ergänzung zu den nominalen Teilen eines übergeordneten Satzes fungiert, bezeichnet man ihn synt. richtiger als Attributsatz. Es gibt attributive Nominal- und Verbalsätze[1]).

2. a) Der asyndetische Attributsatz (vgl. § 3, 2i) steht zu seinem Beziehungswort im ideellen Gen.-Verhältnis, das formal dort erkennbar ist, wo das regierende Nomen im St. cstr. steht[2]): שְׁנוֹת רָאִינוּ רָעָה „Jahre, da wir Unheil sahen" (Ps. 90, 15). Daher ist das Beziehungswort — allerdings nicht regelmäßig, wie im Arab.[3]) — meist indeterminiert; so auch bei häufigem St. abs.: שָׂרִים זָהָב לָהֶם „Fürsten, die Gold besaßen" (Hi. 3, 15), בְּאֶרֶץ לֹא לָהֶם „in einem Lande, das ihnen nicht gehört" (Gn. 15, 13), זְאֵב יִטְרָף „ein räuberischer Wolf" (Gn. 49, 27), לְכָל־יָבוֹא „jedem, der kommt" (Ps. 71, 18). Ferner bei Eigennamen (§ 96, 2a): יוֹרֵד שְׁאוֹל לֹא יַעֲלֶה „er fährt zum Hades, aus dem er nicht [wieder] heraufsteigt" (Hi. 7, 9) und nach dem Artikel: הָעֵדֶר נִתַּן־לָךְ „die Herde, die dir gegeben wurde" (Jer. 13, 20).

b) Der synt. Zusammenhang zwischen Attributsatz und Beziehungswort wird oft durch pronominalen Rückverweis hergestellt: אֱלֹהִים לֹא יְדָעוּם „Götter, die sie nicht gekannt

1) Kautzsch, § 155. 2) Kautzsch, § 130, d.
3) Vgl. H. Reckendorf, Arab. Syntax, § 200.

hatten“ (Dt. 32, 17); daneben ohne denselben: בְּדֶרֶךְ לֹא יָדָעוּ „auf einem Wege, den sie nicht kennen“ (Jes. 42, 16).

c) Der Attributsatz kann von einer Präposition (§ 87, 1) abhängen: נִדְרַשְׁתִּי לְלוֹא שָׁאָלוּ „ich war zu erfragen für die, die nicht [nach mir] fragten“ (Jes. 65, 1), אַחֲרֵי לֹא־יוֹעִלוּ „hinter denen, die nicht helfen“ (Jer. 2, 8).

d) Der sogenannte unabhängige Relativsatz im Nom. und Akk. stellt synt. einen Subjekts- oder Objektssatz dar: תּוֹעֵבָה יִבְחַר בָּכֶם „ein Greuel, wer euch erwählt“ (Jes. 41, 24), אֲמַלֵּט .... לֹא־עֹזֵר לוֹ „ich rettete .... den, der keinen Helfer hat“ (Hi. 29, 12).

3. a) Der syndetische Attributsatz kann durch זֶה, זוֹ[1]) und זוּ eingeleitet werden (§ 31, 3c): אֶל־מְקוֹם זֶה יָסַדְתָּ לָהֶם „an den Ort, den du ihnen bestimmtest“, לִוְיָתָן זֶה־יָצַרְתָּ „Leviathan, den du gebildet hast“ (Ps. 104, 8. 26); בְּאֹרַח־זוּ אֲהַלֵּךְ „auf dem Wege, den ich gehe“ (Ps. 142, 4); vgl. den ugar. mit *d*- beginnenden Attributsatz[2]).

b) Zu הַ als Relativum vgl. § 31, 3d.

4. a) Die gewöhnlichste Relativpartikel ist אֲשֶׁר, ein erstarrter Akk. im St. cstr. (§ 31, 3a); sie bildet mit dem folgenden Satz ein ideelles Gen.-Verhältnis, sagt aber über die synt. Stellung desselben an sich nichts aus[3]). Zu den Konjunktionen שַׁ und שֶׁ vgl. § 31, 3b.

b) Das Beziehungswort ist häufig determiniert, doch begegnet auch Indetermination: הֵמָּה הַגִּבֹּרִים אֲשֶׁר ... „das sind die Helden, die ....“ (Gn. 6, 4), גּוֹי אֲשֶׁר לֹא־תִשְׁמַע

[1]) Ps. 132, 12: עֵדְתִי זוֹ (statt tib. עֵדֹתִי) „mein Mahnzeichen, das . .“.

[2]) Gordon, § 13, 62. [3]) Kautzsch. § 138.

לְשׁוֹנוֹ „ein Volk, dessen Sprache du nicht verstehst" (Dt. 28, 49).

c) Der synt. Zusammenhang wird hergestellt durch pronominalen oder adv. Rückverweis: הַנָּבִיא אֲשֶׁר־שְׁלָחוֹ „der Prophet, den er gesandt hatte" (Jer. 28, 9), אֶרֶץ הַחֲוִילָה אֲשֶׁר־שָׁם הַזָּהָב „das Land Chawila, wo es das Gold gibt" (Gn. 2, 11); ferner beim Akk. durch proklit. אֵת, אֶת־ (§ 87, 3b): וַיֵּדַע אֵת אֲשֶׁר־עָשָׂה־לוֹ „und er erkannte, was er ihm getan hatte" (Gn. 9, 24); mit Personalkongruenz: אֲנִי יוֹסֵף ... אֲשֶׁר־מְכַרְתֶּם אֹתִי „ich bin Josef ..., den ihr verkauft habt" (Gn. 45, 4).

Bei synt. Eindeutigkeit fehlt oft der Rückbezug; ebenso in Sätzen wie: אֶל־הַמָּקוֹם אֲשֶׁר אָמַר יְהוָה אֹתוֹ אֶתֵּן לָכֶם „zu dem Orte, in bezug worauf Jahwe gesagt hat: Ihn will ich euch geben" (Nu. 10, 29).

5. a) Subjekts- und Objektssätze mit אֲשֶׁר als Determinativ sind: וַיֵּרַע בְּעֵינֵי יְהוָה אֲשֶׁר עָשָׂה „und Jahwe mißfiel, was er getan hatte" (Gn. 38, 10), אַגִּידָה לָכֶם אֵת אֲשֶׁר־יִקְרָא אֶתְכֶם „ich will euch künden, was euch begegnen wird" (Gn. 49, 1).

b) Ein Gen.-Verhältnis zwischen Relativpartikel und Beziehungswort liegt z. B. Ez. 23, 28 vor: בְּיַד אֲשֶׁר שָׂנֵאת „in die Hand dessen, den du (F.) hassest".

c) Determinativer Gebrauch wie akkad. *ša ḫutari* „Szepterträger" („der mit dem Stabe") oder ugar. *d*- mit folgendem Nomen[1]), liegt z. B. 2 R. 10, 22 vor: וַיֹּאמֶר לַאֲשֶׁר עַל־הַמֶּלְתָּחָה „und er sprach zu dem [Aufseher] über die Kleiderkammer".

[1]) A. Ungnad, Grammatik des Akkadischen[3], § 13a; Gordon, § 13, 66.

§ 116. Der Vergleichssatz

1. Komparativssätze[1]) können durch Waw cop. eingeleitet werden (§ 112, 2b): כִּי־אָדָם לְעָמָל יוּלָּד וּבְנֵי־רֶשֶׁף יַגְבִּיהוּ עוּף ,,denn wie die Funken in die Höhe fliegen, so ist der Mensch zur Mühsal geboren" (Hi. 5, 7). Umgekehrt steht Waw vor dem Hauptsatz: מַצְרֵף לַכֶּסֶף וְכוּר לַזָּהָב וּבֹחֵן לִבּוֹת יְהוָה ,,wie der Tiegel für das Silber und der Schmelzofen für das Gold, so ist Jahwe ein Prüfer der Herzen" (Prv. 17, 3); seltener asyndetisch; z. B.: קֹרֵא דָגַר וְלֹא יָלָד עֹשֶׂה עֹשֶׁר וְלֹא בְמִשְׁפָּט ,,wie ein Rebhuhn, das brütet, was es nicht gelegt, ist, wer Reichtum sammelt auf unrechte Weise" (Jer. 17, 11).

2. In der Regel lautet die Konjunktion כַּאֲשֶׁר ,,wie", oft mit כֵּן im Nachsatz: כַּאֲשֶׁר עָשָׂה כֵּן יֵעָשֶׂה לּוֹ ,,wie er getan hat, so soll ihm getan werden" (Lv. 24, 19); daneben אֲשֶׁר ,,wie": וּמָלְאוּ בָתֶּיךָ . . . אֲשֶׁר לֹא־רָאוּ אֲבֹתֶיךָ ,,und deine Häuser werden angefüllt sein ...., wie es deine Väter nicht gesehen haben" (Ex. 10, 6), und ohne Konjunktion: בָּגְדָה אִשָּׁה מֵרֵעָהּ כֵּן בְּגַדְתֶּם בִּי ,,wie ein Weib ihren Buhlen betrügt, so seid ihr mir untreu geworden" (Jer. 3, 20).

§ 117. Der Finalsatz

1. Wie ugar.[2]), so kann auch im Hebr. Waw cop. einen Finalsatz einleiten; z. B.: הָבִיאוּ אֶת־אֲחִיכֶם הַקָּטֹן אֵלַי וְאֵדְעָה ,,bringt mir euren jüngsten Bruder, damit ich erkenne" (Gn. 42, 34), שִׁבְרוּ־לָנוּ . . . וְנִחְיֶה וְלֹא נָמוּת ,,kauft für uns

[1]) Kautzsch, § 161.
[2]) Gordon, § 13, 61; zum Hebr. vgl. Kautzsch, § 165.

ein ..., daß wir leben und nicht sterben" (Gn. 42, 2), בֹּא אֵלֶיהָ וְתֵלֵד „wohne ihr bei, daß sie gebäre" (Gn. 30, 3).

2. a) Finale Konjunktionen sind: לְמַעַן אֲשֶׁר neben לְמַעַן (Ex. 4, 5) „daß", בַּעֲבוּר אֲשֶׁר „um deswillen, daß" neben בַּעֲבוּר (Gn. 27, 4). Daneben steht finales אֲשֶׁר z. B. Dt. 4, 10: וְאַשְׁמִעֵם אֶת־דְּבָרָי אֲשֶׁר יִלְמְדוּן „und ich lasse sie meine Worte hören, damit sie lernen" oder, wie mittelhebr[1]), שֶׁ: שֶׁיִּרְאוּ „daß man sich fürchte" (Qoh. 3, 14).

b) Negierte Finalsätze werden eingeleitet durch פֶּן־ „daß nicht": וְלֹא תִגְּעוּ בּוֹ פֶּן־תְּמֻתוּן „und nicht sollt ihr ihn berühren, damit ihr nicht sterbt" (Gn. 3, 3). Ferner אֲשֶׁר לֹא (Gn. 24, 3) oder שֶׁלֹּא; so auch עַל־דִּבְרַת שֶׁלֹּא „daß nicht" (Qoh. 7, 14).

c) לְבִלְתִּי „um nicht" steht gewöhnlich vor Inf.: לְבִלְתִּי אֲכָל־ „nicht zu essen" (Gn. 3. 11); daneben auch vor Imperf.: לְבִלְתִּי תֶחֱטָאוּ „damit ihr nicht sündigt" (Ex. 20, 20).

d) Zu אַל „nicht" beim Proh. vgl. § 100, 4d.

3. Zu häufig final gebrauchtem Inf. s. § 102, 4a.

§ 118. Der Konsekutivsatz

1. Vor allem nach Frage- und Verneinungssätzen kann der Konsekutivsatz[2]) mit Waw. cop. und Juss. gebildet werden: מִי חָכָם וְיָבֵן אֵלֶּה „wer ist so weise, daß er dies verstände?" (Hos. 14, 10); sehr altertümlich steht Perf. cons. nach einem Part.: מַכֵּה אִישׁ וָמֵת „wenn einer jemand schlägt, so daß er stirbt" (Ex. 21, 12).

---

[1]) K. Albrecht, Neuhebr. Grammatik, § 25.
[2]) Kautzsch, § 166.

2. Als Konjunktion dient כִּי: מַה־פִּשְׁעִי . . . כִּי דָלַקְתָּ אַחֲרָי ,,was ist mein Verschulden . . ., daß du mir so hitzig nachgesetzt hast?“ (Gn. 31, 36), מַה־הוּא כִּי [1]תַלִּינוּ עָלָיו ,,was ist er, daß ihr wider ihn murrt?“ (Nu. 16, 11); ferner אֲשֶׁר, z. B.: נָתַתִּי לְךָ לֵב חָכָם וְנָבוֹן אֲשֶׁר כָּמוֹךָ לֹא־הָיָה לְפָנֶיךָ וְאַחֲרֶיךָ לֹא־יָקוּם כָּמוֹךָ ,,ich habe dir ein [so] verständiges und einsichtiges Herz gegeben, daß vor dir nicht deinesgleichen gewesen ist und nach dir nicht deinesgleichen aufsteht“ (1 R. 3, 12). Zu אֲשֶׁר לֹא ,,so daß nicht“ vgl. עַם־רַב אֲשֶׁר לֹא־יִמָּנֶה ,,ein Volk so groß, daß es nicht zu zählen ist“ (1 R. 3, 8).

§ 119. Der Konzessivsatz

1. Konzessive[2]) Bedeutung können Modalsätze haben wie מַה־תִּתֶּן־לִי וְאָנֹכִי הוֹלֵךְ עֲרִירִי ,,was willst du mir geben, wo ich doch kinderlos dahingehe?“ (Gn. 15, 2).

2. a) Einräumend ist כִּי ,,selbst wenn“: כִּי הֶהָרִים יָמוּשׁוּ . . . וְחַסְדִּי מֵאִתֵּךְ לֹא־יָמוּשׁ ,,selbst wenn die Berge wanken . . ., soll meine Gnade nicht von dir weichen“ (Jes. 54, 10), oder אִם ,,obwohl, wenngleich“ mit Perf.: אִם־צָדַקְתִּי לֹא אֶעֱנֶה ,,wenngleich ich recht hätte, dürfte ich nicht antworten“ (Hi. 9,15), häufiger mit Imperf.: אִם־יִתֶּן־לִי בָלָק מְלֹא בֵיתוֹ . . . לֹא אוּכַל לַעֲבֹר ,,wenngleich mir Balak die Fülle seines Hauses gäbe . . . ., könnte ich nicht übertreten“ (Nu. 22, 18). Verstärkend steht גַּם כִּי ,,wenn auch“ גַּם כִּי־תַרְבּוּ תְפִלָּה אֵינֶנִּי שֹׁמֵעַ ,,wenn ihr auch noch soviel betet, höre ich nicht“

[1]) So nach dem Qere.
[2]) Kautzsch, § 160.

(Jes. 1, 15), neben גַּם; so z. B.: גַּם אֵלֶּה תִשְׁכַּחְנָה וְאָנֹכִי לֹא אֶשְׁכָּחֵךְ „und wenn auch diese vergessen, so will ich dich doch nicht vergessen" (Jes. 49, 15); schließlich עַל: עַל לֹא־חָמָס בְּכַפִּי „obwohl kein Frevel an meinen Händen ist" (Hi. 16, 17), עַל לֹא־חָמָס עָשָׂה „obgleich er keine Gewalttat verübt hat" (Jes. 53, 9).

b) Zum Inf. vgl. § 102, 3.

§ 120. Der Kausalsatz

1. Der Begründungssatz[1] kann asyndetisch stehen: וְנִכְרְתָה הַנֶּפֶשׁ הַהִוא . . . אֶת־בְּרִיתִי הֵפַר „und der Betreffende (§ 31, 4b) soll ausgerottet werden . . ., da er meinen Bund gebrochen hat" (Gn. 17, 14), oder mit Waw. cop.: עַתָּה יָדַעְתִּי כִּי־יְרֵא אֱלֹהִים אַתָּה וְלֹא חָשַׂכְתָּ אֶת־בִּנְךָ אֶת־יְחִידְךָ מִמֶּנִּי „jetzt weiß ich, daß du gottesfürchtig bist, weil du mir deinen einzigen Sohn nicht vorenthalten hast" (Gn. 22, 12).

2. a) Kausale Konjunktionen sind כִּי und אֲשֶׁר „weil": כִּי עָשִׂיתָ זֹּאת אָרוּר אַתָּה „weil du dies getan hast, sollst du verflucht sein" (Gn. 3, 14), נָתַן אֱלֹהִים שְׂכָרִי אֲשֶׁר־נָתַתִּי שִׁפְחָתִי לְאִישִׁי „Gott hat mir meinen Lohn gegeben, weil ich meinem Manne meine Magd gegeben habe" (Gn. 30, 18). Häufig sind Zusammensetzungen: יַעַן כִּי, עַל כִּי und תַּחַת כִּי, verstärkt כִּי־עַל־כֵּן „da ja nun einmal"; ferner תַּחַת אֲשֶׁר, יַעַן אֲשֶׁר, עַל אֲשֶׁר, מֵאֲשֶׁר. In der Regel stehen mit Perf.: עֵקֶב אֲשֶׁר, עֵקֶב כִּי und עֵקֶב „dafür, daß": עֵקֶב הָיְתָה רוּחַ

[1] Kautzsch, § 158.

אַחֶ֫רֶת עִמּוֹ „darum, daß ein anderer Geist mit ihm war" (Nu. 14, 24).

b) Zum Inf. s. § 102, 3.

§ 121. Der Temporalsatz

1. a) Temporalsätze[1]) können mit Waw cop. beginnen, so bei Gleichzeitigkeit: וְאַבְרָהָם זָקֵן בָּא בַּיָּמִים וַיהוָֹה בֵּרַךְ אֶת־אַבְרָהָם בַּכֹּל „und Abraham war alt und hochbetagt, als Jahwe Abraham mit allem segnete" (Gn. 24, 1); besonders Nominalsätze mit Part. Akt.: עוֹד זֶה מְדַבֵּר וְזֶה בָּא „der eine redete noch, als [bereits] der andere kam" (Hi. 1, 16f.).

b) Bei Vorzeitigkeit begegnet Imperf. cons.: וַתֵּ֫רֶא לֵאָה כִּי עָֽמְדָה מִלֶּ֫דֶת וַתִּקַּח אֶת־זִלְפָּה שִׁפְחָתָהּ „nachdem Lea gesehen hatte, daß sie nicht mehr gebar, nahm sie Silpa, ihre Leibmagd" (Gn. 30, 9), oder Nominalsatz mit Part. Pass.: הִוא מוּצֵאת וְהִוא שָֽׁלְחָה „als man sie hinausgeführt hatte, schickte sie . . . ." (Gn. 38, 25); ferner Syndesis zweier Perf.-Sätze: וְהוּא יָצָא וַעֲבָדָיו בָּ֫אוּ „und als er hinausgegangen war, kamen seine Diener" (Jdc. 3, 24), so auch Perf. cons.: וְהָיָה כְשִׁבְתּוֹ עַל כִּסֵּא מַמְלַכְתּוֹ וְכָתַב לוֹ „und wenn er sich auf seinen königlichen Thron gesetzt hat, dann soll er sich schreiben lassen" (Dt. 17, 18).

c) Zu adv. טֶ֫רֶם „noch" vgl. טֶ֫רֶם אֶעֱנֶה אֲנִי שֹׁגֵג „bevor ich gedemütigt wurde, ging ich irre" (Ps. 119, 67).

2. a) Im subordinierten Temporalsatz zeigt Perf. in der Regel die Vorzeitigkeit, Imperf. die Gleich-, zuweilen auch Nachzeitigkeit an.

[1]) Kautzsch, § 164.

b) Einfache Konjunktionen sind כִּי, אֲשֶׁר, ferner אִם „als“ oder „dann, wenn“; עַד „bis“. Zu Zusammensetzungen vgl. אַחֲרֵי אֲשֶׁר, כַּאֲשֶׁר, כְּמוֹ „als, nachdem“; עַד־אִם, עַד־אֲשֶׁר־אִם, עַד־כִּי, עַד־אֲשֶׁר „bis daß“ oder „solange als, solange bis“. Schließlich בְּטֶרֶם „bevor“: בְּטֶרֶם תָּבוֹא שְׁנַת הָרָעָב „bevor das Hungerjahr kommt“ (Gn. 41, 50).

3. Zum Inf. vgl. § 102, 3.

§ 122. Der Konditionalsatz

1. Der Bedingungssatz[1]) hat zum Teil altertümliche Formen. Vorder- und Nachsatz können asyndetisch oder syndetisch als Hauptsätze nebeneinander stehen. Daneben fungieren konditionale Konjunktionen. Bei einfacher Parataxe können Zeitstufe der Periode sowie Zeitverhältnis von Vorder- und Hauptsatz nur aus dem Zusammenhang erschlossen werden, ebenso die Realität oder Irrealität einer Bedingung[2]).

2. a) Der Vordersatz ist zuweilen ein Nominalsatz: וָיֵשׁ תְּנָה אֶת־יָדֶךָ „und wenn es [so] ist, so gib deine Hand“ (2 R. 10, 15); יוֹלֵד חָכָם וְיִשְׂמַח־בּוֹ[3]) „wenn jemand einen Weisen zeugt, so kann er sich seiner freuen“ (Prv. 23, 24).

b) Zu Imperf. im Vorder- und Nachsatz vgl. תְּשַׁלַּח רוּחֲךָ יִבָּרֵאוּן: „wenn du deinen Geist sendest, werden sie erschaffen“. Ohne Bedeutungsunterschied steht Juss. im Vordersatz: תֹּסֵף רוּחָם יִגְוָעוּן „wenn du ihren Geist einziehst, verscheiden

[1]) GVG II, § 423; Kautzsch, § 159.

[2]) Die Vielfalt der Möglichkeiten ist altertümlicher als die synt. Normierung im Arab.; vgl. H. Reckendorf, Arab. Syntax, §§ 254—264.

[3]) So nach dem Ketib.

sie", oder beidemale Juss.: תָּשֶׁת־חֹשֶׁךְ וִיהִי לָיְלָה ,,machst du Finsternis, wird es Nacht" (Ps. 104, 20. 29f.). Auf Koh. können Perf. oder Imperf. cons. folgen; zu letzterem vgl. ,,will ich aufstehen, reden sie über mich": אָקוּמָה וַיְדַבְּרוּ־בִי (Hi. 19, 18). Der konditionale Imp. begegnet Am. 5, 4: דִּרְשׁוּנִי וִחְיוּ ,,sucht ihr mich, so werdet ihr leben".

c) Auf konditionales Perf. folgen z. B. Perf. oder Imperf. cons.: מָצָא אִשָּׁה מָצָא טוֹב ,,hat man ein Weib gefunden, hat man Gutes gefunden" (Prv. 18, 22), בָּא זָדוֹן וַיָּבֹא קָלוֹן ,,wenn Übermut kommt, kommt auch Schande" (Prv. 11, 2).

d) Zu Perf. cons. vgl. וְרָאֲךָ וְשָׂמַח בְּלִבּוֹ ,,und wenn er dich sieht, wird er sich von Herzen freuen" (Ex. 4, 14), וְנִרְאֲתָה הַקֶּשֶׁת בֶּעָנָן וְזָכַרְתִּי אֶת־בְּרִיתִי ,,und wenn der Bogen in den Wolken erscheint, dann werde ich meines Bundes gedenken" (Gn. 9, 14f.), וּפָקַדְתָּ נָוְךָ וְלֹא תֶחֱטָא ,,und wenn du deine Flur musterst, so vermißt du nichts" (Hi. 5, 24).

e) Der Inf. steht zuweilen im Vordersatz: בְּהַעֲוֺתוֹ וְהֹכַחְתִּיו ,,wenn er sich verfehlt, werde ich ihn züchtigen" (2 S. 7, 14).

3. a) Bei Gebrauch von Konjunktionen wird der reale Bedingungssatz eingeleitet durch אִם ,,wenn", כִּי ,,gesetzt, daß" (vgl. ugar. *k*-[1]), sowie junges aramaisierendes הֵן; Verneinung erfolgt durch אִם לֹא ,,wenn nicht".

b) Der konditionale Nominalsatz lautet: אִם־טוֹב בְּעֵינֶיךָ ,,wenn es gut ist in deinen Augen" (Jer. 40, 4), וְאִם־אֵין לוֹ בַּת ,,und wenn er keine Tochter hat" (Nu. 27, 9); כִּי־אֵינְךָ יוֹצֵא ,,gesetzt den Fall, du gehst nicht hinaus" (2 S. 19, 8).

[1]) Gordon, § 12, 3.

c) Auf Imperf. im Vordersatz können folgen Imperf.: אִם־יַחְתְּרוּ בִשְׁאוֹל מִשָּׁם יָדִי תִקָּחֵם „und wenn sie in die Unterwelt eindringen, soll meine Hand sie von dort holen“ (Am. 9,2), כִּי יִגְנֹב־אִישׁ .... יְשַׁלֵּם „gesetzt, daß jemand stiehlt ....., so soll er erstatten“ (Ex. 21, 37), Juss.: כִּי תַעֲבֹד אֶת־הָאֲדָמָה לֹא־תֹסֵף תֵּת־כֹּחָהּ לָךְ „wenn du das Land bearbeitest, soll es dir nicht mehr seinen Ertrag spenden“ (Gn. 4, 12), Koh.: אִם־תַּעֲשֶׂה־לִּי הַדָּבָר הַזֶּה אָשׁוּבָה אֶרְעֶה „wenn du mir diese Sache tust, will ich wieder weiden“ (Gn. 30, 31), Perf.: וְאִם־לֹא תַעֲשׂוּן כֵּן הִנֵּה חֲטָאתֶם „wenn ihr aber nicht so handelt, so verschuldet ihr euch“ (Nu. 32, 23), Perf. cons.: אִם־אִישׁ יָבוֹא וּשְׁאֵלֵךְ . . . וְאָמַרְתְּ „wenn jemand kommen und dich fragen sollte . . ., dann sprich“ (Jdc. 4, 20). Zu altem Energ. in Form des Koh. vgl. אִם־אֲדַבְּרָה לֹא־יֵחָשֵׂךְ כְּאֵבִי „mag ich reden, so wird mein Schmerz doch nicht gelindert“ (Hi. 16, 6).

d) Auf nur teilweise die Vorzeitigkeit andeutendes Perf. kann ein Nominalsatz folgen: אִם־מָצָאתָ וְיֵשׁ אַחֲרִית „hast du (die Weisheit) gefunden, dann gibt es eine Zukunft“ (Prv. 24, 14); des weiteren kann ein verbaler Nachsatz im Imperf., Imperf. cons., Juss., Imp. sowie Perf. und Perf. cons. stehen. Zum Perf. im Nachsatz vgl. אִם־חָכַמְתָּ חָכַמְתָּ לָּךְ „wenn du weise bist, bist du weise für dich“ (Prv. 9, 12), zum Imp. vgl. הַגֵּד אִם־יָדַעְתָּ בִינָה „sag an, wenn du Weisheit besitzt“ (Hi. 38, 4), zum Perf. cons.: כִּי־אָמַרְתִּי . . . וְחִתַּתַּנִי „wenn ich sprach . . ., dann schrecktest du mich“ (Hi. 7, 13f).

4. a) Irreale Konjunktionen sind לוּ „wenn", לוּלֵא „wenn nicht" neben jungem und mittelhebr. vorherrschendem אִלּוּ „wenn", אִלּוּ לֹא „wenn nicht".

b) Im irrealen Vordersatz, der das Gegenteil eines vorhandenen Tatbestandes annimmt, steht meist nominales Prädikat oder Perf.: לוּ יֶשׁ־חֶרֶב בְּיָדִי כִּי עַתָּה הֲרַגְתִּיךְ „wenn ich ein Schwert zur Hand hätte, würde ich dich jetzt erschlagen" (Nu. 22, 29), ... לוּלֵי יְהוָה ... הוֹתִיר לָנוּ שָׂרִיד כִּסְדֹם הָיִינוּ „wenn uns nicht Jahwe ... einen Rest gelassen hätte, ... wären wir wie Sodom gewesen" (Jes. 1, 9), לוּ חָכְמוּ יַשְׂכִּילוּ זֹאת „wären sie klug, würden sie das begreifen" (Dt. 32, 29); mit konditionalem Imperf.: לוּלֵי ... אָגוּר „wenn ich nicht ..... fürchtete" (Dt. 32, 27).

5. a) Konditional sind auch Wunschsätze[1]), die mit אִם „wenn", לוּ „wenn doch" eingeleitet werden. Zu אִם mit Imperf. vgl. אִם־תִּשְׁמַע־לִי „wolltest du doch auf mich hören!" (Ps. 81, 9). Nach לוּ begegnen sicher belegt Imperf.: לוּ יִשְׁמָעֵאל יִחְיֶה „o wenn doch Ismael am Leben bliebe!" (Gn. 17, 18), und Perf.: לוּ־מַתְנוּ „o wären wir doch gestorben!" (Nu. 14, 2).

b) Ebenfalls gehören Schwur- und Beteuerungssätze[2]) hierher, beginnend mit אִם „wahrlich nicht", אִם־לֹא „wahrlich" bei Ellipse des die Verwünschung enthaltenden Nachsatzes: אִם־אֶעֱשֶׂה אֶת־הַדָּבָר הַזֶּה „nimmermehr will ich dieses tun!"

[1]) Kautzsch, § 151.
[2]) Kautzsch, § 149.

(2 S. 11, 11), אִם־לֹא אֲשִׁיתְךָ מִדְבָּר ,,wahrlich, ich mache dich zur Steppe“ (Jer. 22, 6); ferner כִּי־שְׁלֹמֹה בְנֵךְ יִמְלֹךְ אַחֲרַי : כִּי ,,fürwahr, dein Sohn Salomo wird nach mir König sein“ (1 R. 1, 30). Zur vollständigen Periode vgl. כֹּה יַעֲשֶׂה־לִּי אֱלֹהִים וְכֹה יֹסִיף ([1]לִי* אִם־לִפְנֵי בוֹא־הַשֶּׁמֶשׁ אֶטְעַם־לֶחֶם ,,Gott tue mir dies und das alles, wenn ich vor Sonnenuntergang Brot anrühre!“ (2 S. 3, 35).

---

[1]) BHK^3 zur Stelle.

Anhang

Flexionstabellen

Beispiele für vollständige Suffixflexion beim Nomen finden sich in den Paragraphen 46 und 53. In den Tabellen I bis XI, die die Nominalflexion behandeln, sind die Formen so ausgewählt, daß alle bei der Beugung möglichen Silbenveränderungen, soweit sie das tib. System betreffen, berücksichtigt sind. Für die sprachgeschichtlich vielfach bedeutsamen P.-Formen sei auf deren ausführliche Behandlung in der Formenlehre verwiesen. Vom Verbum, das in den Tabellen XII bis XXIV behandelt ist, sind neben dem starken Verbum die Haupttypen vollständig berücksichtigt. Die übrigen Stämme werden in einer Auswahl gegeben, die derjenigen beim Nomen entspricht. Für die nur beim starken Verbum ausführlich angeführten P.-Bildungen gilt das oben Gesagte.

I. Das unveränderliche Nomen (§ 47)

	„tot“	„aufrecht“	„verheerend“	„hinausführend“
Sg. abs.	מֵת	קָם	מַֽחֲרִיב	מוֹצִיא
cstr.	מֵת	קָם	מַֽחֲרִיב	מוֹצִיא
Suff. 1. c. Sg.	מֵתִי	קָמִי	מַֽחֲרִיבִי	מוֹצִיאִי
2. M. Sg.	מֵֽתְךָ	קָֽמְךָ	מַֽחֲרִֽיבְךָ	מוֹצִֽיאֲךָ
2. M. Pl.	מֵֽתְכֶם	קָֽמְכֶם	מַֽחֲרִֽיבְכֶם	מוֹצִֽיאֲכֶם
Pl. abs.	מֵתִים	קָמִים	מַֽחֲרִיבִים	מוֹצִיאִים
cstr.	מֵתֵי	קָמֵי	מַֽחֲרִיבֵי	מוֹצִיאֵי
Suff. 1. c. Sg.	מֵתַי	קָמַי	מַֽחֲרִיבַי	מוֹצִיאַי
2. M. Pl.	מֵתֵיכֶם	קָמֵיכֶם	מַֽחֲרִיבֵיכֶם	מוֹצִיאֵיכֶם

II. Das Nomen mit veränderlichem Vokal in vorletzter Silbe (§ 48)

	„Gefangener“	„groß“	„aufstellend“	„Gedächtnis“
Sg. abs.	אָסוּר	גָּדוֹל	מֵקִים	זִכָּרוֹן
cstr.	אֲסוּר	גְּדוֹל	מְקִים	זִכְרוֹן
Suff. 1. c. Sg.	אֲסוּרִי	גְּדוֹלִי	מְקִימִי	זִכְרוֹנִי
2. M. Sg.	אֲסֽוּרְךָ	גְּדֽוֹלְךָ	מְקִֽימְךָ	זִכְֽרוֹנְךָ
2. M. Pl.	אֲסֽוּרְכֶם	גְּדֽוֹלְכֶם	מְקִֽימְכֶם	זִכְֽרוֹנְכֶם
Pl. abs.	אֲסוּרִים	גְּדוֹלִים	מְקִימִים	זִכְרוֹנִים
cstr.	אֲסוּרֵי	גְּדוֹלֵי	מְקִימֵי	זִכְרוֹנֵי
Suff. 1. c. Sg.	אֲסוּרַי	גְּדוֹלַי	מְקִימַי	זִכְרוֹנַי
2. M. Pl.	אֲסוּרֵיכֶם	גְּדוֹלֵיכֶם	מְקִימֵיכֶם	זִכְרוֹנֵיכֶם

III. Das Nomen mit veränderlichem Vokal in letzter Silbe (§ 49)

	„Ewigkeit“	„Hand“	„Töpfer“	„Tröster“
Sg. abs.	עוֹלָם	יָד	יוֹצֵר	מְנַחֵם
cstr.	עוֹלַם	יַד	יוֹצֵר	מְנַחֵם
Suff. 1. c. Sg.	עוֹלָמִי	יָדִי	יֽוֹצְרִי	מְנַחֲמִי
2. M. Sg.	עוֹלָֽמְךָ	יָֽדְךָ	יוֹצֶרְךָ	מְנַחֶמְךָ
2. M. Pl.	עוֹלַמְכֶם	יֶדְכֶם	יוֹצֶרְכֶם	מְנַחֶמְכֶם
Pl. abs.	עוֹלָמִים	Du. יָדַ֫יִם	יֽוֹצְרִים	מְנַחֲמִים
cstr.	עֽוֹלְמֵי	יְדֵי	יֽוֹצְרֵי	מְנַחֲמֵי
Suff. 1. c. Sg.	עוֹלָמַי	יָדַי	יֽוֹצְרַי	מְנַחֲמַי
2. M. Pl.	עֽוֹלְמֵיכֶם	יְדֵיכֶם	יֽוֹצְרֵיכֶם	מְנַחֲמֵיכֶם

IV. Das Nomen mit zwei veränderlichen Vokalen (§ 50)

	„Wort"	„weise"	„Greis"	„zuverlässig"
Sg. abs.	דָּבָר	חָכָם	זָקֵן	נֶאֱמָן
cstr.	דְּבַר	חֲכַם	זְקַן	נֶאֱמַן
Suff. 1. c. Sg.	דְּבָרִי	חֲכָמִי	זְקֵנִי	נֶאֱמָנִי
2. M. Sg.	דְּבָרְךָ	חֲכָמְךָ	זְקֵנְךָ	נֶאֱמָנְךָ
2. M. Pl.	דְּבַרְכֶם	חֲכַמְכֶם	זְקַנְכֶם	נֶאֱמַנְכֶם
Pl. abs.	דְּבָרִים	חֲכָמִים	זְקֵנִים	נֶאֱמָנִים
cstr.	דִּבְרֵי	חַכְמֵי	זִקְנֵי	נֶאֶמְנֵי
Suff. 1. c. Sg.	דְּבָרַי	חֲכָמַי	זְקֵנַי	נֶאֱמָנַי
2. M. Pl.	דִּבְרֵיכֶם	חַכְמֵיכֶם	זִקְנֵיכֶם	נֶאֶמְנֵיכֶם

V. Stämme mit verdoppeltem zweiten Radikal (§ 51)

	„Oberster"	„Nase"	„Pfeil"	„Bergfeste"
Sg. abs.	שַׂר	אַף	חֵץ	מָעוֹז
cstr.	שַׂר	אַף	חֵץ	מָעוֹז
Suff. 1. c. Sg.	שָׂרִי	אַפִּי	חִצִּי	מָעֻזִּי
2. M. Sg.	שָׂרְךָ	אַפְּךָ	חִצְּךָ	מָעֻזְּךָ
2. M. Pl.	שַׂרְכֶם	אַפְּכֶם	חִצְּכֶם	מָעֻזְּכֶם
Pl. abs.	שָׂרִים	Du. אַפַּיִם	חִצִּים	מָעֻזִּים
cstr.	שָׂרֵי	אַפֵּי	חִצֵּי	מָעֻזֵּי
Suff. 1. c. Sg.	שָׂרַי	אַפַּי	חִצַּי	מָעֻזַּי
2. M. Pl.	שָׂרֵיכֶם	אַפֵּיכֶם	חִצֵּיכֶם	מָעֻזֵּיכֶם

VI. Die Segolata (§ 52)

	„König“	„Horn“	„Buch“	„Tat“	„Schuh“	„Haus“
Sg. abs.	מֶ֫לֶךְ	קֶ֫רֶן	סֵ֫פֶר	פֹּ֫עַל	נַ֫עַל	בַּ֫יִת
cstr.	מֶ֫לֶךְ	קֶ֫רֶן	סֵ֫פֶר	פֹּ֫עַל	נַ֫עַל	בֵּית
Suff. 1. c. Sg.	מַלְכִּי	קַרְנִי	סִפְרִי	פָּעֳלִי	נַעֲלִי	בֵּיתִי
2. M. Sg.	מַלְכְּךָ	קַרְנְךָ	סִפְרְךָ	פָּעָלְךָ	נַעַלְךָ	בֵּיתְךָ
2. M. Pl.	מַלְכְּכֶם	קַרְנְכֶם	סִפְרְכֶם	פָּעָלְכֶם	נַעַלְכֶם	בֵּיתְכֶם
Pl. abs.	מְלָכִים	קְרָנוֹת	סְפָרִים	פְּעָלִים	נְעָלִים	בָּתִּים
cstr.	מַלְכֵי	קַרְנוֹת	סִפְרֵי	פָּעֳלֵי	נַעֲלֵי	בָּתֵּי
Suff. 1. c. Sg.	מְלָכַי	קַרְנוֹתַי	סְפָרַי	פְּעָלַי	נְעָלַי	בָּתַּי
2. M. Pl.	מַלְכֵיכֶם	קַרְנוֹתֵיכֶם	סִפְרֵיכֶם	פָּעֳלֵיכֶם	נַעֲלֵיכֶם	בָּתֵּיכֶם
Du. abs.		קַרְנַ֫יִם		אָזְנַ֫יִם[1]	נַעֲלַ֫יִם	עֵינַ֫יִם[2]
cstr.		קַרְנֵי		אָזְנֵי	נַעֲלֵי	עֵינֵי
Suff. 1. c. Sg.		קַרְנַי		אָזְנַי	נַעֲלַי	עֵינַי
2. M. Pl.		קַרְנֵיכֶם		אָזְנֵיכֶם	נַעֲלֵיכֶם	עֵינֵיכֶם

[1]) „Ohren“. [2]) „Augen“.

VII. Nomina auf -$\bar{æ}$ (§ 53)

	„Werk“	„verachtend“	„Lager“	
Sg. abs.	מַעֲשֶׂה	בֹּזֶה	מַחֲנֶה	
cstr.	מַעֲשֵׂה	בֹּזֵה	מַחֲנֵה	
Suff. 1. c. Sg.	מַעֲשַׂי	בֹּזִי	מַחֲנִי	
2. M. Sg.	מַעֲשֶׂ(י)ךָ	בֹּזְךָ	מַחַנְךָ	
2. M. Pl.	מַעֲשֵׂ(י)כֶם	בֹּזֵ(י)כֶם	מַחֲנֵ(י)כֶם	
Pl. abs.	מַעֲשִׂים	בֹּזִים	מַחֲנִים [1]	Du. מַחֲנָיִם
cstr.	מַעֲשֵׂי	בֹּזֵי	מַחֲנֵי	מַחֲנֵי
Suff. 1. c. Sg.	מַעֲשַׂי	בֹּזַי	מַחֲנַי	מַחֲנַי
2. M. Pl.	מַעֲשֵׂ(י)כֶם	בֹּזֵיכֶם	מַחֲנֵיכֶם	מַחֲנֵיכֶם

[1]) Auch F.: abs. מַחֲנוֹת, cstr. מַחֲנוֹת; suff. מַחֲנוֹתַי, מַחֲנוֹתֵיכֶם.

IX. Feminina auf -*å* von maskulinen Segolaten (§ 55)

	„Königin“	„junge Kuh“	„Ruine“	„Unreinheit“
Sg. abs.	מַלְכָּה	עֶגְלָה	חָרְבָּה	טֻמְאָה
cstr.	מַלְכַּת	עֶגְלַת	חָרְבַּת	טֻמְאַת
Suff. 1. c. Sg.	מַלְכָּתִי	עֶגְלָתִי	חָרְבָּתִי	טֻמְאָתִי
2. M. Sg.	מַלְכֳּתְךָ	עֶגְלֳתְךָ	חָרְבֳּתְךָ	טֻמְאֳתְךָ
2. M. Pl.	מַלְכַּתְכֶם	עֶגְלַתְכֶם	חָרְבַּתְכֶם	טֻמְאַתְכֶם
Pl. abs.	מְלָכוֹת	עֲגָלוֹת	חֳרָבוֹת	טְמָאוֹת
cstr.	מַלְכוֹת	עֶגְלוֹת	חָרְבוֹת	טֻמְאוֹת
Suff. 1. c. Sg.	מַלְכוֹתַי	עֶגְלוֹתַי	חָרְבוֹתַי	טֻמְאוֹתַי
2. M. Pl.	מַלְכוֹתֵיכֶם	עֶגְלוֹתֵיכֶם	חָרְבוֹתֵיכֶם	טֻמְאוֹתֵיכֶם

VIII. Feminina auf -*ā* von maskulinen Nichtsegolaten (§ 54)

	„Elle“	„groß“	„sitzend“	„Lippe“	„gebärend“	„Land“
Sg. abs.	אַמָּה	גְּדוֹלָה	יֹשְׁבָה	שָׂפָה	יֹלֵדָה	אֲדָמָה
cstr.	אַמַּת	גְּדוֹלַת	יֹשְׁבַת	שְׂפַת	יֹלְדַת	אַדְמַת
Suff. 1. c. Sg.	אַמָּתִי	גְּדוֹלָתִי	יֹשְׁבָתִי	שְׂפָתִי	יֹלַדְתִּי	אַדְמָתִי
2. M. Sg.	אַמָּתְךָ	גְּדוֹלָתְךָ	יֹשְׁבָתְךָ	שְׂפָתְךָ	יֹלַדְתְּךָ	אַדְמָתְךָ
2. M. Pl.	אַמַּתְכֶם	גְּדוֹלַתְכֶם	יֹשְׁבַתְכֶם	שְׂפַתְכֶם	יֹלַדְתְּכֶם	אַדְמַתְכֶם
Pl. abs.	אַמּוֹת	גְּדוֹלוֹת	יֹשְׁבוֹת	יָפוֹת[1]	יֹלְדוֹת	אֲדָמוֹת
cstr.	אַמּוֹת	גְּדוֹלוֹת	יֹשְׁבוֹת	יְפוֹת	יֹלְדוֹת	אַדְמוֹת
Suff. 1. c. Sg.	אַמּוֹתַי	גְּדוֹלוֹתַי	יֹשְׁבוֹתַי	יְפוֹתַי	יֹלְדוֹתַי	אַדְמוֹתַי
2. M. Pl.	אַמּוֹתֵיכֶם	גְּדוֹלוֹתֵיכֶם	יֹשְׁבוֹתֵיכֶם	יְפוֹתֵיכֶם	יֹלְדוֹתֵיכֶם	אַדְמוֹתֵיכֶם
Du. abs.	אַמָּתַ֫יִם			שְׂפָתַ֫יִם		
cstr.	אַמְּתֵי			שִׂפְתֵי		
Suff. 1. c. Sg.	אַמָּתַי			שְׂפָתַי		
2. M. Pl.	אַמְּתֵיכֶם			שִׂפְתֵיכֶם		

X. Feminina auf -*īṯ* und -*ūṯ* (§ 56)

	„Gebilde“	„Königtum“	„Zeugnis“
Sg. abs.	מַשְׂכִּית	מַלְכוּת	עֵדוּת
cstr.	מַשְׂכִּית	מַלְכוּת	עֵדוּת
Suff. 1. c. Sg.	מַשְׂכִּיתִי	מַלְכוּתִי	עֵדוּתִי
2. M. Sg.	מַשְׂכִּיתְךָ	מַלְכוּתְךָ	עֵדְוּתְךָ
2. M. Pl.	מַשְׂכִּיתְכֶם	מַלְכוּתְכֶם	עֵדְוּתְכֶם
Pl. abs.	מַשְׂכִּיּוֹת	מַלְכֻיּוֹת [1])	עֵדְוֹת [2])
cstr.	מַשְׂכִּיּוֹת	מַלְכֻיּוֹת	עֵדְוֹת
Suff. 1. c. Sg.	מַשְׂכִּיּוֹתַי	מַלְכֻיּוֹתַי	עֵדְוֹתַי
2. M. Pl.	מַשְׂכִּיּוֹתֵיכֶם	מַלְכֻיּוֹתֵיכֶם	עֵדְוֹתֵיכֶם

[1]) Lies *malḵūi̯ōṯ*. [2]) Lies besser *ʿēḏu̯ōṯ* als *ʿēdᵉu̯ōṯ*.

XI. Segolata femininer Form (§ 57)

	„Wache“	„wissend“	„Amme“	„Abteilung“
Sg. abs.	מִשְׁמֶרֶת	יֹדַעַת	מֵינֶקֶת	מַחֲלֹקֶת
cstr.	מִשְׁמֶרֶת	יֹדַעַת	מֵינֶקֶת	מַחֲלֹקֶת
Suff. 1. c. Sg.	מִשְׁמַרְתִּי	יֹדַעְתִּי	מֵינַקְתִּי	מַחֲלָקְתִּי
2. M. Sg.	מִשְׁמַרְתְּךָ	יֹדַעְתְּךָ	מֵינַקְתְּךָ	מַחֲלָקְתְּךָ
2. M. Pl.	מִשְׁמַרְתְּכֶם	יֹדַעְתְּכֶם	מֵינַקְתְּכֶם	מַחֲלָקְתְּכֶם
Pl. abs.	מִשְׁמָרוֹת	יֹדְעוֹת	מֵינִיקוֹת	מַחְלְקוֹת
cstr.	מִשְׁמְרוֹת	יֹדְעוֹת	מֵינִיקוֹת	מַחְלְקוֹת
Suff. 1. c. Sg.	מִשְׁמְרוֹתַי	יֹדְעוֹתַי	מֵנִיקוֹתַי	מַחְלְקוֹתַי
2. M. Pl.	מִשְׁמְרוֹתֵיכֶם	יֹדְעוֹתֵיכֶם	מֵינִקוֹתֵיכֶם	מַחְלְקוֹתֵיכֶם

XII. Das starke Verbum (§ 68)

a) Grundstamm: Imperfektum, Imperativ, Infinitiv

Imperf.	iaqtul		iiqtal		Imp.	q(u)tul	q(a)tal
Sg. 3. M.	K. יִקְטֹל	P. יִקְטֹ֑ל	K. יִכְבַּד	P. יִכְבָּ֑ד	Sg. 2. M.	K. קְטֹל	K. כְּבַד
3. F.	תִּקְטֹל	תִּקְטֹ֑ל	תִּכְבַּד	תִּכְבָּ֑ד	2. F.	קִטְלִי	כִּבְדִי
2. M.	תִּקְטֹל	תִּקְטֹ֑ל	תִּכְבַּד	תִּכְבָּ֑ד	Pl. 2. M.	קִטְלוּ	כִּבְדוּ
2. F.	תִּקְטְלִי	תִּקְטֹ֑לִי	תִּכְבְּדִי	תִּכְבָּ֑דִי	2. F.	קְטֹלְנָה	כְּבַדְנָה
1. c.	אֶקְטֹל	אֶקְטֹ֑ל	אֶכְבַּד	אֶכְבָּ֑ד	Sg. 2. M.	P. קְטֹ֑ל	P. כְּבָ֑ד
Koh.	אֶקְטְלָה	אֶקְטֹ֑לָה	אֶכְבְּדָה	אֶכְבָּ֑דָה	2. F.	קְטֹ֑לִי	כְּבָ֑דִי
Pl. 3. M.	יִקְטְלוּ	יִקְטֹ֑לוּ	יִכְבְּדוּ	יִכְבָּ֑דוּ	Pl. 2. M.	קְטֹ֑לוּ	כְּבָ֑דוּ
3. F.	תִּקְטֹלְנָה	תִּקְטֹ֑לְנָה	תִּכְבַּדְנָה	תִּכְבַּ֑דְנָה	2. F.	קְטֹ֑לְנָה	כְּבַ֑דְנָה
2. M.	תִּקְטְלוּ	תִּקְטֹ֑לוּ	תִּכְבְּדוּ	תִּכְבָּ֑דוּ	Inf.		
2. F.	תִּקְטֹלְנָה	תִּקְטֹ֑לְנָה	תִּכְבַּדְנָה	תִּכְבַּ֑דְנָה			
1. c.	נִקְטֹל	נִקְטֹ֑ל	נִכְבַּד	נִכְבָּ֑ד	cstr.	קְטֹל	כְּבַד
Koh.	נִקְטְלָה	נִקְטֹ֑לָה	נִכְבְּדָה	גִכְבָּ֑דָה	abs.	קָטוֹל	כָּבוֹד

Perfektum und Partizipium

Perf.	qatal		qatil		qatul	
	K.	P.	K.	P.	K.	P.
Sg. 3. M.	קָטַל	קָטָל	כָּבֵד	כָּבֵד	קָטֹן	קָטֹן
3. F.	קָֽטְלָה	קָטָלָה	כָּֽבְדָה	כָּבֵדָה	קָֽטְנָה	קָטֹנָה
2. M.	קָטַלְתָּ	קָטָלְתָּ	כָּבַדְתָּ	כָּבָדְתָּ	קָטֹנְתָּ	קָטֹנְתָּ
2. F.	קָטַלְתְּ	קָטָלְתְּ	כָּבַדְתְּ	כָּבָדְתְּ	קָטֹנְתְּ	קָטֹנְתְּ
1. c.	קָטַלְתִּי	קָטָלְתִּי	כָּבַדְתִּי	כָּבָדְתִּי	קָטֹנְתִּי	קָטֹנְתִּי
cons.	וְקָטַלְתִּי		וְכָבַדְתִּי		וְקָטֹנְתִּי	
Pl. 3. c.	קָֽטְלוּ	קָטָלוּ	כָּֽבְדוּ	כָּבֵדוּ	קָֽטְנוּ	קָטֹנוּ
2. M.	קְטַלְתֶּם	קְטַלְתֶּם	כְּבַדְתֶּם	כְּבַדְתֶּם	קְטָנְתֶּם	קְטָנְתֶּם
2. F.	קְטַלְתֶּן	קְטַלְתֶּן	כְּבַדְתֶּן	כְּבַדְתֶּן	קְטָנְתֶּן	קְטָנְתֶּן
1. c.	קָטַלְנוּ	קָטָלְנוּ	כָּבַדְנוּ	כָּבָדְנוּ	קָטֹנּוּ	קָטֹנּוּ
Part. Akt.	קֹטֵל		כָּבֵד		קָטֹן	
Pass.	קָטוּל					

XII. Das starke Verbum (§§ 69—71)

b) Stammesmodifikationen: Imperfektum, Imperativ

Imperf.	Nifʿal	Piʿel	Puʿal	Hitpaʿel	Hifʿil	Hofʿal
Sg. 3. M.	יִקָּטֵל	יְקַטֵּל	יְקֻטַּל	יִתְקַטֵּל	יַקְטִיל[2]	יָקְטַל[4]
3. F.	תִּקָּטֵל	תְּקַטֵּל	תְּקֻטַּל	תִּתְקַטֵּל	תַּקְטִיל	תָּקְטַל
2. M.	תִּקָּטֵל	תְּקַטֵּל	תְּקֻטַּל	תִּתְקַטֵּל	תַּקְטִיל	תָּקְטַל
2. F.	תִּקָּטְלִי	תְּקַטְּלִי	תְּקֻטְּלִי	תִּתְקַטְּלִי	תַּקְטִילִי	תָּקְטְלִי
1. c.	אֶקָּטֵל	אֲקַטֵּל	אֲקֻטַּל	אֶתְקַטֵּל	אַקְטִיל[3]	אָקְטַל
Pl. 3. M.	יִקָּטְלוּ	יְקַטְּלוּ	יְקֻטְּלוּ	יִתְקַטְּלוּ	יַקְטִילוּ	יָקְטְלוּ
3. F.	תִּקָּטַלְנָה	תְּקַטֵּלְנָה	תְּקֻטַּלְנָה	תִּתְקַטֵּלְנָה[1]	תַּקְטֵלְנָה	תָּקְטַלְנָה
2. M.	תִּקָּטְלוּ	תְּקַטְּלוּ	תְּקֻטְּלוּ	תִּתְקַטְּלוּ	תַּקְטִילוּ	תָּקְטְלוּ
2. F.	תִּקָּטַלְנָה	תְּקַטֵּלְנָה	תְּקֻטַּלְנָה	תִּתְקַטֵּלְנָה[1]	תַּקְטֵלְנָה	תָּקְטַלְנָה
1. c.	נִקָּטֵל	נְקַטֵּל	נְקֻטַּל	נִתְקַטֵּל	נַקְטִיל	נָקְטַל
Imp. Sg. 2. M.	הִקָּטֵל	קַטֵּל		הִתְקַטֵּל	הַקְטֵל	
2. F.	הִקָּטְלִי	קַטְּלִי		הִתְקַטְּלִי	הַקְטִילִי	
Pl. 2. M.	הִקָּטְלוּ	קַטְּלוּ		הִתְקַטְּלוּ	הַקְטִילוּ	
2. F.	הִקָּטַלְנָה	קַטֵּלְנָה		הִתְקַטֵּלְנָה	הַקְטֵלְנָה	

[1] Oder תִּתְקַטַּלְנָה. [2] Juss. יַקְטֵל, cons. וַיַּקְטֵל. [3] cons. וָאַקְטִיל. [4] Daneben יֻקְטַל.

Perfektum, Infinitiv, Partizipium

Perf.	Nif'al	Pi'el	Pu'al	Hiṯpa'el	Hif'il	Hof'al
Sg. 3. M.	נִקְטַל	קִטֵּל[1]	קֻטַּל	הִתְקַטֵּל[2]	הִקְטִיל	הָקְטַל[3]
3. F.	נִקְטְלָה	קִטְּלָה	קֻטְּלָה	הִתְקַטְּלָה	הִקְטִילָה	הָקְטְלָה
2. M.	נִקְטַלְתָּ	קִטַּלְתָּ	קֻטַּלְתָּ	הִתְקַטַּלְתָּ	הִקְטַלְתָּ	הָקְטַלְתָּ
2. F.	נִקְטַלְתְּ	קִטַּלְתְּ	קֻטַּלְתְּ	הִתְקַטַּלְתְּ	הִקְטַלְתְּ	הָקְטַלְתְּ
1. c.	נִקְטַלְתִּי	קִטַּלְתִּי	קֻטַּלְתִּי	הִתְקַטַּלְתִּי	הִקְטַלְתִּי	הָקְטַלְתִּי
3. c.	נִקְטְלוּ	קִטְּלוּ	קֻטְּלוּ	הִתְקַטְּלוּ	הִקְטִילוּ	הָקְטְלוּ
2. M.	נִקְטַלְתֶּם	קִטַּלְתֶּם	קֻטַּלְתֶּם	הִתְקַטַּלְתֶּם	הִקְטַלְתֶּם	הָקְטַלְתֶּם
2. F.	נִקְטַלְתֶּן	קִטַּלְתֶּן	קֻטַּלְתֶּן	הִתְקַטַּלְתֶּן	הִקְטַלְתֶּן	הָקְטַלְתֶּן
1. c.	נִקְטַלְנוּ	קִטַּלְנוּ	קֻטַּלְנוּ	הִתְקַטַּלְנוּ	הִקְטַלְנוּ	הָקְטַלְנוּ
Inf. cstr.	הִקָּטֵל	קַטֵּל	קֻטַּל	הִתְקַטֵּל	הַקְטִיל	
abs.	הִקָּטֹל, נִקְטֹל	קַטֵּל, קַטֹּל	קֻטֹּל	הִתְקַטֵּל	הַקְטֵל	הָקְטֵל
Part.	נִקְטָל	מְקַטֵּל	מְקֻטָּל	מִתְקַטֵּל	מַקְטִיל	מָקְטָל[4]

[1]) Daneben קִטַּל. [2]) Auch הִתְקַטַּל. [3]) Daneben הֻקְטַל. [4]) Auch מֻקְטָל.

XIII. Kehllaut als erster Radikal (§ 73)

Imperfektum und Imperativ

Imperf.	Grundstamm			Nif'al	Hif'il	Hof'al
Sg. 3. M.	יַעֲמֹד[1]	יֶאֱסֹף[2]	יֶחֱזַק[3]	יֵעָמֵד	יַעֲמִיד	יָעֳמַד
3. F.	תַּעֲמֹד	תֶּאֱסֹף	תֶּחֱזַק	תֵּעָמֵד	תַּעֲמִיד	תָּעֳמַד
2. M.	תַּעֲמֹד	תֶּאֱסֹף	תֶּחֱזַק	תֵּעָמֵד	תַּעֲמִיד	תָּעֳמַד
2. F.	תַּעַמְדִי	תַּאַסְפִי	תֶּחֶזְקִי	תֵּעָמְדִי	תַּעֲמִידִי	תָּעָמְדִי
1. c.	אֶעֱמֹד	אֶאֱסֹף	אֶחֱזַק	אֵעָמֵד	אַעֲמִיד	אָעֳמַד
Pl. 3. M.	יַעַמְדוּ	יַאַסְפוּ	יֶחֶזְקוּ	יֵעָמְדוּ	יַעֲמִידוּ	יָעָמְדוּ
3. F.	תַּעֲמֹדְנָה	תֶּאֱסֹפְנָה	תֶּחֱזַקְנָה	תֵּעָמַדְנָה	תַּעֲמֵדְנָה	תָּעֳמַדְנָה
2. M.	תַּעַמְדוּ	תַּאַסְפוּ	תֶּחֶזְקוּ	תֵּעָמְדוּ	תַּעֲמִידוּ	תָּעָמְדוּ
2. F.	תַּעֲמֹדְנָה	תֶּאֱסֹפְנָה	תֶּחֱזַקְנָה	תֵּעָמַדְנָה	תַּעֲמֵדְנָה	תָּעֳמַדְנָה
1. c.	נַעֲמֹד	נֶאֱסֹף	נֶחֱזַק	נֵעָמֵד	נַעֲמִיד	נָעֳמַד
Imp. Sg. 2. M.	עֲמֹד	אֱסֹף	חֲזַק	הֵעָמֵד	הַעֲמֵד	
2. F.	עִמְדִי	אִסְפִי	חִזְקִי	הֵעָמְדִי	הַעֲמִידִי	
Pl. 2. M.	עִמְדוּ	אִסְפוּ	חִזְקוּ	הֵעָמְדוּ	הַעֲמִידוּ	
2. F.	עֲמֹדְנָה	אֱסֹפְנָה	חֲזַקְנָה	הֵעָמַדְנָה	הַעֲמֵדְנָה	

[1]) „Er steht auf". [2]) „Er sammelt". [3]) „Er erstarkt".

Perfektum, Infinitiv und Partizipium

	Grundstamm			Nif'al	Hif'il	Hof'al
Perf. Sg. 3. M.	עָמַד			נֶעֱמַד	הֶעֱמִיד	הָעֳמַד
3. F.	עָמְדָה			נֶעֶמְדָה	הֶעֱמִידָה	הָעָמְדָה
2. M.	עָמַדְתָּ			נֶעֱמַדְתָּ	הֶעֱמַדְתָּ	הָעֳמַדְתָּ
2. F.	עָמַדְתְּ			נֶעֱמַדְתְּ	הֶעֱמַדְתְּ	הָעֳמַדְתְּ
1. c.	עָמַדְתִּי			נֶעֱמַדְתִּי	הֶעֱמַדְתִּי	הָעֳמַדְתִּי
Pl. 3. c.	עָמְדוּ			נֶעֶמְדוּ	הֶעֱמִידוּ	הָעָמְדוּ
2. M.	עֲמַדְתֶּם			נֶעֱמַדְתֶּם	הֶעֱמַדְתֶּם	הָעֳמַדְתֶּם
2. F.	עֲמַדְתֶּן			נֶעֱמַדְתֶּן	הֶעֱמַדְתֶּן	הָעֳמַדְתֶּן
1. c.	עָמַדְנוּ			נֶעֱמַדְנוּ	הֶעֱמַדְנוּ	הָעֳמַדְנוּ
Inf. cstr.	עֲמֹד			הֵעָמֵד	הַעֲמִיד	הָעֳמַד
abs.	עָמוֹד			נַעֲמֹד, הֵעָמֹד	הַעֲמֵד	הָעֳמֵד
Part.	Akt. עֹמֵד Pass. עָמוּד	Akt. אֹסֵר Pass. אָסוּר	חָזֵק	נֶעֱמָד	מַעֲמִיד	מָעֳמָד

XIV. Kehllaut und Reš als mittlere Radikale (§ 74)

Imperf.	Qal	Piʿel		Puʿal		Hitpaʿel
Sg. 3. M.	יִשְׁחַט[1]	יְנַחֵם[2]	יְבָרֵךְ[3]	יְנֻחַם	יְבֹרַךְ	יִתְבָּרֵךְ
1. c.	אֶשְׁחַט	אֲנַחֵם	אֲבָרֵךְ	אֲנֻחַם	אֲבֹרַךְ	אֶתְבָּרֵךְ
Pl. 3. M.	יִשְׁחֲטוּ	יְנַחֲמוּ	יְבָרְכוּ	יְנֻחֲמוּ	יְבֹרְכוּ	יִתְבָּרְכוּ
3. F.	תִּשְׁחַטְנָה	תְּנַחֵמְנָה	תְּבָרֵכְנָה	תְּנֻחַמְנָה	תְּבֹרַכְנָה	תִּתְבָּרַכְנָה
Imp. Sg. 2. M.	שְׁחַט	נַחֵם	בָּרֵךְ			הִתְבָּרֵךְ
Pl. 2. M.	שַׁחֲטוּ	נַחֲמוּ	בָּרְכוּ			הִתְבָּרְכוּ
Perf. Sg. 3. M.	ָ חַ	נִחַם	בֵּרַךְ	נֻחַם	בֹּרַךְ	הִתְבָּרֵךְ
1. c.	שָׁחַטְתִּי	נִחַמְתִּי	בֵּרַכְתִּי	נֻחַמְתִּי	בֹּרַכְתִּי	הִתְבָּרַכְתִּי
Pl. 3. M.	שָׁחֲטוּ	נִחֲמוּ	בֵּרְכוּ[4]	נֻחֲמוּ	בֹּרְכוּ	הִתְבָּרְכוּ
2. M.	שְׁחַטְתֶּם	נִחַמְתֶּם	בֵּרַכְתֶּם	נֻחַמְתֶּם	בֹּרַכְתֶּם	הִתְבָּרַכְתֶּם
Inf. cstr.	שְׁחֹט	נַחֵם	בָּרֵךְ			הִתְבָּרֵךְ
Part.	שָׁחוּט, שֹׁחֵט	מְנַחֵם	מְבָרֵךְ	מְנֻחָם	מְבֹרָךְ	מִתְבָּרֵךְ

[1] „Er schlachtet". [2] „Er tröstet". [3] „Er segnet". [4] מֵאֲנוּ „sie weigerten sich".

XV. Kehllaut als letzter Radikal (§ 75)

Imperf.	Qal	Nif'al	Pi'el	Hitpa'el	Hif'il	
Sg. 3. M.	יִשְׁלַח[1]	יִשָּׁלַח[2]	יְשַׁלַּח[3]	יִשְׁתַּלַּח	יַשְׁלִיחַ[4]	יַשְׁלַח[5]
1. c.	אֶשְׁלַח	אֶשָּׁלַח	אֲשַׁלַּח	אֶשְׁתַּלַּח	אַשְׁלִיחַ	אַשְׁלִיחָה[6]
Pl. 3. M.	יִשְׁלְחוּ	יִשָּׁלְחוּ	יְשַׁלְּחוּ	יִשְׁתַּלְּחוּ	יַשְׁלִיחוּ	
3. F.	תִּשְׁלַחְנָה	תִּשָּׁלַחְנָה	תְּשַׁלַּחְנָה	תִּשְׁתַּלַּחְנָה	תַּשְׁלַחְנָה	
Imp. Sg. 2. M.	שְׁלַח	הִשָּׁלַח	שַׁלַּח	הִשְׁתַּלַּח	הַשְׁלַח	
Pl. 2. M.	שִׁלְחוּ	הִשָּׁלְחוּ	שַׁלְּחוּ	הִשְׁתַּלְּחוּ	הַשְׁלִיחוּ	
Perf. Sg. 3. M.	שָׁלַח	נִשְׁלַח	שִׁלַּח	הִשְׁתַּלַּח	הִשְׁלִיחַ	
1. c.	שָׁלַחְתִּי	נִשְׁלַחְתִּי	שִׁלַּחְתִּי	הִשְׁתַּלַּחְתִּי	הִשְׁלַחְתִּי	
Pl. 3. M.	שָׁלְחוּ	נִשְׁלְחוּ	שִׁלְּחוּ	הִשְׁתַּלְּחוּ	הִשְׁלִיחוּ	
2. M.	שְׁלַחְתֶּם	נִשְׁלַחְתֶּם	שִׁלַּחְתֶּם	הִשְׁתַּלַּחְתֶּם	הִשְׁלַחְתֶּם	
Inf. cstr.	שְׁלֹחַ	הִשָּׁלַח	שַׁלַּח	הִשְׁתַּלַּח	הַשְׁלִיחַ	
Part.	שָׁלוּחַ, שֹׁלֵחַ	נִשְׁלָח	מְשַׁלֵּחַ	מִשְׁתַּלֵּחַ	מַשְׁלִיחַ	

[1]) „Er schickt". [2]) P. יִשָּׁלֵחַ. [3]) P. יְשַׁלֵּחַ, Pu. יְשֻׁלַּח = יְקֻטַּל. [4]) Ho. יָשְׁלַח = יָקְטַל. [5]) Jussiv. [6]) Kohortativ.

XVI. Das Verbum mit Nun als erstem Radikal (§ 76)

Imperf.	Grundstamm			Nif'al	Hif'il	Hof'al
Sg. 3. M.	יִפֹּל [1]	יִגַּשׁ [2]	יִתֵּן [3]	יִנָּגֵשׁ	יַגִּישׁ	יֻגַּשׁ
1. c.	אֶפֹּל	אֶגַּשׁ	אֶתֵּן	אֶנָּגֵשׁ	אַגִּישׁ	אֻגַּשׁ
Pl. 3. M.	יִפְּלוּ	יִגְּשׁוּ	יִתְּנוּ	יִנָּגְשׁוּ	יַגִּישׁוּ	יֻגְּשׁוּ
3. F.	תִּפֹּלְנָה	תִּגַּשְׁנָה	תִּתֵּנָּה	תִּנָּגַשְׁנָה	תַּגֵּשְׁנָה	תֻּגַּשְׁנָה
Imp. Sg. 2. M.	נְפֹל	גַּשׁ	תֵּן	הִנָּגֵשׁ	הַגֵּשׁ	
Pl. 2. M.	נִפְלוּ	גְּשׁוּ	תְּנוּ	הִנָּגְשׁוּ	הַגִּישׁוּ	
Perf. Sg. 3. M.	נָפַל		נָתַן	נִגַּשׁ	הִגִּישׁ	הֻגַּשׁ
1. c.	נָפַלְתִּי		2. M. נָתַתָּה	נִגַּשְׁתִּי	הִגַּשְׁתִּי	הֻגַּשְׁתִּי
Pl. 3. M.	נָפְלוּ		נָתְנוּ	נִגְּשׁוּ	הִגִּישׁוּ	הֻגְּשׁוּ
2. M.	נְפַלְתֶּם		נְתַתֶּם	נִגַּשְׁתֶּם	הִגַּשְׁתֶּם	הֻגַּשְׁתֶּם
Inf. cstr.	נְפֹל	גֶּשֶׁת	תֵּת	הִנָּגֵשׁ	הַגִּישׁ	הֻגַּשׁ
Part.	s. Tabelle XIIa.			נִגָּשׁ	מַגִּישׁ	מֻגָּשׁ

[1] „Er fällt". [2] „Er nähert sich". [3] „Er gibt".

XVII. Das Verubm mit schwachem Alef als erstem Radikal (§ 77)

	Grundstamm	
	K.	P.
Imperf. Sg. 3. M.	יֹאכַל[1]	יֹאכֵל
3. F.	תֹּאכַל	תֹּאכֵל[2]
2. M.	תֹּאכַל	תֹּאכֵל
2. F.	תֹּאכְלִי	תֹּאכֵלִי
1. c.	אֹכַל	אֹכֵל
Pl. 3. M.	יֹאכְלוּ	יֹאכֵלוּ
3. F.	תֹּאכַלְנָה	תֹּאכַלְנָה
2. M.	תֹּאכְלוּ	תֹּאכֵלוּ
2. F.	תֹּאכַלְנָה	תֹּאכַלְנָה
1. c.	נֹאכַל	נֹאכֵל

[1]) „Er ißt". [2]) Daneben P. תֹּאכַל.

[3]) „Er saugt".

XVIII. Das Verbum mit Jod als erstem Radikal (§ 78)

	Qal	Hif'il
Imperf. Sg. 3. M.	יִינַק[3]	יֵינִיק
1. c.	אִינַק	אֵינִיק
Pl. 3. M.	יִינְקוּ	יֵינִיקוּ
3. F.	תִּינַקְנָה	תֵּינֵקְנָה
Imp. Sg. 2. M.	יְנַק	הֵינֵק
Pl. 2. M.	יִנְקוּ	הֵינִיקוּ
Perf. Sg. 3. M.	יָנַק	הֵינִיק
1. c.	יָנַקְתִּי	הֵינַקְתִּי
Pl. 3. M.	יָנְקוּ	הֵינִיקוּ
2. M.	יְנַקְתֶּם	הֵינַקְתֶּם
Inf. cstr.	יְנֹק, יְנָקָה	הֵינִיק
Part.	יֹנֵק	מֵינִיק

XIX. Das Verbum mit Waw als erstem Radikal (§ 78)

Imperfektum und Imperativ

	Grundstamm		Nif'al	Hif'il		Hof'al
Imperf. Sg. 3. M.	יֵשֵׁב	יֵדַע	יִוָּשֵׁב	יוֹשִׁיב	יוֹשֵׁב[1])	יוּשַׁב
3. F.	תֵּשֵׁב	תֵּדַע	תִּוָּשֵׁב	תּוֹשִׁיב	תּוֹשֵׁב	תּוּשַׁב
2. M.	תֵּשֵׁב	תֵּדַע	תִּוָּשֵׁב	תּוֹשִׁיב	תּוֹשֵׁב	תּוּשַׁב
2. F.	תֵּשְׁבִי	תֵּדְעִי	תִּוָּשְׁבִי	תּוֹשִׁיבִי		תּוּשְׁבִי
1. c.	אֵשֵׁב	אֵדַע	אִוָּשֵׁב	אוֹשִׁיב	אוֹשֵׁב	אוּשַׁב
Pl. 3. M.	יֵשְׁבוּ	יֵדְעוּ	יִוָּשְׁבוּ	יוֹשִׁיבוּ		יוּשְׁבוּ
3. F.	תֵּשַׁבְנָה	תֵּדַעְנָה	תִּוָּשַׁבְנָה	תּוֹשֵׁבְנָה		תּוּשַׁבְנָה
2. M.	תֵּשְׁבוּ	תֵּדְעוּ	תִּוָּשְׁבוּ	תּוֹשִׁיבוּ		תּוּשְׁבוּ
2. F.	תֵּשַׁבְנָה	תֵּדַעְנָה	תִּוָּשַׁבְנָה	תּוֹשֵׁבְנָה		תּוּשַׁבְנָה
1. c.	נֵשֵׁב	נֵדַע	נִוָּשֵׁב	נוֹשִׁיב	נוֹשֵׁב	נוּשַׁב
Imp. Sg. 2. M.	שֵׁב	דַּע	הִוָּשֵׁב	הוֹשֵׁב		
2. F.	שְׁבִי	דְּעִי	הִוָּשְׁבִי	הוֹשִׁיבִי		
Pl. 2. M.	שְׁבוּ	דְּעוּ	הִוָּשְׁבוּ	הוֹשִׁיבוּ		
2. F.	שֵׁבְנָה	דַּעְנָה	הִוָּשַׁבְנָה	הוֹשֵׁבְנָה		

[1]) Jussiv.

Perfektum, Infinitiv, Partizipium

	Grundstamm		Nif'al	Hif'il	Hof'al
Perf. Sg. 3. M.	יָשַׁב		נוֹשַׁב	הוֹשִׁיב	הוּשַׁב
3. F.	יָשְׁבָה		נוֹשְׁבָה	הוֹשִׁיבָה	הוּשְׁבָה
2. M.	יָשַׁבְתָּ		נוֹשַׁבְתָּ	הוֹשַׁבְתָּ	הוּשַׁבְתָּ
2. F.	יָשַׁבְתְּ		נוֹשַׁבְתְּ	הוֹשַׁבְתְּ	הוּשַׁבְתְּ
1. c.	יָשַׁבְתִּי		נוֹשַׁבְתִּי	הוֹשַׁבְתִּי	הוּשַׁבְתִּי
Pl. 3. c.	יָשְׁבוּ		נוֹשְׁבוּ	הוֹשִׁיבוּ	הוּשְׁבוּ
2. M.	יְשַׁבְתֶּם		נוֹשַׁבְתֶּם	הוֹשַׁבְתֶּם	הוּשַׁבְתֶּם
2. F.	יְשַׁבְתֶּן		נוֹשַׁבְתֶּן	הוֹשַׁבְתֶּן	הוּשַׁבְתֶּן
1. c.	יָשַׁבְנוּ		נוֹשַׁבְנוּ	הוֹשַׁבְנוּ	הוּשַׁבְנוּ
Inf. cstr.	שֶׁבֶת	דַּעַת	הִוָּשֵׁב	הוֹשִׁיב	הֻלֶּדֶת[1]
abs	יָשׁוֹב	יָדוֹעַ	הִוָּשֵׁב	הוֹשֵׁב	הוּשֵׁב
Part.	Akt. יֹשֵׁב	יֹדֵעַ	נוֹשָׁב	מוֹשִׁיב	מוּשָׁב
	Pass. יָשׁוּב	יָדוּעַ			

[1]) „Geboren werden"; § 78, 8b.

XX. Stämme mit verdoppeltem zweiten Radikal (§ 79)

Imperfektum und Imperativ

Imperf.	Grundstamm		Nif'al	Hif'il	Hof'al	Polel
Sg. 3. M.	יָסֹב[1]	יֵקַל[2]	יִסַּב	יָסֵב	יוּסַב	יְסוֹבֵב[3]
3. F.	תָּסֹב	תֵּקַל	תִּסַּב	תָּסֵב	תּוּסַב	תְּסוֹבֵב
2. M.	תָּסֹב	תֵּקַל	תִּסַּב	תָּסֵב	תּוּסַב	תְּסוֹבֵב
2. F.	תָּסֹבִּי	תֵּקַלִּי	תִּסַּבִּי	תָּסֵבִּי	תּוּסַבִּי	תְּסוֹבְבִי
1. c.	אָסֹב	אֵקַל	אֶסַּב	אָסֵב	אוּסַב	אֲסוֹבֵב
Pl. 3. M.	יָסֹבּוּ	יֵקַלּוּ	יִסַּבּוּ	יָסֵבּוּ	יוּסַבּוּ	יְסוֹבְבוּ
3. F.	תְּסֻבֶּינָה	תְּקַלֶּינָה	תִּסַּבֶּינָה	תְּסִבֶּינָה	תּוּסַבֶּינָה	תְּסוֹבֵבְנָה
2. M.	תָּסֹבּוּ	תֵּקַלּוּ	תִּסַּבּוּ	תָּסֵבּוּ	תּוּסַבּוּ	תְּסוֹבְבוּ
2. F.	תְּסֻבֶּינָה	תְּקַלֶּינָה	תִּסַּבֶּינָה	תְּסִבֶּינָה	תּוּסַבֶּינָה	תְּסוֹבֵבְנָה
1. c.	נָסֹב	נֵקַל	נִסַּב	נָסֵב	נוּסַב	נְסוֹבֵב
Imp. Sg. 2. M.	סֹב		הִסַּב	הָסֵב		סוֹבֵב
2. F.	סֹבִּי		הִסַּבִּי	הָסֵבִּי		סוֹבְבִי
Pl. 2. M.	סֹבּוּ		הִסַּבּוּ	הָסֵבּוּ		סוֹבְבוּ
2. F.	סֻבֶּינָה		הִסַּבֶּינָה	הֲסִבֶּינָה		סוֹבֵבְנָה

[1]) Aktivisch; daneben יִסֹּב. [2]) Neutrisch; daneben יֵדַל; „er ist arm". [3]) Ferner Polal יְסוֹבַב und Hitpolel יִסְתּוֹבֵב; vgl. Tab. XXII.

Perfektum, Infinitiv, Partizipium

	Grundstamm		Nif'al	Hif'il	Hof'al	Polel
Perf. Sg. 3. M.	סָבַב[1])	סַב[2])	נָסַב	הֵסֵב, הֵסַב	הוּסַב	סוֹבֵב[4])
3. F.	סָֽבְבָה	סַ֫בָּה	נָסַ֫בָּה	הֵסֵ֫בָּה	הוּסַ֫בָּה	סוֹבְבָה
2. M.	סַבּ֫וֹתָ		נְסַבּ֫וֹתָ	הֲסִבּ֫וֹתָ	הוּסַבּ֫וֹתָ	סוֹבַ֫בְתָּ
2. F.	סַבּוֹת		נְסַבּוֹת	הֲסִבּוֹת	הוּסַבּוֹת	סוֹבַבְתְּ
1. c.	סַבּ֫וֹתִי		נְסַבּ֫וֹתִי	הֲסִבּ֫וֹתִי	הוּסַבּ֫וֹתִי	סוֹבַ֫בְתִּי
Pl. 3. c.	סָֽבְבוּ	סַ֫בּוּ	נָסַ֫בּוּ	הֵסֵ֫בּוּ, הֵסַ֫בּוּ	הוּסַ֫בּוּ	סוֹבְבוּ
2. M.	סַבּוֹתֶם		נְסַבּוֹתֶם	הֲסִבּוֹתֶם	הוּסַבּוֹתֶם	סוֹבַבְתֶּם
2. F.	סַבּוֹתֶן		נְסַבּוֹתֶן	הֲסִבּוֹתֶן	הוּסַבּוֹתֶן	סוֹבַבְתֶּן
1. c.	סַבּ֫וֹנוּ		נְסַבּ֫וֹנוּ	הֲסִבּ֫וֹנוּ	הוּסַבּ֫וֹנוּ	סוֹבַ֫בְנוּ
Inf. cstr.	סְבֹב, סֹב, סַב		הִסֵּב	הָסֵב		סוֹבֵב
abs.	סָבוֹב		הִסֹּב, הִסֵּב	הָסֵב	הוּסֵב	סוֹבֵב
Part.	Akt. סֹבֵב	קַל[3])	נָסָב	מֵסֵב	מוּסָב	מְסוֹבֵב
	Pass. סָבוּב					

[1]) Aktivisch. [2]) Neutrisch. [3]) „Schnell, leicht". [4]) Polal סוֹבַב; Hitpolel הִסְתּוֹבֵב.

XXI. Zweiradikalige Stämme mit langem Vokal (§ 80)

Imperfektum und Imperativ

Imperf.	Grundstamm				Nif'al	Hif'il	
Sg. 3. M.	יָקוּם	יָקֹם[1]	יָאוֹר[3]	יָבִין[4]	יִקּוֹם	יָקִים	יָקֵם[1]
3. F.	תָּקוּם	תָּקֹם	תָּאוֹר	תָּבִין	תִּקּוֹם	תָּקִים	תָּקֵם
2. M.	תָּקוּם	תָּקֹם	תָּאוֹר	תָּבִין	תִּקּוֹם	תָּקִים	תָּקֵם
2. F.	תָּקוּמִי		תָּאוֹרִי	תָּבִינִי	תִּקּוֹמִי	תָּקִימִי	
1. c.	אָקוּם	אָקֹם	אָאוֹר	אָבִין	אֶקּוֹם	אָקִים	אָקֵם
Pl. 3. M.	יָקוּמוּ		יָאוֹרוּ	יָבִינוּ	יִקּוֹמוּ	יָקִימוּ	
3. F.	תְּקוּמֶינָה[2]		תְּאוֹרֶינָה[2]	תָּבֵנָּה	תִּקֹּמְנָה	תְּקִימֶינָה[5]	
2. M.	תָּקוּמוּ		תָּאוֹרוּ	תָּבִינוּ	תִּקּוֹמוּ	תָּקִימוּ	
2. F.	תְּקוּמֶינָה[2]		תְּאוֹרֶינָה[2]	תָּבֵנָּה	תִּקֹּמְנָה	תְּקִימֶינָה[5]	
1. c.	נָקוּם	נָקֹם	נָאוֹר	נָבִין	נִקּוֹם	נָקִים	נָקֵם
Imp. Sg. 2. M.	קוּם		אוֹר	בִּין	הִקּוֹם	הָקֵם	
2. F.	קוּמִי		אוֹרִי	בִּינִי	הִקּוֹמִי	הָקִימִי	
Pl. 2. M.	קוּמוּ		אוֹרוּ	בִּינוּ	הִקּוֹמוּ	הָקִימוּ	
2. F.	קֹמְנָה		אֹרְנָה	בֵּנָּה	הִקֹּמְנָה	הָקֵמְנָה	

[1]) Jussiv. [2]) Oder תָּקֹמְנָה, תָּאֹרְנָה. [3]) „Er leuchtet". [4]) „Er versteht". [5]) Oder תָּקֵמְנָה.

Perfektum, Infinitiv, Partizipium

	Grundstamm			Nif'al	Hif'il
Perf. Sg. 3. M.	קָם	אוֹר	בָּן, בִּין	נָקוֹם	הֵקִים
3. F.	קָמָה	אוֹרָה	בָּנָה	נָקוֹמָה	הֵקִימָה
2. M.	קַמְתָּ	אֹרְתָּ	[1])בַּנְתָּ	נְקוּמוֹתָ	הֲקִימוֹתָ
2. F.	קַמְתְּ	אֹרְתְּ	בַּנְתְּ	נְקוּמוֹת	הֲקִימוֹת
1. c.	קַמְתִּי	אֹרְתִּי	[1]בַּנְתִּי	נְקוּמוֹתִי	הֲקִימוֹתִי
Pl. 3. c.	קָמוּ	אוֹרוּ	בָּנוּ	נָקוֹמוּ	הֵקִימוּ
2. M.	קַמְתֶּם	אָרְתֶּם	בַּנְתֶּם	נְקוּמוֹתֶם	הֲקִימוֹתֶם
2. F.	קַמְתֶּן	אָרְתֶּן	בַּנְתֶּן	נְקוּמוֹתֶן	הֲקִימוֹתֶן
1. c.	קַמְנוּ	אֹרְנוּ	בַּנּוּ	נְקוּמוֹנוּ	הֲקִימוֹנוּ
Inf. cstr.	קוּם	אוֹר	בִּין	הִקּוֹם	הָקִים
abs.	קוֹם	אוֹר	בִּין, בּוֹן	הִקּוֹם, נָקוֹם	הָקֵם
Part.	Akt. קָם Pass. קוּם	אוֹר	Akt. בָּן Pass. שׂוּם, שִׂים	נָקוֹם	מֵקִים

[1]) Daneben בִּינוֹתִי und רִיבוֹתָ „du strittest".

XXI. Stämme mit langem Vokal — Imperf. und Imp. (Forts.)
XXII. Alef als dritter Radikal (§ 81) — Imperf. und Imp.

Hofʿal	Polel	Polal		Grundstamm	Nifʿal
יוּקַם	יְקוֹמֵם	יְקֹמַם [1]	Imperf. Sg. 3. M.	יִמְצָא	יִמָּצֵא
תּוּקַם	תְּקוֹמֵם	תְּקֹמַם	3. F.	תִּמְצָא	תִּמָּצֵא
תּוּקַם	תְּקוֹמֵם	תְּקֹמַם	2. M.	תִּמְצָא	תִּמָּצֵא
תּוּקְמִי	תְּקוֹמְמִי	תְּקוֹמְמִי	2. F.	תִּמְצְאִי	תִּמָּצְאִי
אוּקַם	אֲקוֹמֵם	אֲקֹמַם	1. c.	אֶמְצָא	אֶמָּצֵא
יוּקְמוּ	יְקוֹמְמוּ	יְקֹמְמוּ	Pl. 3. M.	יִמְצְאוּ	יִמָּצְאוּ
תּוּקַמְנָה	תְּקוֹמֵמְנָה	תְּקֹמַמְנָה	3. F.	תִּמְצֶאנָה	תִּמָּצֶאנָה
תּוּקְמוּ	תְּקוֹמְמוּ	תְּקֹמְמוּ	2. M.	תִּמְצְאוּ	תִּמָּצְאוּ
תּוּקַמְנָה	תְּקוֹמֵמְנָה	תְּקֹמַמְנָה	2. F.	תִּמְצֶאנָה	תִּמָּצֶאנָה
נוּקַם	נְקוֹמֵם	נְקֹמַם	1. c.	נִמְצָא	נִמָּצֵא
	קוֹמֵם		Imp. Sg. 2. M.	מְצָא	הִמָּצֵא
	קוֹמְמִי		2. F.	מִצְאִי	הִמָּצְאִי
	קוֹמְמוּ		Pl. 2. M.	מִצְאוּ	הִמָּצְאוּ
	קוֹמֵמְנָה		2. F.	מְצֶאנָה	הִמָּצֶאנָה

[1] Das Hiṯpolel יִתְקוֹמֵם wird entsprechend dem Polel flektiert.

Perf., Inf., Part. (Forts.) | **Perf., Inf., Part.**

Hof'al	Polel	Polal		Grundstamm		Nif'al
הוּקַם	קֹמֵם	קוֹמַם	Perf. Sg. 3. M.	מָצָא	שָׂנֵא[1])	נִמְצָא
הוּקְמָה	קֹמְמָה	קוֹמְמָה	3. F.	מָצְאָה	שָׂנְאָה	נִמְצְאָה
הוּקַמְתָּ	קֹמַמְתָּ	קוֹמַמְתָּ	2. M.	מָצָאתָ	שָׂנֵאתָ	נִמְצֵאתָ
הוּקַמְתְּ	קֹמַמְתְּ	קוֹמַמְתְּ	2. F.	מָצָאת	שָׂנֵאת	נִמְצֵאת
הוּקַמְתִּי	קֹמַמְתִּי	קוֹמַמְתִּי	1. c.	מָצָאתִי	שָׂנֵאתִי	נִמְצֵאתִי
הוּקְמוּ	קֹמְמוּ	קוֹמְמוּ	3. c.	מָצְאוּ	שָׂנְאוּ	נִמְצְאוּ
הוּקַמְתֶּם	קוֹמַמְתֶּם	קוֹמַמְתֶּם	2. M.	מְצָאתֶם	שְׂנֵאתֶם	נִמְצֵאתֶם
הוּקַמְתֶּן	קוֹמַמְתֶּן	קוֹמַמְתֶּן	2. F.	מְצָאתֶן	שְׂנֵאתֶן	נִמְצֵאתֶן
הוּקַמְנוּ	קוֹמַמְנוּ	קוֹמַמְנוּ	1. c.	מָצָאנוּ	שָׂנֵאנוּ	נִמְצֵאנוּ
	קוֹמֵם		Inf. cstr.	מְצֹא	שְׂנֹא	הִמָּצֵא
הוּקֵם	קוֹמֵם		abs.	מָצוֹא	שָׂנוֹא	נִמְצֹא·הִמָּצֵא
מוּקָם	מְקוֹמֵם	מְקוֹמָם	Part.	Akt. מֹצֵא Pass. מָצוּא	שֹׂנֵא· מָלֵא שָׂנוּא	נִמְצָא

[1]) Neutrisch: „er haßt".

XXII. Das Verbum mit Alef als drittem Radikal (§ 81)

Imperfektum und Imperativ (Fortsetzung)

	Pi'el	Pu'al	Hitpa'el	Hif'il	Hof'al
Imperf. Sg. 3. M.	יְמַצֵּא	יְמֻצָּא	יִתְמַצֵּא	יַמְצִיא	יֻמְצָא[1])
3. F.	תְּמַצֵּא	תְּמֻצָּא	תִּתְמַצֵּא	תַּמְצִיא	תֻּמְצָא
2. M.	תְּמַצֵּא	תְּמֻצָּא	תִּתְמַצֵּא	תַּמְצִיא	תֻּמְצָא
2. F.	תְּמַצְּאִי	תְּמֻצְּאִי	תִּתְמַצְּאִי	תַּמְצִיאִי	תֻּמְצְאִי
1. c.	אֲמַצֵּא	אֲמֻצָּא	אֶתְמַצֵּא	אַמְצִיא	אֻמְצָא
Pl. 3. M.	יְמַצְּאוּ	יְמֻצְּאוּ	יִתְמַצְּאוּ	יַמְצִיאוּ	יֻמְצְאוּ
3. F.	תְּמַצֶּאנָה	תְּמֻצֶּאנָה	תִּתְמַצֶּאנָה	תַּמְצֶאנָה	תֻּמְצֶאנָה
2. M.	תְּמַצְּאוּ	תְּמֻצְּאוּ	תִּתְמַצְּאוּ	תַּמְצִיאוּ	תֻּמְצְאוּ
2. F.	תְּמַצֶּאנָה	תְּמֻצֶּאנָה	תִּתְמַצֶּאנָה	תַּמְצֶאנָה	תֻּמְצֶאנָה
1. c.	נְמַצֵּא	נְמֻצָּא	נִתְמַצֵּא	נַמְצִיא	נֻמְצָא
Imp. Sg. 2. M.	מַצֵּא		הִתְמַצֵּא	הַמְצֵא	
2. F.	מַצְּאִי		הִתְמַצְּאִי	הַמְצִיאִי	
Pl. 2. M.	מַצְּאוּ		הִתְמַצְּאוּ	הַמְצִיאוּ	
2. F.	מַצֶּאנָה		הִתְמַצֶּאנָה	הַמְצֶאנָה	

[1]) Daneben יָמְצָא.

Perfektum, Infinitiv, Partizipium (Fortsetzung)

	Piʿel	Puʿal	Hiṯpaʿel	Hifʿil	Hofʿal
Perf. Sg. 3. M.	מִצֵּא	מֻצָּא	הִתְמַצֵּא	הִמְצִיא	הֻמְצָא[1]
3. F.	מִצְּאָה	מֻצְּאָה	הִתְמַצְּאָה	הִמְצִיאָה	הֻמְצְאָה
2. M.	מִצֵּאתָ	אֻצֵּאתָ	הִתְמַצֵּאתָ	הִמְצֵאתָ	הֻמְצֵאתָ
2. F.	מִצֵּאת	מֻצֵּאת	הִתְמַצֵּאת	הִמְצֵאת	הֻמְצֵאת
1. c.	מִצֵּאתִי	מֻצֵּאתִי	הִתְמַצֵּאתִי	הִמְצֵאתִי	הֻמְצֵאתִי
Pl. 3. c.	מִצְּאוּ	מֻצְּאוּ	הִתְמַצְּאוּ	הִמְצִיאוּ	הֻמְצְאוּ
2. M.	מִצֵּאתֶם	מֻצֵּאתֶם	הִתְמַצֵּאתֶם	הִמְצֵאתֶם	הֻמְצֵאתֶם
2. F.	מִצֵּאתֶן	מֻצֵּאתֶן	הִתְמַצֵּאתֶן	הִמְצֵאתֶן	הֻמְצֵאתֶן
1. c.	מִצֵּאנוּ	מֻצֵּאנוּ	הִתְמַצֵּאנוּ	הִמְצֵאנוּ	הֻמְצֵאנוּ
Inf. cstr.	מַצֵּא	מֻצָּא	הִתְמַצֵּא	הַמְצִיא	הֻמְצָא
abs.	מַצֹּא	מֻצֹּא	הִתְמַצֵּא	הַמְצֵא	הֻמְצֵא
Part.	מְמַצֵּא	מְמֻצָּא	מִתְמַצֵּא	מַמְצִיא	מֻמְצָא

[1]) Daneben הָמְצָא.

XXIII. Das Verbum mit Waw oder Jod als drittem Radikal (§ 82):

Imperfektum und Imperativ

	Grundstamm		Nif'al		Pi'el		Pu'al
Imperf. Sg. 3. M.	יִגְלֶה	יִ֫גֶל[1]	יִגָּלֶה	יִגָּל[1]	יְגַלֶּה	יְגַל[1]	יְגֻלֶּה
3. F.	תִּגְלֶה	תִּ֫גֶל	תִּגָּלֶה	תִּגָּל	תְּגַלֶּה	תְּגַל	תְּגֻלֶּה
2. M.	תִּגְלֶה	תִּ֫גֶל	תִּגָּלֶה	תִּגָּל	תְּגַלֶּה	תְּגַל	תְּגֻלֶּה
2. F.	תִּגְלִי		תִּגָּלִי		תְּגַלִּי		תְּגֻלִּי
1. c.	אֶגְלֶה	אֶ֫גֶל	אֶגָּלֶה	אֶגָּל	אֲגַלֶּה	אֲגַל	אֲגֻלֶּה
Pl. 3. M.	יִגְלוּ[2]		יִגָּלוּ		יְגַלּוּ		יְגֻלּוּ
3. F.	תִּגְלֶ֫ינָה		תִּגָּלֶ֫ינָה		תְּגַלֶּ֫ינָה		תְּגֻלֶּ֫ינָה
2. M.	תִּגְלוּ		תִּגָּלוּ		תְּגַלּוּ		תְּגֻלּוּ
2. F.	תִּגְלֶ֫ינָה		תִּגָּלֶ֫ינָה		תְּגַלֶּ֫ינָה		תְּגֻלֶּ֫ינָה
1. c.	נִגְלֶה	נִ֫גֶל	נִגָּלֶה	נִגָּל	נְגַלֶּה	נְגַל	נְגֻלֶּה
Imp. Sg. 2. M.	גְּלֵה		הִגָּלֵה		גַּלֵּה		
2. F.	גְּלִי		הִגָּלִי		גַּלִּי		
Pl. 2. M.	גְּלוּ גְּלָ֫יוּ		הִגָּלוּ		גַּלּוּ		
2. F.	גְּלֶ֫ינָה		הִגָּלֶ֫ינָה		גַּלֶּ֫ינָה		

[1]) Jussiv. [2]) Auch יִגְלָ֫יוּן.

Perfektum, Infinitiv, Partizipium

	Grundstamm	Nif'al	Pi'el	Pu'al
Perf. Sg. 3. M.	גָּלָה	נִגְלָה	גִּלָּה	גֻּלָּה
3. F.	גָּלְתָה[1]	נִגְלְתָה	גִּלְּתָה	גֻּלְּתָה
2. M.	גָּלִיתָ	נִגְלֵיתָ נִגְלִיתָ	גִּלֵּיתָ גִּלִּיתָ	גֻּלֵּיתָ
2. F.	גָּלִית	נִגְלֵית נִגְלִית	גִּלֵּית גִּלִּית	גֻּלֵּית
1. c.	גָּלִיתִי	נִגְלֵיתִי נִגְלִיתִי	גִּלֵּיתִי גִּלִּיתִי	גֻּלֵּיתִי
Pl. 3. c.	גָּלוּ[2]	נִגְלוּ[3]	גִּלּוּ	גֻּלּוּ
2. M.	גְּלִיתֶם	נִגְלֵיתֶם נִגְלִיתֶם	גִּלֵּיתֶם גִּלִּיתֶם	גֻּלֵּיתֶם
2. F.	גְּלִיתֶן	נִגְלֵיתֶן נִגְלִיתֶן	גִּלֵּיתֶן גִּלִּיתֶן	גֻּלֵּיתֶן
1. c.	גָּלִינוּ	נִגְלִינוּ	גִּלִּינוּ	גֻּלֵּינוּ
Inf. cstr.	גְּלוֹת	הִגָּלוֹת	גַּלּוֹת	גֻּלּוֹת
abs.	גָּלֹה	נִגְלֹה הִגָּלֵה	גַּלֹּה גַּלֵּה	גֻּלֹּה
Part.	Akt. גֹּלֶה Pass. גָּלוּי	נִגְלֶה	מְגַלֶּה	מְגֻלֶּה

[1]) Daneben גָּלָת, גָּלָיָה. [2]) Auch גָּלָיוּ. [3]) Daneben נִגְלָיוּ.

XXIII. Das Verbum mit Waw oder Jod als drittem Radikal (§ 82)

Imperfektum und Imperativ (Fortsetzung)

	Hitpa'el		Hif'il		Hof'al	Hištaf'al
Imperf. Sg. 3. M.	יִתְגַּלֶּה	יִתְגַּל[1]	יַגְלֶה	יֶגֶל[2]	יֻגְלֶה[4]	יִשְׁתַּחֲוֶה[5]
3. F.	תִּתְגַּלֶּה	תִּתְגַּל	תַּגְלֶה	תֶּגֶל	תֻּגְלֶה	תִּשְׁתַּחֲוֶה
2. M.	תִּתְגַּלֶּה	תִּתְגַּל	תַּגְלֶה	תֶּגֶל	תֻּגְלֶה	תִּשְׁתַּחֲוֶה
2. F.	תִּתְגַּלִּי		תַּגְלִי		תֻּגְלִי	תִּשְׁתַּחֲוִי
1. c.	אֶתְגַּלֶּה	אֶתְגַּל	אַגְלֶה	אֶגֶל	אֻגְלֶה	אֶשְׁתַּחֲוֶה
Pl. 3. M.	יִתְגַּלּוּ		יַגְלוּ		יֻגְלוּ	יִשְׁתַּחֲווּ
3. F.	תִּתְגַּלֶּינָה		תַּגְלֶינָה		תֻּגְלֶינָה	תִּשְׁתַּחֲוֶינָה
2. M.	תִּתְגַּלּוּ		תַּגְלוּ		תֻּגְלוּ	תִּשְׁתַּחֲווּ
2. F.	תִּתְגַּלֶּינָה		תַּגְלֶינָה		תֻּגְלֶינָה	תִּשְׁתַּחֲוֶינָה
1. c.	נִתְגַּלֶּה	נִתְגַּל	נַגְלֶה	נֶגֶל	נֻגְלֶה	נִשְׁתַּחֲוֶה
Imp. Sg. 2. M.	הִתְגַּלֵּה	הִתְגַּל	הַגְלֵה	הֶגֶל[3]		הִשְׁתַּחֲוֵה
2. F.	הִתְגַּלִּי		הַגְלִי			הִשְׁתַּחֲוִי
Pl. 2. M.	הִתְגַּלּוּ		הַגְלוּ			הִשְׁתַּחֲווּ
2. F.	הִתְגַּלֶּינָה		הַגְלֶינָה			הִשְׁתַּחֲוֶינָה

[1]) Jussiv. [2]) Jussiv; daneben יַשְׁתְּ, „er möge tränken". [3]) Daneben הַשְׁתְּ [4]) Daneben יָגְלֶה usw.
[5]) Zur Wz. s. § 82,5c.

Perfektum, Infinitiv und Partizipium (Fortsetzung)

	Hiṯpa'el	Hif'il	Hof'al	Hištaf'al
Perf. Sg. 3. M.	הִתְגַּלָּה	הִגְלָה	הָגְלָה[2]	הִשְׁתַּחֲוָה
3. F.	הִתְגַּלְּתָה	הִגְלְתָה	הָגְלְתָה	
2. M.	הִתְגַּלֵּיתָ הִתְגַּלִּיתָ	הִגְלֵיתָ הִגְלִיתָ	הָגְלֵיתָ	הִשְׁתַּחֲוִיתָ[3]
2. F.	הִתְגַּלֵּית הִתְגַּלִּית	הִגְלֵית הִגְלִית	הָגְלֵית	הִשְׁתַּחֲוִית
1. c.	הִתְגַּלֵּיתִי הִתְגַּלִּיתִי	הִגְלֵיתִי הִגְלִיתִי	הָגְלֵיתִי	הִשְׁתַּחֲוִיתִי
Pl. 3. c.	הִתְגַּלּוּ	הִגְלוּ[1]	הָגְלוּ	הִשְׁתַּחֲווּ
2. M.	הִתְגַּלֵּיתֶם הִתְגַּלִּיתֶם	הִגְלֵיתֶם הִגְלִיתֶם	הָגְלֵיתֶם	הִשְׁתַּחֲוִיתֶם
2. F.	הִתְגַּלֵּיתֶן הִתְגַּלִּיתֶן	הִגְלֵיתֶן הִגְלִיתֶן	הָגְלֵיתֶן	הִשְׁתַּחֲוִיתֶן
1. c.	הִתְגַּלִּינוּ	הִגְלִינוּ	הָגְלֵינוּ	הִשְׁתַּחֲוִינוּ
Inf. cstr.	הִתְגַּלּוֹת	הַגְלוֹת	הָגְלוֹת	הִשְׁתַּחֲוֹת
abs.	הִתְגַּלֵּה	הַגְלֵה	הָגְלֵה	
Part.	מִתְגַּלֶּה	מַגְלֶה	מָגְלֶה	מִשְׁתַּחֲוֶה

[1]) Daneben הִגְלָיוּ.   [2]) Daneben הָגְלָה usw.   [3]) Auch הִשְׁתַּחֲוִיתָ usw.

Grundstamm	1. c. Sg.	2. M. Sg.	2. F. Sg.	3. M. Sg.
Imperf. Sg. 3. M.	יִקְטְלֵנִי יִלְבָּשֵׁנִי	יִקְטָלְךָ יִלְבָּשְׁךָ	יִקְטְלֵךְ יִלְבָּשֵׁךְ	יִקְטְלֵהוּ יִלְבָּשֵׁהוּ
Energ.[1]	יִקְטְלֶנִּי יִלְבָּשֶׁנִּי	יִקְטְלֶךָּ יִלְבָּשֶׁךָּ		יִקְטְלֶנּוּ יִלְבָּשֶׁנּוּ
Pl. 3. M.	יִקְטְלוּנִי יִלְבָּשׁוּנִי	יִקְטְלוּךָ יִלְבָּשׁוּךָ	יִקְטְלוּךְ יִלְבָּשׁוּךְ	יִקְטְלוּהוּ יִלְבָּשׁוּהוּ
Perf. Sg. 3. M.	קְטָלֵנִי לְבֵשַׁנִי	קְטָלְךָ לְבֵשְׁךָ	קְטָלֵךְ לְבֵשֵׁךְ	קְטָלוֹ ,קְטָלָהוּ לְבֵשׁוֹ
3. F.	קְטָלַתְנִי	קְטָלַתְךָ	קְטָלָתֶךְ	קְטָלַתּוּ ,קְטָלַתְהוּ
2. M.	קְטַלְתַּנִי			קְטַלְתּוֹ
2. F./1. c.	2. F. קְטַלְתִּינִי	1. c. קְטַלְתִּיךָ	1. c. קְטַלְתִּיךְ	קְטַלְתִּיהוּ [2]
Pl. 3. c.	קְטָלוּנִי	קְטָלוּךָ	קְטָלוּךְ	קְטָלוּהוּ
1. c.	2. M. קְטַלְתּוּנִי	קְטַלְנוּךָ	קְטַלְנוּךְ	קְטַלְנוּהוּ
Imp. Sg. 2. M.	קָטְלֵנִי לְבָשֵׁנִי			קָטְלֵהוּ לְבָשֵׁהוּ
Energ.				לְבָשֶׁנּוּ
Pl. 2. M.	קִטְלוּנִי לְבָשׁוּנִי			קִטְלוּהוּ לְבָשׁוּהוּ
Inf.	קָטְלִי קָטְלֵנִי	קָטָלְךָ קָטְלְךָ[3]	קָטְלֵךְ	קָטְלוֹ
Pi.: Imperf. Sg. 3. M.	יְקַטְּלֵנִי	יְקַטֶּלְךָ	יְקַטְּלֵךְ	יְקַטְּלֵהוּ
Perf. Sg. 3. M.	קִטְּלַנִי	קִטֶּלְךָ	קִטְּלֵךְ	קִטְּלוֹ
Hi.: Imperf. Sg. 3. M.	יַקְטִילֵנִי	יַקְטִילְךָ	יַקְטִילֵךְ	יַקְטִילֵהוּ
Perf. Sg. 3. M.	הִקְטִילַנִי	הִקְטִילְךָ	הִקְטִילֵךְ	הִקְטִילוֹ

[1]) Vornehmlich in der Pausa. [2]) קְטַלְתִּיו nur in 1. c. Sg. [3]) P. קָטְלֶךָ

3. F. Sg.	1. c. Pl.	2. M. Pl.	3. M. Pl.	3. F. Pl.
יִקְטְלֶהָ ,יִקְטְלָהּ	יִקְטְלֵנוּ		יִקְטְלֵם	
יִלְבָּשֶׁהָ ,יִלְבָּשָׁהּ	יִלְבָּשֵׁנוּ	יִלְבַּשְׁכֶם	יִלְבָּשֵׁם	
יִקְטְלֶנָּה				
יִלְבָּשֶׁנָּה				
יִקְטְלוּהָ	יִקְטְלוּנוּ	יִקְטְלוּכֶם	יִקְטְלוּם	יִקְטְלוּן
יִלְבָּשׁוּהָ	יִלְבָּשׁוּנוּ		יִלְבָּשׁוּם	יִלְבָּשׁוּן
קְטָלָהּ	קְטָלָנוּ		קְטָלָם	קְטָלָן
לְבֵשָׁהּ	לְבֵשָׁנוּ		לְבֵשָׁם	לְבֵשָׁן
קְטָלַתָּה	קְטָלַתְנוּ		קְטָלָתַם	קְטָלָתַן
קְטַלְתָּהּ	קְטַלְתָּנוּ		קְטַלְתָּם	קְטַלְתָּן
קְטַלְתִּיהָ	2. F. קְטַלְתִּינוּ		קְטַלְתִּים	קְטַלְתִּין
קְטָלוּהָ	קְטָלוּנוּ		קְטָלוּם	קְטָלוּן
קְטַלְנוּהָ			קְטַלְנוּם	קְטַלְנוּן
קָטְלֶהָ ,קָטְלָהּ	קָטְלֵנוּ		קָטְלֵם	
לְבָשֶׁהָ ,לְבָשָׁהּ	לְבָשֵׁנוּ		לְבָשֵׁם	
לְבָשֶׁנָּה				
קִטְלוּהָ	קִטְלוּנוּ		קִטְלוּם	קִטְלוּן
לִבְשׁוּהָ	לִבְשׁוּנוּ		לִבְשׁוּם	לִבְשׁוּן
קָטְלָהּ	קָטְלֵנוּ	קָטְלְכֶם קְטָלְכֶם	קָטְלָם	קָטְלָן
יְקַטְּלֶהָ ,יְקַטְּלָהּ	יְקַטְּלֵנוּ	יְקַטֶּלְכֶם	יְקַטְּלֵם	
קַטְּלָהּ	קַטְּלָנוּ		קַטְּלָם	קַטְּלָן
יַקְטִילֶהָ ,־לָהּ	יַקְטִילֵנוּ		יַקְטִילֵם	
הִקְטִילָהּ	הִקְטִילָנוּ		הִקְטִילָם	הִקְטִילָן

Berichtigungen und Nachträge zum ersten Band

Berichtigungen

S. **25**, Z. 7: lies *b,ḇ*. — S. **27**, Z. 2: lies וְנֹמֵר. — S. **28**, Z. 31: lies „1. Das Ugar.“ — S. **33**, Z. 18: lies קְטַל. — S. **39**, Z. 20 lies תֹּאכַלְנָּה *tōḵᵃlænnå*. — S. **40**, Z. 22: lies מַפִּיק. — S. **41**, Z. 9: lies „wir gaben“. — S. **41**, Z. 28: lies *’åṯē*. — S. **42**, Z. 16: lies *’árṣå*. — S. **44**, Z. 29: lies בּ̈. — S. **47**, Z. 6: lies מִן־. — S. **47**, Z. 31: lies הָאָדָם. — S. **48**, Z. 32: lies **hammᵉḏabbᵉrīm*. — S. **50**, Z. 1: lies יִשְׁמָעֵאל. — S. **57**, Z. 25: lies וַיֵּבְךְּ. — S. **61**, Z. 16: lies *ṯ*. — S. **62**, Z. 22: lies **qara’tī*. — S. **66**, Z. 9: lies <**i̯i̯i̯ṭab*. — S. **73**, Z. 4: lies **hizdakkū*. — S. **73**, Z. 7: lies **gᵉnåḇáṯhū*. — S. **73**, Z. 8: lies **ᵃḥåzáṯhå*. — S. **73**, Z. 20: lies P. תִּתַּמָּם. — S. **74**, Z. 21: lies P. תִּשְׁכֹּנָּה „sie (F.) werden wohnen“ (Ez. 17, 23). — S. **81**, Z. 1: lies **u̯ai̯i̯ᵉhī*. — S. **81**, Z. 4: lies הַמְּלָכִים. — S. **81**, Z. 11f.: streiche „מְלָאכָה (babyl. *mälāḵā*, MB. 73) ‚Arbeit‘ “ und lies „so bei den sogenannten umgekehrten Segolaten, z. B. דְּבַשׁ ‚Honig‘ (§ 52, 5)“. — S. **82**, Z. 19: lies וַיֵּבְךְּ. — S. **86**, Z. 10: lies **pīi̯*. — S. **89**, Z. 21: lies לָ֫מָּה. — S. **91**, Z. 5: lies זֶה statt זֹה. — S. **96**, Z. 24: lies כֶּ֫לֶב. — S. **99**, Z. 1: lies בָּקָר. — S. **108**, Z. 6: lies תְּפִלָּה. — S. **116**, Z. 16: lies אֱלֹהִים. — S. **116**, Z. 25: lies דְּבַר. — S. **117**, Z. 6: lies אַפַּיִם. — S. **122**, Z. 12: lies פִּי <**pīi̯* <**pīi̯a*. — S. **123**, Z. 24: lies סוּסוֹתֶיךָ. — S. **124**, Z. 18: אֱלֹהֵימוֹ. — S. **125**, Z. 25: lies שֶׁ֫בַע, שְׁבַעַיִם. — S. **126**, Z. 4: lies זִכָּרוֹן. — S. **129**, Z. 25: lies Ultimavokals. — S. **130**, Z. 31: lies יְרֵכַ֫יִם. — S. **131**, Z. 30: lies מַעַלְלֵיכֶם. — S. **134**, Z. 7: lies קֶצְפְּךָ. — S. **138**, Z. 8: lies סֲבָךְ־. — S. **138**, Z. 19: lies נְרָדִים. — S. **139**, Z. 11: lies שָׂ֫דֵנוּ. — S. **147**, Z. 10: lies רִאשׁוֹן. — S. **151**, Z. 6: lies שְׁתֵּים עֶשְׂרֵה. — S. **152**, Z. 19: lies אַלְפַּ֫יִם, P. אַלְפָּ֫יִם. — S. **152**, Z. 20: lies עֲשֶׂרֶת. — S. **154**, Z. 13: lies חֲמִשִּׁית.

Nachträge

S. **12**, Z. 15ff.: Zu den Beziehungen zwischen semitischen und hamitischen Sprachen vgl. besonders O. Rössler, Verbalbau und Verbalflexion in den semitohamitischen Sprachen (Zeitschrift der Deutschen Morgenländischen Gesellschaft 100 [1951], 461–516). — S. **14**, Z. 12ff.: Die Annahme eines Präs-Fut. im Ugar., d. h. also auf alt-westsem. Sprachstufe, erfährt jetzt durch die erwähnten Untersuchungen O. Rösslers eine wesentliche Stütze. — S. **17**, Z. 5ff.: Zum Ugar. vgl. jetzt auch, allerdings mit Vorbehalt, J. Aistleitner, Untersuchungen zur Grammatik des Ugaritischen (Berichte über die Verhandlungen der Sächsischen Akademie der Wissenschaften, Phil.-hist. Klasse 100, 6 [1954]). — S. **17**, Z. 20: Außerdem ist das Ostkanaanäische zu erwähnen, die allerdings auch nicht annähernd mehr greifbare Muttersprache der die altbabylonische Dynastie begründenden Westsemiten; vgl. Th. Bauer, Die Ostkanaanäer (1926). — S. **22**, Z. 24: streiche „des Ben Ascher-Musterkodex aus Aleppo" und lies „von Ben Ascher-Handschriften"; vgl. hierzu E. Würthwein, Der Text des Alten Testaments (1952), 31f.: P. Kahle, The Text of the Ben Asher Bible (Donum Natalicium H. S. Nyberg Oblatum [Uppsala 1955], 161–170). — S. **23**, Z. 7ff.: Vgl. hierzu jetzt auch F. M. Cross, The Evolution of the Proto-Canaanite Alphabet (Bulletin of the American Schools of Oriental Research 133 [1954], 15–24). — S. **64**, Z. 6ff.: Zur Entwicklung der Vokalbuchstaben im westsemitischen Sprachbereiche vgl. jetzt R. Meyer, Die Bedeutung der linearen Vokalisation für die hebräische Sprachgeschichte (Wissenschaftliche Zeitschrift der Universität Leipzig 3 [1953–54], 85–94). — S. **106**, Z. 1ff.: Vgl. zum Folgenden W. Baumgartner, Das hebr. Nominalpräfix *mi-* (Theologische Zeitschrift 9 [Basel 1953] 154–157). — S. **147**, Z. 1f.: In פִּים liegt eher eine Sg.-Bildung „Zweidrittel eines Sekels" (1 S. 13, 21) vor; vgl. Koehler, 759; S. Dahood, S. J., The Catholic Biblical Quarterly 16 (1954), 65. Streiche daher „teils פִּים <*pīma (1 S. 13, 21), teils".

Geisteswissenschaften

Philosophie

Einführung in die Philosophie von *H. Leisegang*†. 3. Aufl. 145 S. 1957 *(281)*

Hauptprobleme der Philosophie von *G. Simmel* †. 7., unveränd. Aufl. 177 S. 1950 *(500)*

Geschichte der Philosophie

I: Die Griechische Philosophie von *W. Capelle*. 1. Teil. Von Thales bis Leukippos. 2., erw. Aufl. 135 S. 1953 *(857)*

II: Die griechische Philosophie von *W. Capelle*. 2. Teil. Von der Sophistik bis zum Tode Platons. 2., stark erw. Aufl. 144 S. 1953 *(858)*

III: Die griechische Philosophie von *W. Capelle*. 3. Teil. Vom Tode Platons bis zur Alten Stoa. 2., stark erw. Aufl. 132 S. 1954. *(859)*

IV: Die griechische Philosophie von *W. Capelle*. 4. Teil. Von der Alten Stoa bis zum Eklektizismus im 1. Jh. v. Chr. 2., stark erw. Aufl. 132 S. 1954 *(863)*

V: Die Philosophie des Mittelalters von *J. Koch*. In Vorb. *(826)*

VI: Von der Renaissance bis Kant von *K. Schilling*. 234 S. 1954 *(394/394a)*

VII: Immanuel Kant von *G. Lehmann*. In Vorb. *(536)*

VIII: Die Philosophie des 19. Jahrhunderts von *G. Lehmann*. 1. Teil. 151 S. 1953 *(571)*

IX: Die Philosophie des 19. Jahrhunderts von *G. Lehmann*. 2. Teil. 168 S. 1953 *(709)*

X: Die Philosophie im ersten Drittel des 20. Jahrhunderts I von *G. Lehmann*. 128 S. 1957 *(845)*

Die geistige Situation der Zeit (1931) von *K. Jaspers*. 4., unveränd. Abdruck der 1932 bearb. 5. Aufl. 211 S. 1955 *(1000)*

Erkenntnistheorie von *G. Kropp*. 1. Teil: Allgemeine Grundlegung. 143 S. 1950 *(807)*

Formale Logik von *P. Lorenzen*. 170 S. 1958 *(1176/1176a)*

Philosophisches Wörterbuch von *M. Apel*†. 5. Aufl., neub. von *P. Ludz*. 315 S. 1958 *(1031/1031a)*

Philosophische Anthropologie. Menschliche Selbstdeutung in Geschichte und Gegenwart von *M. Landmann*. 266 S. 1955 *(156/156a)*

Pädagogik, Psychologie Soziologie

Geschichte der Pädagogik von *Herm. Weimer*. 12., neub. u. verm. Aufl. von *Heinz Weimer*. 177 S. 1956 *(145)*

Therapeutische Psychologie. Ihr Weg durch die Psychoanalyse von *W. M. Kranefeldt*. Mit einer Einführung von *C. G. Jung*. 3., unveränd. Aufl. 152 S. 1956 *(1034)*

Allgemeine Psychologie von *Th. Erismann*. 3 Bde.

I: Grundprobleme. 2., neub. Aufl. 144 S. 1958 *(831)*

Soziologie. Geschichte und Hauptprobleme von *L. von Wiese*. 5. Aufl. 162 S. 1954 *(101)*

Sozialpsychologie von *P. R. Hofstätter*. 181 S., 15 Abb., 22 Tab. 1956 *(104/104a)*

Psychologie des Berufs- und Wirtschaftslebens von *W. Moede*. 190 S., 48 Abb. 1958 *(851/851a)*

Industrie- und Betriebssoziologie von *R. Dahrendorf*. 120 S. 1956 *(103)*

Religionswissenschaften

Jesus von *M. Dibelius*†. 2. Aufl. Unveränd. Nachdr. 137 S. 1949 *(1130)*

Paulus von *M. Dibelius*†. Nach dem Tode des Verfassers herausgegeben und zu Ende geführt von *W. G. Kümmel*. 2. Aufl. 155 S. 1956 *(1160)*

Römische Religionsgeschichte von *F. Altheim*. 2 Bde. 2., umgearb. Aufl.

I: Grundlagen und Grundbegriffe. 116 S. 1956 *(1035)*

II: Der geschichtliche Ablauf. 164 S. 1956 *(1052)*

Geschichte Israels von *E. L. Ehrlich*. 158 S., 1 Taf. 1958 *(231/231a)*

Musik

Musikästhetik von *H. J. Moser.* 180 S. 1953 *(344)*

Systematische Modulation von *R. Hernried.* 2. Aufl. 136 S. 1950 *(1094)*

Der polyphone Satz von *E. Pepping.* 2 Bde.

1. Teil: Der cantus-firmus-Satz. 2. Aufl. 223 S. 1950 *(1148)*

2. Teil: Übungen im doppelten Kontrapunkt und im Kanon. 137 S. 1957 *(1164/1164a)*

Allgemeine Musiklehre von *H. J. Moser.* 2., durchges. Aufl. 155 S. 1955 *(220/220a)*

Harmonielehre von *H. J. Moser.* 2 Bde. I: 109 S. 1954 *(809)*

Die Musik des 19. Jahrhunderts von *W. Oehlmann.* 180 S. 1953 *(170)*

Die Musik des 20. Jahrhunderts von *W. Oehlmann.* 1958 In Vorb. *(171/171a)*

Technik der deutschen Gesangskunst von *H. J. Moser.* 3., durchges. und verb. Aufl. 144 S., 5 Fig. 1954 *(576/576a)*

Die Kunst des Dirigierens von *H. W. von Waltershausen†.* 2. Aufl. 138 S. 1954 *(1147)*

Die Technik des Klavierspiels aus dem Geiste des musikalischen Kunstwerkes von *K. Schubert†* 3. Aufl. 110 S. 1954 *(1045)*

Kunst

Stilkunde von *H. Weigert.* 2 Bde. 3., durchges. Aufl.

I: Vorzeit, Antike, Mittelalter. 136 S., 94 Abb. 1958 *(80)*

II: Spätmittelalter und Neuzeit. 150 S., 88 Abb. *(Bd. 781)*

Archäologie von *A. Rumpf.* 2 Bde.

I: Einleitung, historischer Überblick. 143 S., 6 Abb., 12 Taf. 1953 *(538)*

II: Die Archäologensprache. Die antiken Reproduktionen. 136 S., 7 Abb., 12 Taf. 1956 *(539)*

Geschichte

Einführung in die Geschichtswissenschaft von *P. Kirn.* 2. Aufl. 121 S. 1952 *(270)*

Zeitrechnung d. röm. Kaiserzeit, des Mittelalters und der Neuzeit für die Jahre 1—2000 n. Chr. von *H. Lietzmann†.* 3. Aufl., durchges. von *K. Aland.* 130 S. 1956 *(1085)*

Kultur der Urzeit von *F. Behn.* 3 Bde. 4. Aufl. der „Kultur der Urzeit" Bd. I—III von *M. Hoernes.*

I: Die vormetallischen Kulturen. (Die Steinzeiten Europas. Gleichartige Kulturen in anderen Erdteilen.) 172 S., 48 Abb. 1950 *(564)*

II: Die älteren Metallkulturen. (Der Beginn der Metallbenutzung. Kupfer- und Bronzezeit in Europa, im Orient und in Amerika). 160 S., 67 Abb. 1950 *(565)*

III: Die jüngeren Metallkulturen. (Das Eisen als Kulturmetall. Hallstatt-Latène-Kultur in Europa. Das erste Auftreten des Eisens in den anderen Erdteilen.) 149 S., 60 Abb. 1950 *(566)*

Vorgeschichte Europas von *F. Behn.* Völlig neue Bearbeitung der 7. Aufl. der „Urgeschichte der Menschheit" von *M. Hoernes.* 125 S., 47 Abb. 1949 *(42)*

Der Eintritt der Germanen in die Geschichte von *J. Haller.* 3. Aufl., durchges. von *H. Dannenbauer.* 120 S., 6 Ktnskizz. 1957 *(1117)*

Von den Karolingern zu den Staufern von *J. Haller †.* Die altdeutsche Kaiserzeit (900—1250). 4., durchges. Aufl. von *H. Dannenbauer.* 142 S. 1958 *(1065)*

Deutsche Geschichte im Zeitalter der Reformation, der Gegenreformation und des 30jährigen Krieges von *F. Hartung.* 129 S. 1951 *(1105)*

Deutsche Geschichte von 1648 bis 1740 von *W. Treue.* 120 S. 1956 *(35)*

Deutsche Geschichte von 1713 bis 1806 von *W. Treue.* 168 S. 1957 *(39)*

Quellenkunde der deutschen Geschichte im Mittelalter (bis zur Mitte des 15. Jahrhunderts) von *K. Jacob†.* 3 Bde.

II: Die Kaiserzeit (911—1250). 4. Aufl. 127 S. 1949 *(280)*

III: Das Spätmittelalter (vom Interregnum bis 1500). Herausgeg. von *F. Weden.* 152 S. 1952 *(284)*

Geschichte Englands von *H. Preller.*

I: bis 1815. 3., stark umgearb. Aufl. 135 S., 7 Stammtaf., 2 Ktn. 1952 *(375)*

II: von 1815 bis 1910. 2., völlig

umgearb. Aufl. 118 S., 1 Stammtaf., 7 Ktn. 1954 *(1088)*

Römische Geschichte von *F. Altheim.* 4 Bde. 2., verb. Aufl.

I: Bis zur Schlacht bei Pydna (168 v. Chr.). 123 S. 1956 *(19)*

II: Bis zur Schlacht bei Actium (31 v. Chr.). 130 S. 1956 *(677)*

III: Bis zur Schlacht an der Milvischen Brücke (312 n. Chr.). 144 S. 1958 *(679)*

Geschichte der Vereinigten Staaten von Amerika von *O. Graf zu Stolberg-Wernigerode.* 192 S., 10 Ktn. 1956 *(1051/1051 a)*

Deutsche Sprache und Literatur

Geschichte der deutschen Sprache v. *H. Sperber.* 2. Aufl., durchges. v. *W. Fleischhauer.* 128 S. 1958. *(915)*

Deutsches Rechtschreibungswörterbuch von *M. Gottschald.* 2., verb. Aufl. 269 S. 1953 *(200/200 a)*

Deutsche Wortkunde. Eine kulturgeschichtliche Betrachtung des deutschen Wortschatzes von *A. Schirmer.* 3., durchges. Aufl. 109 S. 1949 *(929)*

Deutsche Sprachlehre von *W. Hofstaetter.* 9., neubearb. Aufl. von *G. Spree.* 144 S. 1953 *(20)*

Stimmkunde für Beruf, Kunst und Heilzwecke von *H. Biehle.* 111 S. 1955 *(60)*

Redetechnik. Einführung in die Rhetorik von *H. Biehle.* 115 S. 1954 *(61)*

Sprechen und Sprachpflege (Die Kunst des Sprechens) v. *H. Feist.* 2., verb. Aufl. 99 S., 25 Abb. 1952 *(1122)*

Deutsches Dichten und Denken von der germanischen bis zur staufischen Zeit von *H. Naumann.* (Deutsche Literaturgeschichte vom 5.—13. Jahrhundert). 2., verb. Aufl. 166 S. 1952 *(1121)*

Deutsches Dichten und Denken vom Mittelalter zur Neuzeit von *G. Müller* (1270—1700). 2., durchges. Aufl. 159 S. 1949 *(1086)*

Deutsches Dichten und Denken von der Aufklärung bis zum Realismus von *K. Viëtor*† (1700—1890). 3., durchges. Aufl. von *G. Erdmann.* 1 9 S. 1958 *(1096)*

Der Nibelunge Nôt in Auswahl mit kurzem Wörterbuch von *K. Langosch.* 10., durchges. Aufl. 164 S. 1956 *(1)*

Kudrun- und Dietrich-Epen in Auswahl mit Wörterbuch von *O. L. Jiriczek.* 6. Aufl. bearb. von *R. Wisniewski.* 173 S. 1957. *(10)*

Wolfram von Eschenbach. Parzival. Eine Auswahl mit Anmerk. und Wörterbuch. Von *H. Jantzen.* 2. Aufl., bearb. von *H. Kolb.* 128 S. 1957 *(921)*

Hartmann von Aue von *F. Maurer.* 1958. In Vorb. *(18)*

Die deutschen Personennamen von *M. Gottschald.* 2., verb. Aufl. 151 S. 1955 *(422)*

Althochdeutsches Elementarbuch von *H. Naumann*† und *W. Betz.* 2. Aufl. 156 S. 1954 *(1111)*

Mittelhochdeutsche Grammatik von *H. de Boor* und *R. Wisniewski.* 141 S. 1956 *(1108)*

Indogermanisch, Germanisch

Gotisches Elementarbuch. Grammatik, Texte mit Übersetzung und Erläuterungen von *H. Hempel.* 2., umgearb. Aufl. 165 S. 1953 *(79)*

Indogermanische Sprachwissenschaft von *H. Krahe.* 2 Bde. 3. Aufl.

I: Einleitung und Lautlehre. 106 S. 1958. *(59)*

Germanische Sprachwissenschaft von *H. Krahe.* 2 Bde. 3., neub. Aufl.

I: Einleitung und Lautlehre. 147 S. 1956 *(238)*

II: Formenlehre. 149 S. 1957 *(780)*

Altnordisches Elementarbuch von *F. Ranke.* Schrifttum, Sprache, Texte mit Übersetzung und Wörterbuch. 2., durchges. Aufl. 146 S. 1949 *(1115)*

Englisch, Französisch Italienisch

Altenglisches Elementarbuch von *M. Lehnert.* Einführung, Grammatik, Texte mit Übersetzung und Wörterbuch. 3., verb. Aufl. 178 S. 1955 *(1125)*

Historische neuenglische Laut- und Formenlehre von *E. Ekwall.* 3., durchges. Aufl. 150 S. 1956 *(735)*

Englische Phonetik von *H. Mutschmann*†. 117 S. 1956 *(601)*

Englische Literaturgeschichte. 4 Bde.
I: Die alt- und mittelenglische Periode v. *F. Schubel*. 163 S. 1954 *(1114)*
II: Von der Renaissance bis zur Aufklärung von *F. Schubel*. 160 S. 1956 *(1116)*
III: Romantik und Viktorianismus v. *P. Meissner*†. 150 S. 1938 *(1124)*
IV: Das 20. Jahrhundert von *P. Meissner*†. 150 S. 1939 *(1136)*
Beowulf von *M. Lehnert*. Eine Auswahl mit Einführung, teilweiser Übersetzung, Anmerkungen und etymologischem Wörterbuch. 2., verb. Aufl. 135 S. 1949 *(1135)*
Shakespeare von *P. Meissner*†. 2. Aufl. neubearb. von *M. Lehnert*. 136 S. 1954 *(1142)*
Italienische Literaturgeschichte von *K. Vossler*†. Unveränd. Nachdr. der 1927 erschien. 4., durchges. und verb. Aufl. 148 S. 1948 *(125)*
Romanische Sprachwissenschaft von *H. Lausberg*. 2 Bde. 1956.
I: Einleitung und Vokalismus. 160 S. *(128/128a)*
II: Konsonantismus. 95 S. *(250)*

Griechisch, Lateinisch

Griechische Sprachwissenschaft von *W. Brandenstein*. 2 Bde.
I: Einleitung, Lautsystem, Etymologie. 160 S. 1954 *(117)*
Geschichte der griechischen Sprache. 2 Bde.
I: Bis zum Ausgang der klassischen Zeit von *O. Hoffmann*†. 3. Aufl. bearb. von *A. Debrunner*†. 156 S. 1954 *(111)*
II: Grundfragen und Grundzüge des nachklass. Griechisch. Von *A. Debrunner*. 144 S. 1954 *(114)*†
Geschichte der lateinischen Sprache von *F. Stolz*†. 3., stark umgearb. Auflage von *A. Debrunner*†. 136 S. 1953 *(492)*

Hebräisch, Sanskrit, Russisch

Hebräische Grammatik von *G. Beer*†. 2 Bde. 2., völlig neub. Aufl. von *R. Meyer*.
I: Schrift-, Laut- und Formenlehre I. 157 S. 1952 *(763/763a)*
II: Formenlehre II. Syntax und Flexionstabellen. 195 S. 1955 *(764/764a)*
Sanskrit-Grammatik von *M. Mayrhofer*. 89 S. 1953 *(1158)*
Russische Grammatik von *E. Berneker*. 6., unveränd. Aufl. von *M. Vasmer*. 155 S. 1947 *(66)*

Erd- und Länderkunde

Afrika von *F. Jaeger*. Ein geograph. Überblick. 2 Bde. 2., umgearb. Aufl.
I: Der Lebensraum. 179 S., 18 Abb. 1954 *(910)*
II: Mensch und Kultur. 152 S., 6 Abb. 1954 *(911)*
Australien und Ozeanien von *H. J. Krug*. 176 S., 46 Skizz. 1953 *(319)*
Kartenkunde von *M. Eckert-Greifendorff*†. 3., durchges. Aufl. von *W. Kleffner*. 149 S., 63 Abb. 1950 *(30)*

Volkswirtschaft, Publizistik

Allgemeine Betriebswirtschaftslehre von *K. Mellerowicz*. 3 Bde. 9., unveränd. Aufl.
I: 142 S. 1956 *(1008)*
II: 112 S. 1956 *(1153)*
III: 143 S. 1956 *(1154)*
Allgemeine Volkswirtschaftslehre von *A. Paulsen*. 4 Bde. 2., durchges. u. erg. Aufl.
I: Grundlegung, Wirtschaftskreislauf. 140 S. 1958 *(Bd. 1169)*
II: Haushalte, Unternehmungen, Marktformen. 163 S. 32 Abb. 1958 *(1170)*
Zeitungslehre von *E. Dovifat*. 2 Bde. 3., neubearb. Aufl.
I: Theoretische und rechtliche Grundlagen — Nachricht und Meinung — Sprache und Form. 148 S. 1955 *(1039)*
II: Redaktion — Die Sparten Verlag und Vertrieb, Wirtschaft und Technik, Sicherung der öffentlichen Aufgabe. 158 S. 1955 *(1040)*

Naturwissenschaften

Mathematik

Geschichte der Mathematik von *J. E. Hofmann*. 3 Bde.
I: Von den Anfängen bis zum Auftreten von Fermat und Descartes. 200 S. 1953 *(226)*
II: Von Fermat und Descartes bis zur Erfindung des Calculus und bis zum Ausbau der neuen Methoden. 109 S. 1957 *(875)*
III: Von den Auseinandersetzungen um den Calculus bis zur Französischen Revolution. 107 S. 1957 *(882)*

Mathematische Formelsammlung von *F. Ringleb*. Vollst. umgearb. Neuausg. des Werkes von *O. Th. Bürklen*. 6., erw. Aufl. 278 S., 53 Fig. 1956 *(51/51a)*

Fünfstellige Logarithmen von *A. Adler*. Mit mehreren graphischen Rechentafeln und häufig vorkommenden Zahlwerten. 2. Aufl. Neudr. 127 S., 1 Taf. 1949 *(423)*

Arithmetik von *P. B. Fischer* †. 3. Aufl. von *H. Rohrbach*. 152 S. 1958 *(47)*

Höhere Algebra von *H. Hasse*. 2 Bde. 4., durchges. Aufl.
I: Lineare Gleichungen. 152 S. 1957 *(931)*
II: Gleichungen höheren Grades. 158 S., 5 Fig. 1958 *(932)*

Aufgabensammlung zur höheren Algebra von *H. Hasse* und *W. Klobe*. 2., verb. und verm. Aufl. 181 S. 1952 *(1082)*

Elementare und klassische Algebra vom modernen Standpunkt von *W. Krull*. 2 Bde. 2., erw. Aufl.
I: 136 S. 1952 *(930)*
II: In Vorb. 1958 *(933)*

Einführung in die Zahlentheorie von *A. Scholz* †. Überarb. und herausgeg. von *B. Schoeneberg*. 2. Aufl. 128 S. 1955 *(1131)*

Elemente der Funktionentheorie von *K. Knopp* †. 4. Aufl. 144 S., 23 Fig. 1955 *(1109)*

Funktionentheorie von *K. Knopp* †. 2 Bde.
I: Grundlagen der allgem. Theorie der analytischen Funktionen. 9., neub. Aufl. 144 S., 8 Fig. 1957 *(668)*
II: Anwendungen und Weiterführung der allgemeinen Theorie. 8./9. Aufl. 130 S., 7 Fig. 1955 *(703)*

Aufgabensammlung zur Funktionentheorie von *K. Knopp* †. 2 Bde.
I: Aufgaben zur elementaren Funktionentheorie. 5. Aufl. 135 S. 1958 *(877)*
II: Aufgaben zur höheren Funktionentheorie. 4. Aufl. 151 S. 1949 *(878)*

Gewöhnliche Differentialgleichungen von *G. Hoheisel*. 5., durchges. Aufl. 129 S. 1956 *(920)*

Partielle Differentialgleichungen v. *G. Hoheisel*. 3., neub. Aufl. 130 S. 1953 *(1003)*

Aufgabensammlung zu den gewöhnlichen und partiellen Differentialgleichungen von *G. Hoheisel*. 2., umgearb. Aufl. 124 S. 1952 *(1059)*

Integralgleichungen von *G. Hoheisel*. 2., durchges. Aufl. 1958 In Vorb. *(1099)*

Mengenlehre von *E. Kamke*. 3., neub. Auflage. 194 S., 6 Fig. 1955 *(999/999a)*

Gruppentheorie von *L. Baumgartner*. 3., neub. Aufl. 1958. In Vorb. *(837/837a)*

Ebene und sphärische Trigonometrie von *G. Hessenberg*. 5. Aufl., durchges. von *H. Kneser*. 172 S., 60 Fig. 1957 *(99)*

Darstellende Geometrie von *W. Haack*. 3 Bde.
I: Die wichtigsten Darstellungsmethoden. Grund- und Aufriß ebenflächiger Körper. 2., durchges. u. erg. Aufl. 113 S. 1958 *(142)*
II: Körper mit krummen Begrenzungsflächen. Kotierte Projektionen. 129 S., 86 Abb. 1954 *(143)*
III: Axonometrie und Perspektive. 127 S., 100 Abb. 1957 *(144)*

Analytische Geometrie von *K. P. Grotemeyer*. 201 S., 73 Abb. 1958 *(65/65a)*

Sammlung von Aufgaben und Beispielen zur analytischen Geometrie der Ebene von *R. Haussner* †. Mit den vollständigen Lösungen. 139 S., 22 Fig. Neudr. 1949 *(256)*

Nichteuklidische Geometrie. Hyperbolische Geometrie der Ebene. Von *R. Baldus*†. 3., verb. Aufl., durchges. und herausgeg. von *F. Löbell*. 140 S., 70 Fig. 1953 *(970)*

Differentialgeometrie von *K. Strubecker* (früher Rothe). 3 Bde.
I: Kurventheorie der Ebene und des Raumes. 150 S., 18 Fig. 1955 *(1113/1113a)*
II: Theorie der Flächenmetrik. 195 S., 14 Fig. 1958 *(1179/1179a)*
III: Theorie der Flächenkrümmung. 1958 In Vorb. *(1180/1180a)*

Einführung in die konforme Abbildung von *L. Bieberbach*. 5., erw. Aufl. 180 S., 42 Fig. 1956 *(768/768a)*

Vektoren und Matrizen von *S. Valentiner*. 8., erw. Aufl. der „Vektoranalysis". Mit Anh.: Aufgaben zur Vektorrechnung von *H. König*. 202 S., 35 Fig. 1958 *(354/354a)*

Vermessungskunde von *P. Werkmeister*. 3 Bde.
I: Stückmessung und Nivellieren. 10., völl. neub. Aufl. von *W. Grossmann*. 140 S., 117 Fig. 1958 *(468)*
II: Messung von Horizontalwinkeln. Festlegung von Punkten im Koordinatensystem. Absteckungen. 7. Aufl. 151 S., 93 Fig. 1949 *(469)*
III: Trigonometrische und barometrische Höhenmessung. Tachymetrie und Topographie. 6. Aufl. 147 S., 64 Fig. 1949 *(862)*

Versicherungsmathematik von *F. Böhm*. 2 Bde.
I: Elemente der Versicherungsrechnung. 3., verm. und verb. Aufl. Durchges. Neudr. 151 S. 1954 *(180)*
II: Lebensversicherungsmathematik. Einführung in die technischen Grundlagen der Sozialversicherung. 2., verb. Aufl. 205 S. 1953 *(917/917a)*

Physik

Einführung in die theoretische Physik von *W. Döring*. 5 Bde.
I: Mechanik. 119 S., 29 Abb. 1954 *(76)*
II: Das elektromagnetische Feld. 123 S., 15 Abb. 1955 *(77)*
III: Optik. 117 S., 32 Abb. 1956 *(78)*
IV: Thermodynamik. 107 S., 9 Abb. 1956 *(374)*
V: Statistische Mechanik. 114 S., 12 Abb. 1957 *(1017)*

Atomphysik von *K. Bechert* und *Ch. Gerthsen*†. 7 Bde. 3., umgearb. Aufl.
I: Allgemeine Grundlagen. 1. Teil. 124 S., 55 Abb. 1955 *(1009)*
II: Allgemeine Grundlagen. 2. Teil. 112 S., 48 Abb. 1955 *(1033)*
III: Theorie des Atombaus. 1. Teil. 148 S., 16 Abb. 1954 *(1123/1123a)*
IV: Theorie des Atombaus. 2. Teil. 170 S., 14 Abb. 1954 *(1165/1165a)*

Differentialgleichungen der Physik von *F. Sauter*. 3., durchges. u. erg. Aufl. 147 S., 16 Fig. 1958 *(1070)*

Physikalische Formelsammlung von *G. Mahler*† und *K. Mahler*. 9., durchges. Aufl. 153 S., 69 Fig. 1955 *(136)*

Physikalische Aufgabensammlung von *G. Mahler*†. Neub. von *K. Mahler*. Mit den Ergebn. 9., durchges. Aufl. 127 S., 1957 *(243)*

Chemie

Geschichte der Chemie in kurzgefaßter Darstellung von *G. Lockemann*. 2 Bde.
I: Vom Altertum bis zur Entdekkung des Sauerstoffs. 142 S., 8 Bildn. 1950 *(264)*
II: Von der Entdeckung des Sauerstoffs bis zur Gegenwart. 151 S., 16 Bildn. 1955 *(265/265a)*

Anorganische Chemie von *W. Klemm*. 10., durchges. und erg. Aufl. 185 S., 18 Abb. 1958 *(37)*

Organische Chemie von *W. Schlenk*. 7., erw. Aufl. 269 S., 16 Abb. 1957 *(38/38a)*

Allgemeine und physikalische Chemie von *W. Schulze*. 2 Bde. 4., neubearb. Aufl.
I: 139 S., 10 Fig. 1955 *(Bd. 71)*
II: 176 S., 37 Fig. 1956 *(698/698a)*

Molekülbau. Theoretische Grundlagen und Methoden der Strukturermittlung von *W. Schulze*. 123 S., 43 Fig. 1958 *(Bd. 786)*

Physikalisch-Chemische Rechenaufgaben von *E. Asmus*. 3., verb. Aufl. 96 S. 1958 *(445)*

Analytische Chemie von *J. Hoppe*. 2 Bde. 5., verb. Aufl.

I: Reaktionen. 135 S. 1950 *(247)*
II: Gang der qualitativen Analyse. 166 S. 1950 *(248)*
Maßanalyse. Theorie und Praxis der klassischen und der elektrochemischen Titrierverfahren. Von *G. Jander* und *K. F. Jahr*. 7., erg. Aufl. 303 S., 50 Fig. 1956 *(221/221a)*
Thermochemie von *W. A. Roth*. 2., verb. Aufl. 109 S., 16 Fig. 1952 *(1057)*
Stöchiometrische Aufgabensammlung. Mit den Ergebn. von *W. Bahrdt*† und *R. Scheer*. 6., durchges. Aufl. 118 S. 1957 *(452)*
Elektrochemie und ihre physikalisch-chemischen Grundlagen von *A. Dassler*. 2 Bde.
I: 149 S., 21 Abb. 1950 *(252)*
II: 178 S., 17 Abb. 1950 *(253)*

Technologie

Warenkunde von *K. Hassak*† und *E. Beutel*†. 2 Bde.
I: Anorganische Waren sowie Kohle und Erdöl. 8. Aufl. neubearb. von *A. Kutzelnigg*. 119 S., 17 Fig. 1958 *(222)*
II: Organische Waren. 7. Aufl. neubearb. von *A. Kutzelnigg*. 143 S., 32 Fig. 1949 *(223)*
Die Fette und Öle von *K. Braun*†. 5., völlig neubearb. und verb. Aufl. von *Th. Klug*. 145 S. 1950 *(335)*
Die Seifenfabrikation von *K. Braun*†. 3., neubearb. und verb. Aufl. von *Th. Klug*. 116 S., 18 Abb. 1953 *(336)*
Textilindustrie
I: Spinnerei und Zwirnerei. Von *A. Blümcke*. 111 S., 43 Abb. 1954 *(184)*

Biologie

Einführung in die allgemeine Biologie von *M. Hartmann*. 132 S., 2 Abb. 1956 *(96)*
Hormone von *G. Koller*. 2., neubearb. und erw. Aufl. 187 S., 60 Abb., 19 Tab. 1949 *(1141)*
Fortpflanzung im Tier- und Pflanzenreich von *J. Hämmerling*. 2., erg. Aufl. 135 S., 101 Abb. 1951 *(1138)*
Geschlecht und Geschlechtsbestimmung im Tier- und Pflanzenreich von *M. Hartmann*. 2., verb. Aufl. 116 S., 61 Abb., 7 Tab. 1951 *(1127)*
Grundriß der allgemeinen Mikrobiologie von *W. Schwartz*. 2 Bde.
I: 104 S., 17 Abb. 1949 *(1155)*
II: 93 S., 12 Abb. 1949 *(1157)*
Symbiose der Tiere mit pflanzlichen Mikroorganismen von *P. Buchner*. 2., verb. und verm. Aufl. 130 S. 121 Abb. 1949 *(1128)*

Botanik

Entwicklungsgeschichte des Pflanzenreiches von *H. Heil*. 2. Aufl. 138 S., 94 Abb., 1 Tab. 1950 *(1137)*
Morphologie der Pflanzen von *L. Geitler*. 3. Aufl. 126 S., 114 Abb. 1953 *(141)*
Pflanzengeographie von *L. Diels*†. 5., völl. neub. Aufl. von *F. Mattick*. 196 S., 2 Ktn. 1958 *(389/389a)*
Die Laubhölzer. Kurzgefaßte Beschreibung der in Mitteleuropa gedeihenden Laubbäume und Sträucher. Von *F. W. Neger*† und *E. Münch*†. 3., durchges. Aufl. herausgeg. von *B. Huber*. 143 S., 63 Fig. 7 Tab. 1950 *(718)*
Die Nadelhölzer (Koniferen) und übrigen Gymnospermen von *F. W. Neger*† und *E. Münch*†. 4. Aufl., durchges. und erg. von *B. Huber*. 140 S., 75 Fig., 4 Tab., 3 Ktn. 1952 *(355)*
Pflanzenzüchtung von *H. Kuckuck* 2 Bde.
I: Grundzüge der Pflanzenzüchtung. 3., völlig umgearb. Aufl. 132 S., 22 Abb. 1952 *(1134)*
II: Spez. gartenbaul. Pflanzenzüchtung. 178 S., 27 Abb. 1957 *(1178/1178a)*

Zoologie

Entwicklungsphysiologie der Tiere von *F. Seidel*. 2 Bde.
I: Ei und Furchung. 126 S., 29 Abb. 1953 *(1162)*
II: Körpergrundgestalt und Organbildg. 159 S., 42 Abb. 1953 *(1163)*
Das Tierreich.
Fische von *D. Lüdemann*. 130 S., 65 Abb. 1955 *(356)*
Insekten von *H. von Lengerken* 128 S., 58 Abb. 1953 *(594)*
Lurche (Chordatiere) von *K. Herter*. 143 S., 129 Abb. 1955 *(847)*

Spinnentiere (Trilobitomorphen, Fühlerlose) und Tausendfüßler. von *A. Kaestner*. 96 S., 55 Abb. 1955 *(1161)*
Würmer. Platt-, Hohl-, Schnurwürmer, Komptozoen, Ringelwürmer, Protracheaten, Bärtierchen, Zungenwürmer von *S. Jaeckel*. 114 S., 36 Abb. 1955 *(439)*
Weichtiere. Urmollusken, Schnekken, Muscheln, Kopffüßer von *S. Jaeckel*. 92 S., 34 Abb. 1954 *(440)*
Stachelhäuter. Tentakulaten, Binnenatmer u. Pfeilwürmer von *S. Jaeckel*. 100 S., 46 Abb. 1955 *(441)*
Schwämme und Hohltiere von *H. J. Hannemann*. 95 S., 80 Abb. 1956 *(442)*
Krebse von *H. E. Gruner* und *K. Deckert*. 114 S., 43 Abb. 1956 *(443)*
Einzeller, Protozoen von *E. Reichenow*. 115 S., 59 Abb. 1956 *(444)*
Vergleichende Physiologie der Tiere von *K. Herter*. 2 Bde. 3. Aufl. der „Tierphysiologie".
I: Stoff- und Energiewechsel. 155 S., 64 Abb. 1950 *(972)*
II: Bewegung und Reizerscheinungen. 148 S., 110 Abb. 1950 *(973)*

Land- und Forstwirtschaft

Landwirtschaftliche Tierzucht. Die Züchtung und Haltung der landwirtschaftlichen Nutztiere von *H. Vogel*. 139 S., 11 Abb. 1952 *(228)*
Kulturtechnische Bodenverbesserungen von *O. Fauser*. 2. Bde. 4., neubearb. Aufl.
I: Allgemeines, Entwässerung. 122 S., 47 Abb. 1947 *(691)*
II: Bewässerung, Ödlandkultur, Umlegung. 150 S., 67 Abb. 1949 *(692)*
Agrikulturchemie von *K. Scharrer*. 2 Bde.
I: Pflanzenernährung. 143 S. 1953 *(329)*
II: Futtermittelkunde. 192 S. 1956 *(330/330a)*

Geologie, Mineralogie Kristallographie

Geologie von *F. Lotze*. 176 S., 80 Abb. 1955 *(13)*
Mineral- und Erzlagerstättenkunde von *H. Huttenlocher*†. 2 Bde.
I: 128 S., 34 Abb. 1954 *(1014)*
II: 156 S., 48 Abb. 1954 *(1015/1015a)*
Allgemeine Mineralogie. 10., erw. Aufl. der „Mineralogie" von *R. Brauns*† und *K. F. Chudoba*. 120 S., 120 Fig., 1 Taf., 3 Tab. 1958 *(29)*
Spezielle Mineralogie. 9., erw. Aufl. der „Mineralogie" von *R. Brauns*† und *K. F. Chudoba*. 133 S., 105 Fig. 1955 *(31)*
Petrographie (Gesteinskunde) von *W. Bruhns*† und *P. Ramdohr*. 4., durchges. Aufl. 104 S., 10 Fig. 1955 *(173)*
Kristallographie von *W. Bruhns*† und *P. Ramdohr*. 4. Aufl. 106 S., 163 Abb. 1954 *(210)*
Einführung in die Kristalloptik von *E. Buchwald*. 4., verb. Aufl. 138 S., 121 Fig. 1952 *(619)*
Lötrohrprobierkunde. Mineraldiagnose mit Lötrohr- und Tüpfelreaktion. Von *M. Henglein*. 3., verb. Aufl. 91 S., 11 Fig. 1949 *(483)*

Technik

Graphische Darstellung in Wissenschaft und Technik von *M. Pirani*. 3., erw. Aufl. bearb. von *J. Fischer* unter Benutzung der von *I. Runge* bes. 2. Aufl. 216 S., 104 Abb. 1957 *(728/728a)*

Elektrotechnik

Grundlagen der allgemeinen Elektrotechnik von *O. Mohr*. 3 Bde.
I: Die drei Feldformen. 96 S., 41 Abb., 6 Taf. 1956 *(196)*
II: Die wichtigsten elektr. und phys. Grunderscheinungen. 95 S., 36 Abb., 7 Taf. 1956 *(197)*
III: Schaltvorgänge, Widerstandsformen, Meßtechnik. 91 S., 59 Abb., 1 Taf. 1956 *(198)*
Die Gleichstrommaschine von *K. Humburg*. 2 Bde. 2., durchges. Aufl.

I: 102 S., 59 Abb. 1956 *(257)*
II: 101 S., 38 Abb. 1956 *(881)*
Die synchrone Maschine von *K. Humburg*. Neudr. 109 S., 78 Abb. 1951 *(1146)*
Induktionsmaschinen von *F. Unger*. 2., erw. Aufl. 142 S., 49 Abb. 1954 *(1140)*
Die komplexe Berechnung von Wechselstromschaltungen von *H. H. Meinke*. 2. Aufl. 180 S., 120 Abb. 1957 *(1156/1156a)*
Theoretische Grundlagen zur Berechnung der Schaltgeräte von *F. Kesselring*. 3. Aufl. 144 S., 92 Abb. 1950 *(711)*
Einführung in die Technik selbsttätiger Regelungen von *W. zur Megede*. 174 S., 86 Abb. 1956 *(714/714a)*
Elektromotorische Antriebe (Grundlagen für die Berechnung) von *A. Schwaiger*. 3., neubearb. Aufl. 96 S., 34 Abb. 1952 *(827)*
Technische Tabellen und Formeln von *W. Müller*. 4., verb. und erw. Aufl. von *E. Schulze*. 152 S., 105 Fig. 1951 *(579)*
Überspannungen und Überspannungsschutz von *G. Frühauf*. Durchges. Neudr. 122 S., 98 Abb. 1950 *(1132)*

Maschinenbau

Metallkunde von *H. Borchers*. 2 Bde. 3. Aufl.
I: Aufbau der Metalle und Legierungen. 120 S., 90 Abb., 2 Tab. 1956 *(432)*
II: Eigenschaften, Grundzüge der Form und Zustandsgebung. 154 S., 100 Abb., 8 Tab. 1957 *(433)*
Die Werkstoffe des Maschinenbaues von *H. Thum†* und *C. M. von Meysenbug*. 2 Bde.
I: Einführung in die Werkstoffprüfung. 2., neubearb. Aufl. 100 S., 7 Tab., 56 Abb. 1956 *(476)*
Dynamik von *W. Müller*. 2 Bde. 2., verb. Aufl.
I: Dynamik des Einzelkörpers. 128 S., 48 Fig. 1952 *(902)*
II: Systeme von starren Körpern. 102 S., 41 Fig. 1952 *(903)*
Technische Schwingungslehre von *L. Zipperer*. 2 Bde. 2., neubearb. Aufl.
I: Allgemeine Schwingungsgleichungen, einfache Schwinger. 120 S., 101 Abb. 1953 *(953)*
II: Torsionsschwingungen in Maschinenanlagen. 102 S., 59 Abb. 1955 *(961/961a)*
Werkzeugmaschinen für Metallbearbeitung von *K. P. Matthes*. 4 Bde.
I: 100 S., 27 Abb., 11 Zahlentaf., 1 Tafelanh. 1954 *(561)*
II: Fertigungstechnische Grundlagen der neuzeitlichen Metallbearbeitung. 101 S., 30 Abb., 5 Taf. 1955 *(562)*
Transformatoren von *W. Schäfer*. 3., überarb. u. erg. Aufl. 130 S., 73 Abb. 1957 *(952)*
Das Maschinenzeichnen mit Einführung in das Konstruieren von *W. Tochtermann*. 2 Bde. 4. Aufl.
I: Das Maschinenzeichnen. 156 S., 77 Taf. 1950 *(589)*
II: Ausgeführte Konstruktionsbeispiele. 130 S., 58 Taf. 1950 *(590)*
Die Maschinenelemente von *E. A. vom Ende*. 3., verb. Aufl., 166 S., 175 Fig., 9 Taf. 1956 *(3/3a)*
Maschinen der Eisenhüttenwerke von *L. Engel*. 156 S., 95 Abb. 1957 *(583/583a)*
Walzwerke von *H. Sedlaczek* unter Mitarbeit von *F. Fischer* und *M. Buch*. 232 S., 157 Abb. 1958 *(580/580a)*
Getriebelehre von *P. Grodzinski †*. 2 Bde. 2., neubearb. Aufl.
I: Geometrische Grundlagen. 159 S., 142 Fig. 1953 *(1061)*
Gießereitechnik von *H. Jungbluth*. 2 Bde.
I: Eisengießerei. 126 S., 44 Abb. 1951 *(1159)*
Die Dampfkessel und Feuerungen einschließlich Hilfseinrichtungen in Theorie, Konstruktion und Berechnung von *W. Marcard†*. 2 Bde. 2. Aufl., neubearb. von *K. Beck*.
I: Die theoretischen Grundlagen, Wärme, Verbrennung, Wärmeübertragung. 150 S., 42 Abb., 16 Tab. 1951 *(9)*
II: Dampfkessel. 147 S., 43 Abb. 1952 *(521)*
Dampfturbinen, ihre Wirkungsweise, Berechnung und Konstruktion von *C. Zietemann*. 3 Bde. 3., verb. Aufl.

I: Theorie der Dampfturbinen. 139 S., 48 Abb. 1955 *(274)*
II: Die Berechnung der Dampfturbinen und die Konstruktion der Einzelteile. 132 S., 111 Abb. 1956 *(715)*
III: Die Regelung der Dampfturbinen, die Bauarten, Turbinen für Sonderzwecke, Kondensationsanlagen. 126 S., 90 Abb. 1956 *(716)*
Verbrennungsmotoren von *W. Endres*. 3 Bde.
I: Überblick, Motor-Brennstoffe, Verbrennung im Motor allgemein, im Otto- und Diesel-Motor. 153 S., 57 Abb. 1957 *(1076/1076a)*
Technische Thermodynamik von *W. Nußelt*. 3 Bde.
I: Grundlagen. 4., verb. Aufl. 144 S., 71 Abb. 1956 *(1084)*
II: Theorie der Wärmekraftmaschinen. Neudr. 144 S., 87 Abb., 32 Zahlentaf. 1951 *(1151)*
Autogenes Schweißen und Schneiden von *H. Niese*. 5. Aufl., neubearb. von *A. Küchler*. 136 S., 71 Fig. 1954 *(499)*
Die elektrischen Schweißverfahren von *H. Niese*. 2. Aufl., neubearb. von *H. Dienst*. 136 S., 58 Abb. 1955 *(1020)*
Hebezeuge. Entwurf von Winden und Kranen von *G. Tafel*. 2., verb. Aufl. 176 S., 230 Fig. 1954 *(414/414a)*

Wasserbau

Wasserkraftanlagen von *A. Ludin* u. Mitarb. v. *W. Borkenstein*. 2 Bde.
I: Planung, Grundlagen und Grundzüge. 124 S., 60 Abb. 1955 *(Bd. 665)*
II: Anordnung und Ausbildung der Hauptbauwerke. 184 S., 91 Abb. 1958 *(666/666a)*
Verkehrswasserbau von *H. Dehnert*. 3 Bde.
I: Entwurfsgrundlagen, Flußregelungen. 103 S., 52 Abb. 1950 *(585)*
II: Flußkanalisierung und Schiffahrtskanäle. 94 S., 60 Abb. 1950 *(597)*
III: Schleusen und Hebewerke. 98 S., 70 Abb. 1950 *(1152)*
Wehr- und Stauanlagen von *H. Dehnert*. 134 S., 90 Abb. 1952 *(965)*
Talsperren von *F. Tölke*. 122 S., 70 Abb. 1953 *(1044)*

Hoch- und Tiefbau

Die wichtigsten Baustoffe des Hoch- und Tiefbaus von *O. Graf*. 4., verb. Aufl. 131 S., 63 Abb. 1953 *(984)*
Baustoffverarbeitung und Baustellenprüfung des Betons von *A. Kleinlogel*. 2., neubearb. und erw. Aufl. 126 S., 35 Abb. 1951 *(978)*
Festigkeitslehre. 2 Bde.
I: Elastizität, Plastizität und Festigkeit der Baustoffe und Bauteile von *W. Gehler*† und *W. Herberg*. Durchges. und erw. Neudr. 159 S., 118 Abb. 1952 *(1144)*
II: Formänderung, Platten, Stabilität und Bruchhypothesen von *W. Herberg* und *N. Dimitrov*. 187 S., 94 Abb. 1955 *(1145/1145a)*
Grundlagen des Stahlbetonbaus von *A. Troche*. 2., neubearb. und erw. Aufl. 208 S., 75 Abb., 17 Bemessungstaf., 20 Rechenbeisp. 1953 *(1078)*
Statik der Baukonstruktionen von *A. Teichmann*. 4 Bde.
I: Grundlagen. 100 S., 51 Abb., 8 Formeltaf. 1956 *(119)*
II: Statisch bestimmte Stabwerke. 107 S., 52 Abb., 7 Taf. 1957 *(Bd. 120)*
III: Statisch unbestimmte Systeme. 112 S., 33 Abb., 7 Formeltaf. 1958 *(122)*
Fenster, Türen, Tore aus Holz und Metall. Eine Anleitung zu ihrer guten Gestaltung, wirtschaftlichen Bemessung und handwerksgerechten Konstruktion von *W. Wickop*. 4., überarb. und erg. Aufl. 155 S., 95 Abb. 1955 *(1092)*
Heizung und Lüftung von *J. Körting*† und *W. Körting*. 2 Bde.
I: Das Wesen und die Berechnung der Heizungs- und Lüftungsanlagen. 8., neubearb. Aufl. 140 S., 29 Abb., 18 Zahlentaf. 1951 *(342)*
II: Die Ausführung der Heizungs- und Lüftungsanlagen. 9. Aufl. 1958. In Vorb. *(343)*
Industrielle Kraft- und Wärmewirtschaft von *F. A. F. Schmidt* u. *A. Beckers*. 167 S., 73 Abb. 1957 *(318/318a)*

SAMMLUNG GÖSCHEN/BANDNUMMERNFOLGE

1 Langosch, Der Nibelunge Nôt
3/3a v. Ende, Die Maschinenelemente
9 Marcard-Beck, Dampfkessel I
10 Jiriczek-Wisniewski, Kudrun- und Dietrichepen
13 Lotze, Geologie
18 Maurer, Hartmann v. Aue
19 Altheim, Röm. Geschichte I
20 Hofstaetter-Spree, Dt. Sprachl.
29 Brauns-Chudoba, Allg. Mineralogie
30 Eckert-Greifendorff-Kleffner, Kartenkunde
31 Brauns-Chudoba, Spez. Mineralogie
35 Treue, Dt. Geschichte von 1648 bis 1740
37 Klemm, Anorganische Chemie
38/38a Schlenk, Organ. Chemie
39 Treue, Dt. Geschichte von 1713 bis 1806
42 Behn, Vorgeschichte Europas
47 Fischer, Arithmetik
51/51a Ringleb-Bürklen, Mathematische Formelsammlung
59 Krahe, Indogerm. Sprachwiss.
60 Biehle, Stimmkunde
61 Biehle, Redetechnik
65/65a Grotemeyer, Anal. Geom.
66 Berneker-Vasmer, Russische Grammatik
71 Schulze, Allg. u. phys. Chemie I
76 Döring, Einf. i. d. theoret. Physik I
77 Döring, — II
78 Döring, — III
79 Hempel, Gotisches Elementarb.
80 Weigert, Stilkunde I
96 Hartmann, Einf. i. d. allgem. Biologie
99 Hessenberg-Kneser, Ebene und sphär. Trigonometrie
101 v. Wiese, Soziologie
103 Dahrendorf, Industrie- und Betriebssoziologie
104/104a Hofstätter, Sozialpsychologie
111 Hoffmann-Debrunner, Gesch. d. griechischen Sprache I
114 Debrunner, — II
117 Brandenstein, Griechische Sprachwissenschaft I
119 Teichmann, Statik der Baukonstruktionen I
120 Teichmann, - II
122 Teichmann, - III
125 Vossler, Ital. Literaturgesch.
128/128a Lausberg, Romanische Sprachwissenschaft I
136 Mahler, Physikalische Formelsammlung
141 Geitler, Morphol. der Pflanzen
142 Haack, Darst. Geometrie I
143 Haack, — II
144 Haack, — III
145 Weimer, Gesch. der Pädagogik
156/156a Landmann, Philosophische Anthropologie
170 Oehlmann, Musik des 19. Jahrh.
171/171a Oehlmann, Musik des 20. Jahrhunderts
173 Bruhns-Ramdohr, Petrographie
180 Böhm, Versicherungsmath. I
184 Blümcke, Textilindustrie I
196 Mohr, Grundlagen d. Elektrotechnik I
197 Mohr, — II
198 Mohr, — III
200/200a Gottschald, Dt. Rechtschreibungswörterbuch
210 Bruhns-Ramdohr, Kristallographie
220/220a Moser, Allg. Musiklehre
221/221a Jander-Jahr, Maßanalyse
222 Hassak-Beutel, Warenkunde I
223 Hassak-Beutel, — II
226 Hofmann, Geschichte der Mathematik I
228 Vogel, Landw. Tierzucht
231/231a Ehrlich, Geschichte Israels
238 Krahe, German. Sprachwiss. I
243 Mahler, Physikal. Aufgabenslg.
247 Hoppe, Analytische Chemie I
248 Hoppe, — II
250 Lausberg, Roman. Sprachwissenschaft II
252 Dassler, Elektrochemie I
253 Dassler, — II
256 Haussner, Aufgabensamml. zur analyt. Geometrie der Ebene
257 Humburg, Die Gleichstrommaschine I
264 Lockemann, Geschichte der Chemie I
265/265a Lockemann, — II
270 Kirn, Einführung in die Geschichtswissenschaft
274 Zietemann, Dampfturbinen I

280 Jacob, Quellenkunde der deutschen Geschichte II
281 Leisegang, Einführung in die Philosophie
284 Jacob-Weden, Quellenkunde der deutschen Geschichte III
318/318a Schmidt, Industrielle Kraft- und Wärmewirtschaft
319 Krug, Australien und Ozeanien
329 Scharrer, Agrikulturchemie I
330/330a Scharrer, — II
335 Braun-Klug, Fette und Öle
336 Braun-Klug, Seifenfabrikation
342 Körting, Heizung und Lüftung I
343 Körting, — II
344 Moser, Musikästhetik
354/354a Valentiner, Vektoren
355 Neger-Münch, Nadelhölzer
356 Lüdemann, Fische
374 Döring, Einf. in die theoret. Physik IV
375 Preller, Geschichte Englands I
389/389a Diels-Mattick, Pflanzengeographie
394/394a Schilling, Von der Renaissance bis Kant
414/414a Tafel, Hebezeuge I
422 Gottschald, Deutsche Personennamen
423 Adler, Fünfstell. Logarithmen
432 Borchers, Metallkunde I
433 Borchers, — II
439 Jaeckel, Würmer
440 Jaeckel, Weichtiere
441 Jaeckel, Stachelhäuter
442 Hannemann, Schwämme und Hohltiere
443 Gruner-Deckert, Krebse
444 Reichenow, Einzeller
445 Asmus, Physikal.-Chem. Rechenaufgaben
452 Bahrdt-Scheer, Stöchiometrische Aufgabensammlung
468 Werkmeister, Vermessungskunde I
469 Werkmeister, — II
476 Thum-Meysenbug, Die Werkstoffe des Maschinenbaus I
483 Henglein, Lötrohrprobierkunde
492 Stolz-Debrunner, Geschichte der lateinischen Sprache
499 Niese, Autogen. Schweißen
500 Simmel, Hauptprobleme der Philosophie
521 Marcard-Beck, Dampfkessel II
536 Lehmann, Kant
538 Rumpf, Archäologie I
539 Rumpf, Archäologie II
561 Matthes, Werkzeugmaschinen I
562 Matthes, — II
564 Behn, Kultur der Urzeit I
565 Behn, — II
566 Behn, — III
571 Lehmann, Philosophie des 19. Jahrhunderts I
576/576a Moser, Gesangskunst
579 Müller-Schulze, Techn. Tabellen
580/580a Sedlaczek, Walzwerke
583/583a Engel, Maschinen der Eisenhüttenwerke
585 Dehnert, Verkehrswasserbau I
589 Tochtermann, Maschinenzeichnen I
590 Tochtermann, — II
594 Lengerken, Insekten
597 Dehnert, Verkehrswasserbau II
601 Mutschmann, Engl. Phonetik
619 Buchwald, Kristalloptik
665 Ludin, Wasserkraftanlagen I
666/666a Ludin, — II
668 Knopp, Funktionentheorie I
677 Altheim, Röm. Geschichte II
679 Altheim, — III
691 Fauser, Kulturtechn. Bodenverbesserungen I
692 Fauser, — II
698/698a Schulze, Allgemeine und physikalische Chemie II
703 Knopp, Funktionentheorie II
709 Lehmann, Philosophie des 19. Jahrhunderts II
711 Kesselring, Berechnung der Schaltgeräte
714/714a zur Megede, Einf. in die Technik selbsttät. Regelungen
715 Zietemann, Dampfturbinen II
716 Zietemann, — III
718 Neger-Münch, Laubhölzer
728/728a Pirani, Graph. Darstellung
735 Ekwall, Historische neuengl. Laut- und Formenlehre
763/763a Beer-Meyer, Hebräische Grammatik I
764/764a Beer-Meyer, — II
768/768a Bieberbach, Einführung in die konforme Abbildung
780 Krahe, Germ. Sprachwiss. II
781 Weigert, Stilkunde II
786 Schulze, Molekülbau
807 Kropp, Erkenntnistheorie I
809 Moser, Harmonielehre I
826 Koch, Philosophie des Mittelalters

AUTORENREGISTER

Printed in Germany

Überreicht durch:

FSC
www.fsc.org
MIX
Papier | Fördert gute Waldnutzung
FSC® C083411

Kolibri 360 GmbH
Ferdinand-Jühlke-Straße 7
99095 Erfurt, Deutschland
produktsicherheit@kolibri360.de